现代传媒技术实验教材系列

U0259932

录音应用基础

徐恩慧　编著

复旦大學 出版社

内容提要

　　录音作为一门独立的艺术，在电影、电视、音乐制作及各种演出活动中起着举足轻重的作用。它是一个将艺术与技术相结合的具有双重特性的工作过程，从业人员必须掌握一定的物理声学、心理、生理声学、电声学、室内声学、音乐声学等知识，同时还应了解音乐、了解艺术，从而在录音过程中对音准、节奏、失误及塑造形象的准确性上能有严格的艺术把关，这样才能得到在录音音响中有准确的声像分布，自然优美的音质及合理的动态范围的作品。

　　本教材内容翔实，比较全面地从应用角度将录音工艺中涉及到的各个环节阐述分析，在现有的专业教材的基础上加入了多声道监听、拾音及母带处理等新的问题，内容涵盖了从模拟录音到数字录音的录音工艺流程、录音方法比较分析，且浅显易懂，是一本比较全面的录音专业入门教材，同时也适合没有工科背景的文科专业学生及相关从业人员使用。

序

　　文字符号的出现是人类文明发展史上最重要的一大步，而录音技术的发明可谓是继文字发明之后的数千年里，人类文明发展的另一个重要里程碑了。它的出现使人类可以记录下声音这种与文字完全不同的"直接的"、"真实的"、"物理的"、"动态的"信息，进而使人类的信息传播、文明传承产生了革命性的范式转换。它不仅在大众传媒领域扮演着举足轻重的角色，也使人类的艺术发展、传播史发生了根本的变化。

　　毫无疑问，其中对音乐艺术、电影艺术的影响最为深远。

　　几乎和人类自身一样历史悠久的音乐艺术，在历史长河中为我们留下了无数璀璨夺目的艺术珍品，可有谁见识过嵇康《广陵散》的慷慨激昂或李斯特琴键上的神乎其技？人们只能从字里行间（包括符号化的乐谱）中去想象那些大师们的异样风采。录音技术，包括其后的广播、家用音响系统的发展，让我们终于可以留住艺术家们的精彩表现。不仅如此，录音艺术实际上对音乐自身从创作、表演到传播都产生了深刻影响，从形态到观念都改变着人们对音乐的认识，而现代流行音乐更是电声技术的产物。我们再也无需因文字符号的局限，使我们的后代继续着对日渐消亡的原生态民间音乐的质朴与美妙的回想和对传统戏曲的曼妙歌舞的神往了，因为借助录音技术，我们可以真实地记录下这一切。

　　同样对于电影，这个被称为"最伟大的第七艺术"的"五次革命性的事件"中（1895年电影的诞生，1927年有声电影的发明，1935年三色染印法彩色电影的出现，20世纪50年代宽银幕的使用，60年代末、70年代初计算机技术和环绕声技术的广泛应用），除了电影的发明外，影响最深远的无疑是有声电影的出现了。可以说它才使电影具有了真正意义上的现代形态，使电影在叙事、风格表现，以及体裁、题材上都发生了翻天覆地的变化。

　　录音技术不仅在广播、电影、电视这些如日中天的大众传媒上，而且在包括如火如

1

茶的网络、手机等新媒体上都扮演着不可或缺的角色。

与其说我们现在进入了"读图时代",莫如说我们是站在了"视听时代"的大门里。

与传统艺术迥异的是,影视艺术是利用技术手段创作艺术作品的,所有从事这一领域工作的人都必须掌握相关的技术手段乃至技术原理,为善其事而利其器。其中当然包括录音相关技术与艺术的理论与技能。只可惜,我们无处不在地看到对录音艺术与技术的各种各样的误读,当然我们也看到了在声音艺术领域任何把录音看成是纯技术的工作的成见,或在影视艺术中任何重画轻声的迂腐观念都被历史地证明了是错误的。

在影视艺术教育领域,录音技术与艺术无疑是非常重要的部分。每个立志从事影视艺术事业或传媒事业的人,都应该了解、学习录音技术与艺术,进而培养所谓的视听思维,方能以游刃有余之手段,创作出视听艺术的精品。我们期望这本系统、翔实的教材,能够给这些人以裨益。

伍建阳

目/录
CONTENTS

第二部分　声音制作的技术与艺术

引 子
声学基础

内容重点

  录音是一个技术与艺术相结合的具有双重特性的工作过程。录音的技术性表现在录音师需要在了解物理声学、心理声学等学科的基础上,利用所掌握的音乐声学、语言声学、室内声学、电声学以及心理学、生理学等方面的知识,采用不同的录音方法通过录音系统设备将录音表演的声音信号转变为磁信号进行记录和储存的过程;录音的艺术性表现在录音师应了解音乐、了解艺术,从而在录音过程中对音准、节奏、失误以及塑造形象的准确性上能有严格的艺术把关,在录音音响上获得准确的声像分布、自然优美的音质及合理的动态范围。因此,我们可以将声音的录制工作看作是声音信号的产生、传播、记录和还原的过程。这一复杂的过程包括了声学、电学、磁学、光学、机械学等物理学科以及生理、心理声学等学科中的许多基础知识,在此,我们首先将声学、电学、磁学、光学以及物理学中的许多基础问题作简单的了解,使大家能够在了解或掌握有关基本知识的基础上,进一步深入了解和掌握录音方面有关的专业技术知识以及声音制作方面有关的艺术知识。

  重点了解:① 有关声音的物理属性;② 声音的生理及心理特性:等响曲线、掩蔽效应、双耳效应、鸡尾酒效应等。

声音的物理属性

声音的形式是多种多样、丰富多彩的,但是实际上,它们都是源自于物体的振动。物体的振动引起空气波动使得空气粒子交替地形成压缩区和稀疏区,从而形成了声波现象。空气中这样一疏一密地振动传播的波就被称为声波。振动发声的物体被称为声源。有声波传播的空间被称为声场。声波以一定的速度从声源的发声地向各个方向传播开来,就形成了波动。这就如同水面波的传播:当我们将一块石子投入平静的水面中时,水波就会从石子的投入点扩散开去。

在水面波传播的过程中,水中的粒子本身并不会随水波一起扩散,而只是在平衡位置振动。同样的,声波在传播时,空气粒子也不随声音的扩散而扩散。实质上,空气粒子只是通过粒子之间的弹性交联将能量传播出去。因此,不存在任何振动粒子的真空环境是不能传递声波的,人类在真空中也听不到任何声音。

而与水波不同的是,水波的振动方向与其传播方向是互相垂直的,因此,水波是横波;而声波在空气中的振动方向与其传播方向是一致的,因此,声波是纵波。

除了在空气中,在固体和液体中也能传播声音。而且,因为固体和液体对于声波的阻力比较小,所以声音在大部分固体和液体中传播要比在气体中传播得快。

在声音的物理属性中,声速、波长、振幅和相位是其中非常重要的几个因素。

声速

声音在传播过程中,每秒钟传播的距离就称为声速。声音在不同的传播介质中的声速是不同的。声速主要是取决于传播介质的密度与温度,而与声源的频率及强度无关。在整个音频范围内,声速总是保持着固定值。在 1 个标准大气压下,声音在 0℃的空气中传播的速度是 331.4 m/s。同时,空气的温度越高,声速就越快。温度每上升或者下降 1℃,声速就相应地加快或者减慢约 0.607 m/s。由此,在 1 个标准大气压、温度为 15℃下,声速约等于 340.5 m/s。相对于温度的影响,湿度对于声速的影响是微不足道的。在湿润空气中的声速要比在干燥空气中的声速稍快一点。声音在固体中的传播速度最快,其次是液体,最后是气体。传播介质的密度越大,声速就越快。

波长

振动粒子完成一次完整的振动过程所经过的距离就称为波长。如图 0 - 1 所示,相邻的两个波峰之间的距离就是波长。

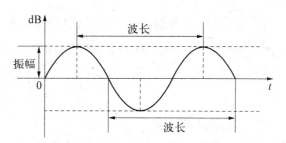

图 0 - 1 波长与振幅

频率

振动粒子每秒钟振动的次数就是频率。人耳可听见的声音,其频率范围是 20～20 000 Hz。这个频率范围也称为可听域。频率越高,音调越高。

根据声速、波长和频率的定义,得到以下关系:

$$F(频率) = \frac{S(声速)}{L(波长)}$$

由此可见,频率越高,波长越短;频率越低,波长越长。

在研究声音的过程中,频率通常都扮演着一个重要的角色。

振幅

振动粒子离开平衡位置的最大位移称为振幅,如图 0 - 1 所示。

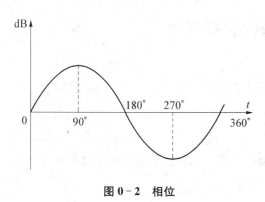

图 0 - 2 相位

相位

声波在特定时刻上处在周期中的位置就是相位。相位是波形变化的度量,也称作相角,以角度(度)作单位。一般 360°即为一个振动周期。如图 0 - 2 所示,在波形图中标出相位,可以发现,波峰的相位都相同,波谷的相位也相同,而波峰和波谷互为反相。同相的声音叠加有加强的效果,而反相的声音相互叠加,则会互相抵消。

多普勒效应

我们都有过这样的体会:站在铁路旁边,当火车由远及近地行驶过来,火车的汽笛声的音调会越来越高。这种由于声源和观察者之间相对运动而产生的音调的改变，叫作多普勒效应。当声源向观察者运动时，观察者的接收频率变高；当声源离开观察者运动时，接受频率变低。

声音信号的失真现象

频率失真：在可听域范围内的频率的放大率不一致，就会造成频率失真。比如，由于传声器过于靠近声源而产生的"近讲效应"，会使低频成分加重。这就是频率失真的一种表现。

谐波失真：由于声音信号处理设备的非线性，使得信号处理过程中，输出信号比输入信号多出了部分谐波，致使输出信号变化而引起的一种失真。

互调失真：两个频率不同的声音信号叠加在一起，就会产生由两个信号互调而产生的新的谐波成分，这就是互调失真。

瞬态失真：瞬态失真是由于声音信号处理设备不能将瞬态突变信号还原而引起的，它代表了信号处理设备对瞬态突变信号的反应还原能力。

过载失真：声音信号处理设备都有一定的声音动态范围，超过这一范围，声音就会产生过载失真现象，也称为振幅失真或调制失真。过载失真是不可逆的。

声音的生理和心理属性

人们的听觉在接受声音信号的时候，是由声波先到达鼓膜引起振动，然后经中耳放大并将信号传送内耳，引起内耳的淋巴液的振荡，带动基底膜运动，再由听毛弯曲发出电信号，最后大脑来负责接受和分析这个电信号，产生听觉。这是一个非常复杂的生理过程。在研究声音的过程中，人们自身的一些生理和心理活动也会对声音和听觉产生影响，声音也因此具备一些生理和心理属性。

声像

声音的空间分布是由双耳效应决定的。如果人为地在人的听觉印象里利用时间差、强度差或者相位差等手段产生一个空间印象，就好像实际空间中的某一个点在发声，这个虚拟空间中的声源的位置点就叫做声像。

通常,我们使用两个或者多个音箱产生时间差或者强度差来进行放音,制造声像。实际中,经常通过强度差来产生。立体声技术就是利用声像的形式来还原真实声音空间分布的。

哈斯效应

当两个声音同时发声并将其中的一个声音进行延迟,如果延迟时间在 30 ms 以内,听觉上将感觉不到被延迟的声源的存在,而且有声音响度增加的效果。如果延迟的时间在 30~50 ms 之间,听觉可以感觉到经过延迟的声源的存在,但声音主要还是来自没有经过延迟的声源。当延迟时间大于 50 ms 以后,听觉才可以将两个声音分辨开。这就是哈斯效应,它反映的是听觉的一种延时效应。

双耳效应

通过传入双耳的声音的声时间差、相位差、声压级差和音色差来辨别声源的方位的效应称为双耳效应。

时间差:除了正前方和正后方的声源,其余声源发出的声音到达双耳都会产生时间差。这种时间差可以帮助我们确定声源的方向。这也是立体声技术的生理和物理基础。

相位差:因为双耳间存在一定的距离,因此声音在到达双耳时可能会产生相位差。

声压级差:由于头对声音的阻挡,声音在到达双耳时产生的声压级就可能产生声压级差。

音色差:声音中各个频段的能量绕过头的阻隔到达双耳的能力不一样,因此双耳接受到的声音就可能产生音色差。

相位差、声压级差和音色差同样也都是我们辨别声源确切位置的依据。

掩蔽效应

我们知道,在一个安静的环境中,人耳能分辨出非常轻微的声音;但在嘈杂的环境中,轻微的声音就完全听不到了。因此,我们经常使用连根针掉在地上都能被听到来形容环境非常安静。这种由于第一个声音的存在而使第二个声音的听阈被提高的现象,称为人耳的掩蔽效应。第一个声音称为掩蔽声,第二个声音称为被掩蔽声。所以,当两种或两种以上声音同时存在时，人耳对声音的感觉与仅有一种声音单独存在时的感觉是不同的。

掩蔽效应并不仅仅是音量问题。当掩蔽音与被掩蔽音的频率不相同的时候，掩蔽作用并不那么严重。但一个强纯音很容易就把另一个频率更高的纯音给掩蔽掉。

通过实验，人们找到了声音发声的一些规律：

（1）响度非常大时，低频声会对高频声产生显著的掩蔽作用；

（2）高频声对低频声只产生很小的掩蔽作用；

（3）掩蔽音和被掩蔽音的频率越接近，掩蔽作用越大；当频率相同时，掩蔽作用最大。

鸡尾酒效应

在嘈杂的鸡尾酒会中，我们往往可以听清楚特定的人的讲话。由此，我们发现，人们具有从许多声音中选择听到自己要听到的声音的能力，这种效应称为鸡尾酒效应。

乐音的基本概念

声音一般可以分为两个类：乐音和噪音。

乐音一般是指有规律的振动所产生的声音，通常悦耳动听。噪音一般是指振动没有规律的声音。

乐音有三个基本要素：音高、音量和音色。

音高

音高主要取决于频率。一个固定的频率就代表了一个相对的音高。

目前国际通用的标准音高是小字一组的 a，其频率为 440 Hz。钢琴上中央 c 的频率为 261.6 Hz。

声音每升高一个八度，其频率就加快一倍；而每降低一个八度，频率就减慢一半。因此，声音的八度频率比是 2∶1。

音高虽然主要取决于频率，但当声音的频率相同，强弱不同时，在听觉感受上，音高也会有所不同。一般,纯音的变化比较明显,而复合音则几乎没有。

音量

强度:声音的强度是指单位时间内通过与声音传递方向相垂直的单位面积上的能量。强度是声音的一个客观物理量,单位是瓦/平方米(W/m^2)。

响度:声音的响度取决于人们主观上的听觉。人耳对于不同频率的声音的听感是不一样的。一般而言,声波的强度越高,响度就越大。频率固定的一个声音,其强度的增加和响度的增加不具有线性关系,而是接近于对数关系。

声强级(SIL):1 000 Hz 时,我们可以听到的最弱的声音,其声强为 10^{-12} W/m^2。我们通常使用这个声强来作为参考声强。任何一个可听声音的声强与参考声强的比值的常用对数的值再乘以 10,就是这个声音的强度级。

$$SIL = 10 \log \frac{I}{I_0}; \ I_0 = 10^{-12} \ W/m^2$$

声强级的度量单位是分贝(dB)。

声压级(SPL):1 000 Hz 时,一般人的听阈是 2×10^{-5} Pa,即 20 μPa(微帕)。我们使用这个声压作为参考声压。一个声音的声压测量值与参考声压的比值的常用对数的值再乘以 20,就是这个声音的声压级。

$$SPL = 20 \log \frac{P}{P_0}; \ P_0 = 2 \times 10^{-5} \ Pa$$

声压级的度量单位也是分贝(dB)。

等响曲线

人们的听觉是非线性的,由此,根据大量实验数据,人们将听觉上感觉响度相同的点在声压级和频率的关系图中标出并连接起来,得到了等响曲线图(如图 0 - 3 所示)。它反映了听觉上响度相同的纯音的声压级与频率的关系曲线。

音色

基频:基音是每个乐音中频率最低的纯音,其强度最大,基音的频率即为基频,决定整个音的音高。

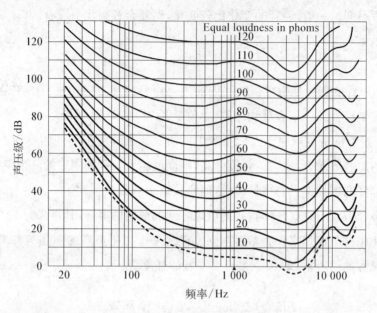

图 0-3 等响曲线图

声音的实际音色取决于在基频之上出现的谐频(谐音)。二次谐频是基频的两倍,三次谐频则是基频的 3 倍,依此类推。谐频使我们能够分辨出乐器和乐器音色之间的差别。即使两者产生的音高相同,但它们的谐频不同,因此音色也就不相同。

第一部分

录音基本设备认识及应用

第一章
录音基础设备

内容重点

　　本章内容涉及录音工作的最基本的工具,它们分别用于三个基本单元:传声器用于拾音单元;调音台用于中间连接处理单元;录音机和其他存储器用于记录单元。三类基本设备分三节讲述,其中第一大节传声器的内容最基础和最重要,它是声音记录最前端的源头,掌握和了解传声器的特性对我们今后录制的有关双声道、多声道节目的质量起着至关重要的作用,只有了解各种传声器的特性,我们才能更科学地针对各种节目类型去摆放、选择、组合传声器,为我们能够录制出高质量的节目打下基础。调音台和存储单元也是最常见的录音设备,要做到对调音台的框架线路熟悉,确保我们碰到不同的设备都能很快地上手。

1-1 传声器

1-1-1 传声器的工作原理和分类

　　传声器也叫话筒或麦克风,表示符号为◯,它是拾取信号的喉舌,声音的表现效果很大程度上取决于话筒的选择和使用,它是现代录音技术中最重要、最基本的设备,其质量的好坏、使用时话筒类型的选择及位置的摆放是否得当,对于整个系统或者是录音制品的品质都有着最直接的关系。

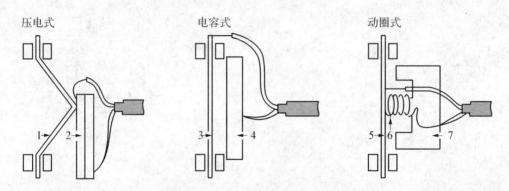

压电式　　　　　　电容式　　　　　　动圈式

图 1 - 1　传声器内部结构示意图

话筒是录音环节中的首要设备,是一种电声换能器,将声波的能量转化为另一种相应形式的能量(电信号),见图 1 - 1 传声器内部结构图。话筒的拾音质量取决于许多外界因素,例如,放置的位置和所处的空间声学环境;也取决于内部因素,如话筒的设计等。这些相关联的因素共同决定话筒的整体音质。不同的空间、不同的声源或者为了得到更有特色的声音,全球的话筒制造商根据不同的应用和个人的口味,提供了品种繁多的多系列话筒。由于每种话筒特定的声音特性适应不同具体的应用范围,因此,使用者应当仔细地选择话筒以及与之相配合的拾音场合及音色,以便从声源拾取得到最好的声音。

对于话筒的分类方法,常见的有这样几种:

1. 按能源分类

按能源分类可分为无源换能器和有源换能器两种。

无源换能器是把声音信号直接转换成电信号,不需要消耗任何电能,主要包括动圈式和压电式话筒。

所谓有源换能器必须由电池或整流器提供所需的电源,话筒只是使这些电能受声波振动的调制,并与声波的振动同步,电容式话筒属于这一类。

2. 按换能原理分类

按换能原理分类可分为磁换能器和电换能器两种。

磁换能器的输出电压按照电磁感应定律和振动速度成正比,比如:典型的动圈式话筒。

电换能器的输出电压与可动元件的位移幅度成正比,比如:典型的电容式话筒。

3. 按指向性分类

话筒的种类很多,就其拾取声音的方向性(或指向特性)可分为全方向性、双方向性和单方向性等,我们将在后面的章节中详细讲述。

4. 按用途分类

按用途分类有测量型话筒、录音型话筒、佩带式微型话筒、抗噪声型话筒和近讲型话筒等。

5. 按传输方式分类

按电信号的传输方式分类有无线话筒和有线话筒两种类型。

如上所述,我们可以看到:话筒可以通过多种方法将声能转化为相应的电压,常用的两种换能器型为磁动圈话筒和电容式话筒。

磁动圈话筒简称为动圈话筒。其工作原理可以简单概括为:在动圈话筒中有一个薄金属振膜,在薄膜上附着一个绕有导线的芯,称为音圈,它精确地悬挂在一个高强度磁场中;当声波冲击振膜的表面时,附着的音圈随声波的频率和振幅成比例地移动,使音圈做切割磁力线运动;这样就在音圈导线中产生了一个电信号,电信号的大小由切割磁力线运动的速度决定。

电容话筒主要由振膜、后极板、极化电源(由外部提供)和放大器组成。电容话筒的振膜与一块固定后极板彼此靠得很近但不接触,相当于一个小型的可变电容器。极化电源加给振膜和后极板一个极化电压,当声波作用在振膜上就会引起振膜的震动,就得到两极间电容量的变化,引起极板上存储电荷量的变化,也就是在极间形成了微弱的电流,电流经过放大器放大输出后,完成了人耳信号到电信号的转换,输出音频电压。

电容式话筒还有另外一种形式,被叫做驻极体话筒。这种话筒内使用的振膜或后极板采用的是一种带有永久性电荷的驻极体材料,驻极体是一种聚酯薄膜材料,在高温时可以传导电流,但在常温下是绝缘体。

我们将在下一节内容中对这两类话筒做具体的讲述。

1-1-2 电容传声器与动圈传声器

1. 电容式传声器

电容话筒(Condenser Microphone,Capacitor Microphone)需要外部提供幻象电源才

可以工作,这是因为:利用电容量变化而工作的传声器,必须在两个膜片之间馈以直流电压才能使电容变化导致电荷的变化,我们称这种电压为极化电压,称供给和传送极化电压的部件为幻象电源及幻象电源传输。采用极化电压使膜片两端存有固定电荷的电容传声器为普通式电容传声器;而不在膜片之间给予电压的电容传声器称为驻极体式传声器。这种极化电源是普通电容传声器工作的必要条件,电压值的大小也会影响声波转化成相应的不失真的音频电信号。电容话筒工作过程如图1-2所示。

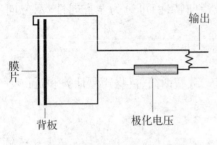

图1-2 电容话筒工作过程

电容传声器在声音表现上与其他类型的话筒相比都有这样的特点,即音色客观真实自然、瞬态响应好。

常用的电容话筒我们将在下一节内容中举例介绍。

我们可以将电容传声器按照它的膜片结构来分类,可以简单地分成双膜片(大膜片)(见图1-3)、单膜片(小膜片)两种电容话筒。双膜片结构的传声器大多有方向性开关,可根据需要转换到全方向、单方向、双方向指向性,其音色特点我们将在后面的常用双膜片传声器具体型号介绍中详述;单膜片结构的电容传声器音色往往很自然,声音中性,比如世界上著名的Schoeps话筒,是小膜片的话筒的典型代表。

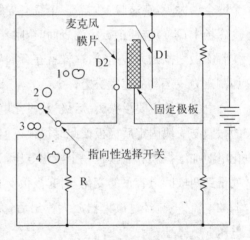

图1-3 双膜片电容话筒

驻极体电容传声器的两个金属板之间不需要馈以直流电压,而使用称之为"驻极体"的一种特殊综合材料充当极板。这种材料所具有的属性能够储存永久性的电荷,电荷凝结在驻极体材料上,因此不需要外部供给极化电压。当膜片受声压作用后,其电容量变化,此时所产生的位移电流,在负载电阻两端产生电信号输出。在实际工作时仍需要外部供给一直流电压。该电压仅供给内置的阻抗变换器,也可由内部低电压电池替代。驻极体式话筒的特点是中高频特性较好,适合一些中高频乐器的拾音;缺点是一段时间后会失去极性,使用寿命较短。

2. 动圈式传声器

动圈传声器(moving-coil microphone)的工作原理为：它的运动导体为线圈状称之为音圈；由锥型或球顶型振膜与音圈联成一体构成振动系统；受声波激励的振膜带动音圈在永久磁铁的磁隙中运动产生输出电压，如图1-4。球顶型薄膜通常采用一个大约0.35密耳(mil)厚的聚酯薄膜，在这个薄膜上附有一个绕有导线的音圈，位于一个高强度磁场中。当一个声波冲击薄膜的表面时，所附的音圈随声波的频率和振幅成比例地在磁隙中运动，于是在音圈中形成一个电流，在音圈两端电阻上输出交变电压。

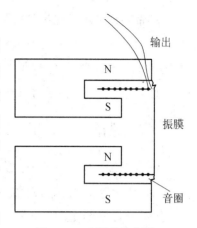

图1-4 动圈式传声器

动圈式传声器普遍都具有这样的音质特点：主观感受浑厚、温暖，但是中频段有声染色，声音不够真实自然，不适合录宽广的声源，通常用来录现场演唱、鼓或者贝司等。

虽然动圈话筒在音色上与电容话筒有差距，但是其自身却有着电容传声器无法比拟的特点，即：抗风、抗震动、耐潮湿，所以直到现在，它还被广泛地应用在许多场合，并且随着技术的不断进步，其音色也在不断地完善中，我们将在下一节对一些常用动圈话筒的音色特点做详细的介绍。

3. 铝带式传声器

铝带式传声器(ribbon microphone)具有和动圈式传声器相同的电磁原理，不过，铝带既是传声器的膜片，又是在磁场中运动的音圈。声波直接策动薄带状导体的一种电动式传声器。薄带状导体平行于磁回路两端极面中的磁力线，当声波冲击薄带，使之做切割磁力线运动，在带的两端产生感应电动势。因使用极薄(2 μm)的铝制成具有一定横向皱褶的长带作为振动带，故称之为铝带传声器，见图1-5。

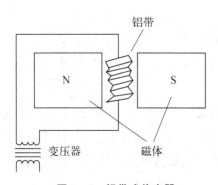

图1-5 铝带式传声器

铝带式传声器都有比较好的瞬态响应，但是由于铝带十分轻薄的原因，导致对各种机械传导噪声及风噪都十分敏感，所以不是很适合在户外使用。

铝带话筒的最佳输出阻抗与动圈话筒一样为 200 Ω。从频响特性上来说,铝带式传声器通常在 40 Hz 左右有低频共振,在 40 Hz 以下迅速衰减;在高频区域的频响曲线会表现得比较平滑,但是在 14 kHz 以上就会产生比较大的衰减。我们可以使用铝带式话筒在室内录制一些高频比较漂亮的乐器。

1-1-3 常用传声器的规格与性能

一般来说,在对声音进行拾取时,使用的传声器绝大部分都是采用几家著名的传声器生产厂家生产的高质量传声器,这几大品牌的传声器在世界范围内都有着很好的通用性,专业的音频工作者一定要非常熟悉,如果一个专业的录音工作者连这些品牌都没听说过,那么他是不可能录制出好的作品的。这些品牌分别是:德国的 Neumann、Sennheiser、奥地利的 AKG、美国的 DPA、Schoeps、EV(Electro Voice)、Shure 等,下面我们介绍几个通用性最好的专业话筒,它们被广泛地运用在录音行业中,它们是:

(1) U87 是 Neumann 公司的拳头产品,是众所周知的广泛用于录音棚的高质量大膜片电容传声器。其通用性最好,带有全方向、单方向及双方向三种指向性转换开关;可转换 10 dB 的预衰减开关安放在指向性开关的背面,作为主要话筒,它的声音准确自然,动态范围在 90 dB 以上,最高可以达到拾取 127 dB 的声音而不会失真;另外,可转换低频衰减来减弱近讲效应。U87 话筒可用来录唱、弦乐、低音鼓、电贝斯、小号、长号、语言和配音等,见图 1-6。

(2) U89 Neumann:其通用性不如 U87,设计上高频略多,适合录弹拨乐如钢琴、琵琶、吉他等以及木管乐器,不能用来录制铜管,尤其是小号。它也是双膜片的电容话筒,外形与 U87 很相似,在不产生失真的情况下可以拾取高至 134 dB 声压级的声音;具有方向性转换开关,可以选择多达 5 种指向性,见图 1-7。

(3) TLM170 Neumann:TLM 系列的特点是最大声压级要比 U 系列高,最大可以达到 154 dB,因此非常适用于近距离高声压乐器拾取,如风琴、喇叭、鼓等,见图 1-8。

TLM170 是 TLM 系列传声器中较常用的一款,大振膜话筒,具有五个方向可转换开关,拾音的动态范围非常宽,所以可以用来录制各种场合的近距离高声乐器,尤其是喇叭、萨克司等乐器;它的高频柔和不噪、低音丰满,也很适于录大提琴、中胡。两支 TLM170 可组合成立体声录音。

图 1 - 6　Neumann U87　　　　　图 1 - 7　Neumann U89　　　　　图1 - 8　Neumann TLM170

（4）KM86 Neumann：小膜片话筒，外型是细棍加个"大头"，高频略为偏多，适于录高音丰富的声音，如人声、语言，见图 1 - 9。

（5）SM69 Neumann：立体声话筒，实际上是由两个话筒组合而成，它们可以合成不同的录音制式，需单独电源供电，由于组合非常方便，被广泛的运用在现场及录音棚录制音乐节目，见图 1 - 10。

图 1 - 9　KM86　　　　　　　　图 1 - 10　SM69

（6）Schoeps 53V 这是一款非常好用的小振膜传声器，全方向型，声音自然，没有声染色，很适合于录制管弦乐作品，见图 1 - 11。

（7）AKG C414 这是 AKG 公司非常知名的一款产品，早已成为录音室最常采用的专业电容传声器。双膜片结构，提供心型、超心型、全向型、双方向型四种可转换指向性；自身的噪声极低，拥有高负载性能，高于 126 dB 的动态范围，比一般的数码录音还要宽阔。它高频非常好，声音松弛，适合录高频亮的乐器，如扬琴、小号、弹拨乐、板鼓等，见图 1 - 12。

（8）Shure SM58 美国 Shure 公司著名的动圈话筒，具有特殊的抗振动、抗风功能，现场使用较多。主要用于录唱。由于价格也比较便宜，现在也被广泛用于小型个

图 1-11　Schoeps 53V　　　　　　　图 1-12　AKG C414

人工作室中使用,见图 1-13。

(9) Shure SM57 用于现场拾音较多,它更适合于录制鼓的音色,尤其是架子鼓中的嗵嗵鼓,见图 1-14。

图 1-13　Shure SM58　　　　　　　图 1-14　Shure SM57

另外,用于录制打击乐的话筒除了有专门的电容话筒外,很多品牌的话筒都有套装的动圈话筒使用(尤其是针对套鼓),例如,AKG 有一系列较常用的动圈话筒录制套鼓:

D224E AKG 主要用于录架子鼓中的嗵嗵鼓。它的高、低音圈分开,音色很好,但话筒十分娇气。

D222 AKG 单音圈话筒,有些声染色,录打击乐音色不如 D224E,但比较结实。

D330 AKG 录架子鼓的小军鼓,可手持演唱,播音,语言录音,同 D224E、D222 相比其灵敏度较低,但音色纯正。

D12 AKG 外型方块状,一边黑、一边白(有商标是正面)适合录架子鼓的低音鼓。

(10) RE20 是 EV 公司的产品,适于录架子鼓的低音鼓和其他打击乐器,见图 1-15。

(11) MD 系列是 Sennheiser 很著名的系列。

MD441 Sennheiser 是一支特殊质量的动圈传声器,它的声学参数接近于电容传声器,精确的频率响应以及低失真,甚至可以用于高声压级下工作,具有非常好的声音质量。它的高频非常好,可用来录制多种声源,尤其适合录语言和打击乐器,具有高频提升开关,可提高语言清晰度,见图 1 - 16。

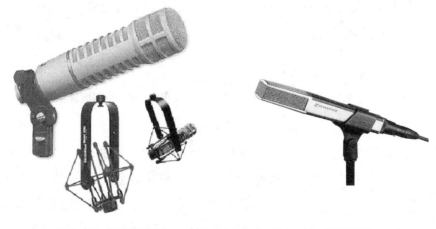

图 1 - 15　RE20 EV　　　　　　图 1 - 16　MD441 Sennheiser

以上列举的仅是常用的传声器的特性介绍,如果需要对更多传声器的性能进行了解,可以参看本书附录一。

1-1-4　传声器的方向性

传声器常见的指向性有 3 种:单方向性、全方向性和双方向性。下面对此分别介绍。

1. 单方向性

单方向性(cardioid),又包括心形和强指向性。

(1) 心形:正对膜片灵敏度高,背向 180°方向灵敏度最低。可避免混响干扰,拾取较远声音。在离声源 10 m 之内录语言声会感到语言亲切,但清晰度低,这是由于低频提升的关系,因此大多有低频衰减开关。这是一种最常用的指向性话筒,见图 1 - 17。

(2) 强指向性:音色差一些,特殊情况下才用。0°时灵敏度最高,偏离 0°灵敏度急剧衰减,180°时灵敏度略升高,用于拾取较远声源,如合唱队领唱、新闻采访、实况录音,如图 1 - 18。

这是一种较心形指向性更为尖锐的指向。

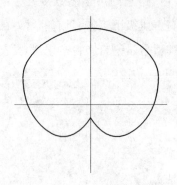

图 1-17　单指向极坐标图

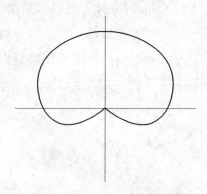

图 1-18　强指向极坐标图

2. 全方向性

全方向(omni-directional)即指来自各方向的声音灵敏度一样。特别小膜片音色丰满、干净，没有声染色。国外普遍用作大型乐队主话筒，或者用来拾取环境声场使用，但是它不适合在室外录单一声音，见图 1-19。

3. 双方向性话筒

(1) 8 字形话筒：如图 1-20，它对于来自轴向的正前方或正后方的声源有相同的拾音灵敏度，但对于来自两侧的声源则不敏感。可用于对话录音。双方向

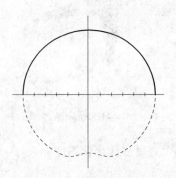

图 1-19　全指向极坐标图

形话筒(bidirectional)又分对称的 8 字形话筒与不对称的锐心形话筒两种。

(2) 锐心形：可看作不对称的双方向指向，它可以用两个心形组合而成，如图 1-21。

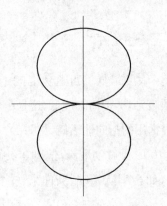

图 1-20　双指向极坐标图

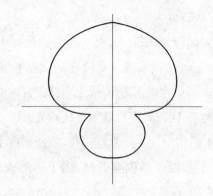

图 1-21　锐心指向极坐标图

1-1-5 传统无线话筒的工作原理及特点

无线传声器俗称无线话筒,从 20 世纪 90 年代初开始大行其道,在新闻播出、文艺节目演出、现场音乐演唱会等等多种场合中扮演着重要角色。它的基本结构是由拾音头、发射机及接收机组成(见图 1-22)。

无线话筒的拾音头多为领夹式、别针式、头戴式及手持式动圈或电容传声器,其指向性为全向性或心形及超心形。发射机采用幅度或频率调制方式,发射频率为 VHS 频段或超高频 UHF 频段,发射器的天线一般为全方向设计,以避免信号

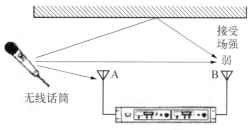

图 1-22 无线传声器系统

按一定距离衰减的问题。UHF 频段同 VHF 相比较,最大好处是干扰明显小,几乎不受外部噪音和其他无线系统的干扰,可用的频率较多,即在同一地方可以有更多的系统一起使用,发射器天线尺寸更小,一般为 10~20 cm,容易隐藏,而 VHS 频段的天线长度则需要 75 cm 左右。UHF 容许更大的发射功率及较大的频偏(调频方式),从而保证接收质量。常用 700 M~1 000 MHz 范围,如美国 Shure 工作于 782 M~862 MHz。其形式可为安装在手持传声器之内的专业手持话筒发射器以及与领夹式话筒线相连的腰包式发射器和接插式发射器,接收为带有机架天线的多频道机柜式接收机或单体接收机。

无线话筒的工作原理是:利用话筒的拾音头将声波转为音频电信号,然后经发射机调制成已调射频信号,通过附带的天线发射,经空间传输,用相应频段并具备频率跟踪能力的接收机接收已调射频信号,经解调等环节恢复为音频电信号。

无线传声器最大特点是摆脱了传声器音频线对发声者的束缚,给演员提供了自由广阔的表演空间,充分发挥演员的表现力,大大地提高了声音的艺术表现力和整体艺术的魅力。又如在电影、电视剧、新闻节目中,一般要求画面不能看见传声器、支架及传声器连线,这时领夹式由于具有隐藏性就可大派用场,可使声音具有真实感、亲切感和临场感。

1-1-6 无线话筒使用要点及输出结构

1. 无线话筒的使用要点

在使用无线话筒的过程中,需要注意如下事项:

舞台上使用的无线话筒载频都选在甚高频或超高频上,接收机的天线尽量与发射

机近一些;最好没有障碍物,尤其要避开金属结构,如台口的灯光架、通风管道等金属框架,否则信号会被吸收掉或引起超短波的反射,使接收机的天线感应场强下降,使噪声增大;发射机的天线一定要顺着人体垂直于地面;所有发射机天线尽量不要与机壳相碰,否则会产生喀喀声;避开"死区"。无线话筒(尤其是早一些的无线话筒型号)在舞台上有时会听到沙沙声,拾音消失甚至啸叫,这就要求在演出前调试时一定要找出"死区",并做好记录,做到心中有数,让演员在舞台上避开"死区",通常可以调整天线角度来消除"死区"。目前新的无线话筒在接收方面已经做得相对完善,此方面的问题已经得到一定程度的解决;为了提高无线话筒的质量,大多数厂家都是用石英晶体振荡器,这样频率在较大的温度变化环境下,取得比较稳定的工作状态。为了更好地保证接收稳定性,采用了双接收机,即一部无线话筒接收机,用两根天线同时接收一个频率的信号,进入两个高放电路中,然后进行比较,将其中信号大的一路送到下一级,将另一路电路关闭,电子开关速度很快,人耳辨别不出来,从而减少了在舞台上出现"死区"的现象;选用无线话筒时,发射功率尽量大一些,它的接收频率范围也就大一些,可相对减少"死区"的出现。但是要注意的是,过大的功率消耗也会很费电,一般选在 50 MW 就可以了;早期的无线话筒使用不要过多,一般不超过 4 个,使用过多的无线话筒,由于其频率接近,所以会产生相互干扰,影响整体接收效果,但是由于技术的发展,目前的无线话筒的发射、接收的锁定程度很好,所以,现在可以保证很多无线话筒同时使用,也不会影响声音质量,最多的允许 256 个无线话筒同时使用;使用者要正确佩带或手持话筒,正确处理好所在位置、距离和角度的关系;话筒拾取声音的大小与话筒和声源之间的距离平方成反比,嘴与话筒之间要保持一定的距离,以保证语言、歌声动听又不模糊。如果距离不合适,会产生以下几个方面的欠缺:距离太远,话筒输出电压过低,噪声相对增大,声音轻微,其音色细节难以表现,缺乏亲切感,距离太近,低音容易失控,产生近讲效应,造成声音模糊不清,在大信号时,容易过载,而使音色严重失真。所以,一般距离取 10~20 cm 范围内为宜;另外,接收机天线最好摆放在录音师视线和表演区域之间,尽量和墙体保持一定距离并且和演员之间的距离最好不要超过 60 m,可以使用较多的接收器和接收天线来克服多路径信号所带来的音质损失。

　　2. 无线话筒的输出形式

　　从使用的无线话筒的输出结构来看,无线话筒发展经历了几种不同形式:第一种形式是由一支无线话筒和一台接收机构成一套完整的无线话筒,只有一根天线,输出音频信号为一路的普通型无线话筒;第二种形式是由两支无线话筒,用两个不同频率分别发射,接收机是一台由两个独立的接收电路所构成,输出音频信号为两路,分别送入调音台,这样可以使调音台对此信号进行控制和调音,使用非常方便;第三种形式也是由两路无线话筒分别使用各自的频率进行发射,其接收机也是由两个不同频率的接收电路构成,不同的是,这台接收机只有一路输出信号,缺点是调音控制不方便,因为调控时其音量大小和频率均衡处理对两路都有效果,往往两个人使用的两只无线话筒的音色不容易调得仔细;第四种形式是专业的无线话筒接收机,它由一只无线话筒和一台双接收的无线话筒接收机构成,两根天线摆成不同的角度,两个接收机可同时接收一个频率话筒的高频电波,然后将两路高放电路输出的高频信号送入一个比较电路中去进行比较,哪一路输出的信号电平大,哪一路的电子开关就被打开,使无线话筒的接收始终保持在很稳定的状态下工作,这样就消除了舞台上的"死区",而保证了无线话筒的接收效率,如图 1-23;而目前最新的接收技术,可以保证同时使用 256 个无线话筒,同时接收它们的信号,接收机为一个数字接收系统,类似矩阵可以分别地对使用的话筒进行接收和开、关控制,信号并不会产生干扰,这让我们不得不感叹技术进步之快!

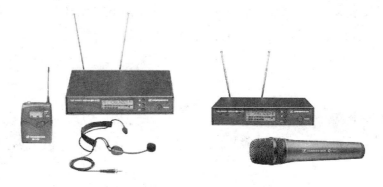

图 1-23　Sennheiser 无线话筒

1-1-7　最新的数字无线话筒

数字技术发展到今天,世界上常用的传声器绝大部分是模拟的,无线的数字话筒很少,据统计,现今使用的 99.9% 的无线话筒都是模拟式的,但是,全数字改造是大势所趋,最新的数字无线话筒的技术也在不断成熟,数字 2 代的无线话筒已经投入使用,这种数字技术被称作是数字耦合无线技术的平台技术,比如说,美国的 Lectrosonics 的无线数字话筒(见图 1-24)就是采用这种技术。

这种先进的数字耦合无线技术,其音质可以与有线音频系统相媲美,传输距离继承了模拟无线链路传输的特点,将音频信号在发射机和接收机中分别进行数字化的编码和解码,通过一条模拟 FM 无线链路发送编码信息,将数字与模拟技术结合,这种专利算法的优点是摒弃了传统的压缩扩展器,并且避免了所带来的失真。

传统的模拟式无线系统都是采用"压缩扩展器"的电路概念,即信号在发射机时,在调制前动态范围先进行 2∶1 压缩,然后调制发射出去,接收机再进行 1∶2 的放大还原,这种电路的瓶颈就在于为了在有限的传输带宽中传递尽可能大的动态范围,声音在调制发射前必须被压缩,从而造成了两点无法突破的问题:一是,传输的声音在中高频范围内有无法解决的"发闷"的失真;二是,无法传递更大的动态范围和信噪比。而数字耦合无线技术的出现突破了这个极限,声音在调制发射前的过程中没有任何压缩过程,确保大动态的传输。

这项技术在美国电影音频协会取得了革命性的技术创新大奖,在应用上具有高保真、超远工作距离、低干扰、多通道的无线链路、可以传输链路信号、多种模式相互兼容、任意形式的发射机可匹配任意形式的接收机(只要在同一频段范围内),另外,由于发射机内部采用了 DSP 数字处理芯片,全面替代了传统的易碎的晶振,极大地防止了由于意外摔落所造成的设备损坏问题。

由这项技术制作的数字无线话筒的发射机及接收机的介绍及相关的技术参数,我们可参看本教材的传声器附录一,其传声器系统见下图 1－24。

图 1－24　Lectrosonics 无线数字话筒系统

1－1－8　传声器附件

1.　电源组件

电源组件(Powering Module)是传声器的供电附件,见图 1－25。

2.　夹持装置

夹持装置(Microphone Clamps)用于固定传声器,见图 1－26。

图 1－25　电源组件

3. 防震装置

防震装置(Shock Mounts)是传声器与固定物之间的缓冲器,用来减小固定物产生的振动而带来的噪声,见图1-27。

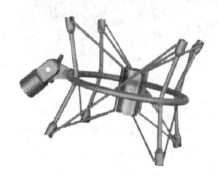

图1-26　传声器夹持装置　　　　　图1-27　防震装置

4. 传声器架

厂家生产出各种体积较大的传声器支架(Mike Stands),在传声器位置的机动性上有不同的原理,一些大的专业传声器支架会影响拾取声音的质量,因为大的尺寸紧靠着传声器体将会引起反射波进入传声器。传声器架外型见图1-28。在使用电容传声器时,通常在传声器架顶端会固定一个防喷罩(见图1-29),它的作用是防止过多湿气进入传声器而引起传声器暂时性声音变小或消失以及防止演员的喷口音。

图1-28　传声器架　　　　　　　　图1-29　防喷罩

5. 风罩

风罩(Windscreens)是用皮毛、泡沫塑料、丝绸等材料套在传声器外表面,用以减小

图 1-30 风罩

外界噪声,如风、人讲话的喷气声、弹古筝的擦弦声,它是一种附加体,其外形见图 1-30。

(1) 室内风罩,通常采用泡沫塑料或天鹅绒材料。

(2) 室外风罩,有的采用毛皮材料,如 Sennheiser MZH 60-1;有的采用篮球皮材料,如 Sennheiser MZH 70-1。

6. 电缆线及接头

电缆线与拾音头连接通常采用 3-pin XLR(三针卡侬),传声头配置 XLR 插座,其内部连线可参见图 1-31。

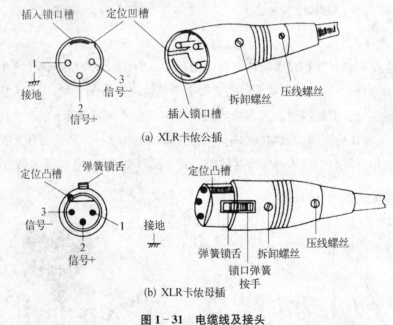

(a) XLR卡侬公插

(b) XLR卡侬母插

图 1-31 电缆线及接头

在这里,我们简单谈一下有关话筒的连接方法。

(1) 平衡与不平衡。平衡式的传声器连接在专业设备中普遍采用,即采用双芯屏蔽电缆并配以三个接点的"卡侬"插头、插座或 6.3 mm(1/4 in)的三芯插头、插座。平衡式电路要求话筒与前级放大器的两根芯线都不接地,这就要求放大器的输入端有高音质的声频变压器。对于电容式话筒来说,其输出端装有与话筒同等级的输出变压器,以实现电容式话筒输出信号的平衡传输;对于普通话筒来说,为了降低系统的成本,通常采用不平衡式电路,即放大器输入端是单芯输入线,另一端接地,并使用6.3 mm(1/4 in)二芯插头、插座。

"卡侬"插头的英文原名是 Cannon Connector,又称 XLR 插头。它具有三个接线端子和一个金属外壳。如图 1-31 所示,其中 2 脚为"热端",3 脚为"冷端",1 脚为"地端"。卡侬插头带有机械自锁装置,插上后不会脱出,工作时比 6.3 mm(1/4 in)插头可靠。

(2) 相位。在同时使用多只话筒时,必须注意它们的相位要一致。否则,两个相位相反的输出信号,经调音台第一级放大后,将会产生相互抵消作用。

此外,还得注意不应将两支或两支以上的话筒并联使用,否则不仅会影响它们的频率特性,而且还会降低灵敏度和增加失真度。

另外,在使用和存放话筒时还需注意:电容式话筒怕潮湿,使用完应放在干燥箱内;使用时不能离嘴太近;电容话筒怕摔,应轻拿轻放;话筒在用之前要先检验;使用电容话筒注意幻象电源;在室外使用时可用防风罩,但使用后高频会有所损失等问题。总之,话筒在录音过程中作为最重要的基础设备,在选择和摆放等使用过程中需要非常谨慎地对待。

1-1-9 数字传声器

数字传声器内的拾音头不变,只是将声电转变的模拟信号经内置 A/D 变换器进行数字化,以数码作为传声器输出。

1998 年初由德国 Beryer Dynamic(拜亚动力)推出了世界第一只型号为 MCD100 数字话筒,见图 1-32。以往的模拟式传声器往往在微弱的信号拾音时连同杂音

图 1-32 Beryer Dynamic MCD100

一起增强,而数字话筒能够解决模拟制式带来的问题。MCD100 内装心型指向性膜片及 24BIT 的 A/D 模数转换器,能够完美地把电容器的音源转为数字信号,绝对能与录音室及扩声设备的 24Bit 的数字化电声器材相匹配。MCD100 输出 24Bit AES/EBU 数字式信号,可以使整个操控更容易,它的信噪比很小,大于 115 dB,而声压级可以达到 150 dB,另一个特点是在大型演出时,它的话筒线可以长到 300 m,而且不会使频率响应变坏,这是一般模拟式的传声器不能比拟的。

目前数字话筒的发展已经比较成熟,现在逐渐面世的数字传声器有 USB 接口的话筒,而且其声音质量也已经达到了很高的标准,另外还有可以和电脑 USB 直接相连的无线传声器,其音质和抗干扰能力也已经达到了相当高的标准。可以想象,今后的

录音工作将一点点摆脱很多硬件的大型设备,只用非常方便的便携式设备就可以胜任很多工作,数字化后录音的成本也会大幅度地节省。

1-2 调音设备

1-2-1 调音台结构类型

我们在节目制作中所使用的调音设备主要是调音台,它在整个录音过程中起到接收、放大、处理的作用,也就是可以将传声器拾取的信号或其他声音信号处理设备送来的线路信号输入(放大)并进行各种加工处理。

通常,录音的方法有同期录音和多轨录音两大类。比如,录流行音乐,我们通常会用多轨录音的方法,即录音分前期录音阶段和后期缩混阶段。在前期阶段,各乐器被录在多轨录音机带或硬盘上,而在后期混音阶段,录音信号则从多轨录音机带或硬盘返送回调音台被缩混成立体声或多声道的最终节目。在实际工作中经常将这两个步骤合并,在话筒信号进入记录设备的同时,信号从记录单元返回以便于录音师和制作人进行监听或对于一些乐器进行录音处理,因此,我们可以看出在调音台上的两个最基本的信号通路:话筒输入、线路输入、多轨信号返回。其中我们将话筒/线路输入通路(MIC/Line In)称为声道通路(Channel),而将信号从记录单元返回进入立体声输出的通路称为监听通路(Monitor)。

我们可根据调音台体型的大小把调音台分成大型、中型、小型和袖珍型调音台,也可以根据信号模式分成模拟调音台、数字调音台、数控台,还有控制台,如图 1-33、图 1-34 所示。

图 1-33　数字调音台

图 1-34　模拟调音台

1-2-2 调音台组件

尽管调音台的种类和规格型号很多,但是绝大多数的调音台结构都是一样的,都是由输入组件、输出组件和主控部分组成。

1. 调音台输入区域(Input Section)

(1)输入增益(Input Gain)。设置调音台话筒输入或线路输入的放大增益,用以匹配输入信号级,一般来说,有扳动式和线性旋钮式可选。扳动式每步一般被设计成5 dB 或 10 dB 的提升/衰减量,以便录音师可以非常明确地把握对信号所放大的级数的精确度。而线性设计则一般用做微调处理。

(2)幻象电源(Phantom Power)。目前,专业调音台都设置有供给电容话筒使用的 48V 幻象供电开关。在使用电容话筒时需要将此开关打开(若使用动圈或铝带式话筒则不需要打开此开关)。如果我们需要调整话筒,虽然直接插拔调整并不会对调音台或传声器带来什么损坏,但是正确的做法还是最好应该将输入增益及幻象开关关掉再进行调整。

(3)话筒输入/线路输入转换开关(MIC/Line Switch)。这是用来切换所选声道的话筒输入或线路输入,将其进行转换。其中线路输入通常连接录音棚中的周边音源设备,比如 CD 机的输出或其他线路输入标准信号,如电吉他等电声乐器。

(4)衰减开关(PAD)。衰减话筒输入信号电平大约 20 dB 左右。当话筒(尤其是电容话筒)在接收高声压级信号时为了确保调音台输入放大器不会发生过载失真,必须对信号进行一定程度的衰减。我们也可以通过使用声道信号增益旋钮进行更精确的线性控制。需要注意的是:如果在话筒极头处已经产生过载失真的信号,那么衰减没有任何意义。

(5)相位转换(Phase Reverse)。这里的相位转换仅是指在前期录音中对一个输入信号相对于另一个信号进行反相处理,180°的相位转换,以对多话筒拾音过程中所出现的信号之间的相位差进行补偿。

(6)高通/低通滤波器(High Pass Filter/Low Pass Filter, HPF/LPF)。在调音台上,HPF/LPF 作为设计简单的高通滤波器和低通滤波器,通常配备有进(In)或出(Out)两个状态开关以供录音师选择是否使用滤波器对信号进行处理。HPF/LPF 在实际工作中通常用来去除存在于低频的哼噪声或在高频区的嘶噪声。

(7)调音台均衡区。有关均衡区域的原理和使用在本教材的后面有专门的章节进行阐释,在这里只做一个非常简单的介绍。

目前绝大多数调音台的均衡设置,都有四个频段选择,即一个高频频段(HF)、两个中频频段(MID1,MID2)和一个低频频段(LF)。这些均衡通常为参数均衡,因此可对中心频点、Q 值以及提升或衰减量进行线性调整。

在滤波器中,Q 值等于中心频率和带宽的比值,带宽代表低于滤波器峰值输出 3 dB 处频点之间的距离或宽度。Q 值越大代表处理的频带越窄,Q 值越小代表受到处理的频带越宽。

调音台可进行的提升或衰减通常为:可以在 ±15 dB 范围内对所选频率进行提升或衰减处理。

(8) 声道声像旋钮(Pan Pot)。声像定位可以将声轨中的声音分配到左或者右。在调音台上,声像定位控制钮的主要功能在于将声源定位在左右两个扬声器之间的任意一个地方。实现的方式在于声像定位器可以将推子的输出信号分成两个信号,并变换这两个信号的输出电平差。通常情况下和每一个声轨的路由开关配合决定信号在多轨系统中的奇偶轨分配,一般来说声像在左代表奇数轨,而在右代表将被分配至偶数轨。这里的声轨路由开关指的是在推子附近的一个开关,主要功能是将声道信号按所选择的路径传输给多轨记录设备,并且可以将一轨信号安排在多轨机的若干轨上。声轨信号分配通常被设计成立体声分配模式,也就是说一个信号可以同时被分配到奇数轨和偶数轨,形成立体声信号。

(9) 直接输出开关(Direct)。调音台上的直接输出开关将该通路信号直接传输给在多轨机上相应的声轨。以避免信号在通过集合母线之后,信噪比被破坏。如果信号通过是使用 direct 方式传输到载体的某一声轨后,其他信号将无法再被分配到该声轨。

(10) 哑音(Mute)。哑音(Mute)通常在调音台每个信号通道上设计有两个哑音开关,分别负责关闭声道信号或者关闭混音信号输出的作用。多个声道可以同时哑音。

(11) 单独监听(Solo)。Solo 可以使录音师在前期录音中单独监听所选择的声道的信号,以便单独评价话筒输入信号的音质和声源定位情况,做出一定的判断,而不会影响其他信号的录音效果。在后期制作时可以单独监听从多轨机(硬盘)返送回来的某一轨的情况。多个 Solo 可以同时使用。

目前的比较新型调音台都可为录音师提供无损 Solo 监听,可以实现推子后监听和声像定位后监听。也就是说，录音师在 Solo 的状态下同样可以听到所选声轨信号的电平、声像、均衡以及混响效果。

（12）推子前监听（Pre Fader Listening/PFL）。推子前监听（PFL）指的是在信号被传输至调音台总输出之前对该声轨进行监听的方式，从而使录音师对输入信号的质量进行更为直接的评价，同时可以较为有效地对输入信号电平及均衡进行调整。一般情况下，调音台上都设计有单独的单声道混音母线负责接收来自每个声道的 PFL 输出。调音台上的 PFL 开关可以将信号在到达推子之前传输到 PFL 母线，同时可通过单独的 PFL 监听通路对被选择的 PFL 信号进行监听。目前在一些主要用于广播或现场扩声的调音台上，通常内置有独立的 PFL 监听扬声器或是单独的 PFL 信号输出开关，以便工作人员在对 PFL 信号进行单独监听时不会影响到主监听信号。

（13）推子后监听（After Fader Listening/AFL）。推子后监听（AFL）是指信号是在经过声道推子后被拾取。AFL 和前面所提到的 Solo 功能有些相似，即将带有声像定位信息的信号传输到主监听系统，同时关闭其他声道的信号。

（14）并轨（Bounce）。这是将监听推子的输出信号在到达声像定位控制线路之前传输到多声道母线分配矩阵，以形成声道合并的功能。实际工作中，为了得到更多的空余的声轨，我们可以将同类型的乐器进行并轨处理，或者根据具体的节目需要进行声轨合并。

（15）调音台动态处理区（Dynamic Control）。目前基本上所有的调音台在每个信号通路上均设计有内置压缩限幅、扩展、噪声门等，以实现对输入信号的动态处理功能。有关动态处理方面的知识我们将在后面的章节中有单独的详细阐述。

2. 调音台辅助输出部分

调音台辅助部分一般由辅助增益电位器、衰前（推子前）和衰后（推子后）等开关组成。它的主要作用是把主信号通路上的部分信号返送到调音台外部的其他声音信号处理设备中去做进一步的加工处理。

辅助输出（Aux）控制单一声道的辅助输出信号的电平量。

（1）推子前/推子后选择开关（Pre/Post）。Pre/Post 开关将决定辅助信号被提取的位置是在衰前（推子前）还是衰后（推子后）。如果辅助信号在推子前被提取的话，推子的位置即使在未推起状态也不会影响到辅助信号的量。一般来说，演员的返送监听信号通常在推子前状态传输，以便实现相对独立的控制，不受到混音监听母线的影响。效果输出通常在推子后状态，可以使效果随指定音轨混音电平的变化而变化。

(2) 混音/声道选择开关(Mix/Channel)。Mix/Channel 选择开关将决定辅助信号是由混音通路提取还是在声道通路进行提取。这里值得注意的是,在声道通路提取的辅助效果信号将被直接记录在录音设备上,而在混音通路提取的辅助效果信号将被记录在最终载体上,例如 DAT 或 CD-R 等。

3. 调音台总控区域

调音台的总控部分一般位于调音台的中央或右边的位置,一般都由以下组成:监听选择(Monitor Selection),主要用来选择所要监听的音源,例如 CD 播放器或辅助输出等;音量衰减(Dim),主要用于减低输送到监听扬声器中的信号电平(通常衰减量为40 dB);单声道监听(Mono),用来检查节目从立体声与单声道的兼容度;辅助信号电平控制(Auxiliary Level Controls),是针对各个辅助输出信号电平的总控;演员返送监听和对讲系统(Foldback & Talkback),演员返送监听用来控制返送到演员耳机的节目信号,对讲系统是实现录音师通过调音台内置话筒和演员进行交流的方式。注意,对讲话筒通常可以和调音台上的辅助输出、混音母线以及录音室扬声器进行连接;调音台内置有正弦波振荡器以提供一个或两个固定频率测试信号来对信号记录媒体进行校正,校对信号通常为 1 kHz 和 10 kHz,其中 10 kHz 更重要,振荡器所产生的正弦频率信号通常通过混音母线进行输出,同时输出电平可调;总输出推子(Master Fader),它是一个立体声推子或左右两个单声道推子来控制总体的混音信号输出电平。

另外,调音台响度或振幅监测是通过 VU 表、PPM 表实现的。VU 表,又称平均音量表,它指针所指示大小和人耳听觉主观感受的音量大小是一致的。PPM 表,又称峰值表,指示声音信号中峰值大小,有快上快下的特点,也有快上慢下的。其指示大小和声音的振幅有关,和声源峰值特性有关,一般峰值表 0 dB 时,VU 表在 -6 dB 左右。峰值表一般和数字录音机配合统一,VU 表较方便,很多时候两个表同时参考使用。

上面所讲到的调音台三大区域的构成及使用不仅适用于模拟调音台,也适用于数字调音台,而且不论是硬件调音台或是音频工作站中的软件调音台都是同样原理、同样适用。另外,我们把调音台涉及的两项主要技术参数作简单叙述:

阻抗:专业的录音话筒的阻抗为 200 ohm 左右,因此,要保证话筒输入信号的质量,一般话筒输入(mic in)的阻抗至少应为 1 k ohm,而线路输入级输入阻抗至少应为 10 k ohm,输出阻抗应在 200 ohm 以下。

频率响应:人耳的频响范围为 20~20 kHz,一般来说,调音台的频响曲线也应在 20~20 kHz,±0.2 dB 之间保持平直,同时在 20 kHz 以上以及 17 Hz 以下进行衰减以避免来自带外频率的影响。

1-2-3 数字调音台、音频工作站与控制台

目前在声音制作系统中使用的调音台的形式有常见的模拟调音台和数字调音台。它们可以实现的功能相似,和模拟调音台相比,数字调音台在基本上保持了同样的操作界面上的各项功能按钮、音量调节方式的物理结构的同时,将模拟声音数字化,利用计算机软件程序处理,完成模拟调音台功能的声音缩混与加工。

从操作布局上看,其布局基本上与模拟调音台相似,大多的数字调音台安置了液晶显示屏,这样,在数字的读取、操作上看起来非常直观。比较特殊的一点是,数字调音台都在操作台上配置了可以旋转的圆盘供参数选择用。

数字调音台在操作方式上与模拟调音台有较大的不同,数字调音台是靠计算机处理器或者说由界面显示的参数帮助操作者安排信号路径(比如说,通道开/关、辅助输出/返回、轨道分配等)以及功能处理(如均衡参数调整等),整个调整前和调整后的曲线图都显示在液晶屏幕上,调整起来比较直观方便。

数字调音台由 A/D 转换器、数字信号处理、数字混合及 D/A 变换器等构成,与模拟调音台相同有编组输出、AUX 辅助输出、主输出等。

发展至 21 世纪,录音设备也在不断地提高质量、更加地简化。一些新的录音、混音方式已经进入到很多更新的录音棚中,比如美国好莱坞的不少电影混音棚、音乐制作的录音棚是采用将音频工作站与独立的控制单元组合起来,形成一种模块化的音频处理方式。这种方式相对于之前的调音台处理,各部分(比如,原调音台中的话筒放大器等器件都是做在其中)均有独立的单元,如独立的话筒放大器等;控制台的外观与原调音台并无很大区别,但是控制台只是一个控制器而已,通过一根网线和主机相连,独立的声卡、话筒放大器等设备与主机音频工作站结合在一起,通过工作站的软件平台进行工作,一切操作在工作站中完成,包括前期的录音与后期的混音甚至音乐制作等,非常直观方便。在使用效果器上,可以根据自身的要求选择软件的与硬件的效果器;不用录音软件直接用控制台配合话放等模块也可达到录音的目的。

这种录音方式使用起来非常简单直观,缩短了生产的周期,而且设备的可扩展性很强,现正在积极地普及中,比较知名的品牌是 Digidesign 公司的 Pro Tools 系统和 ICON 控制台。有关这一部分,我们将在本教材的"音频工作站"章节中详述。

比较顶级的调音台品牌 Studer 在数字调音台上的尝试也得到了相当的发展,现

图 1-35 Studer Vista 6
数字调音台

在的V5、V6系列数字调音台,也同样有着模块化的发展,将其话放部分与其分离,调音台的接口由原来的都是后部发展到了安装在机架上的单独的模块,而且通过独立的软件控制系统,可以看到清晰的矩阵系统,实现非常直观的录音及混音工作,每路信号均设有可触摸的声像、均衡、压限等图形参数调整,让录音师可以直观地发现问题,修改问题,不论是单声道轨、立体声轨或是多声道轨道。如图 1-35~图 1-37 所示。

图 1-36 Studer Vista 6 数字调音台

图 1-37 ICON 控制台

1-3 记 录 设 备

1-3-1 记录设备分类

我们将录音制作中所使用的记录设备称为录音机,将用于还音的设备称为还音机。无论同期录音还是多轨录音,最终都要将制作好的节目记录存储在载体上,以准备使用时还音。尤其后期合成制作更需要将拾取的各个声音分别记录在不同声轨上,当后期合成时,进行还音返回给调音台缩混、处理。这些程序需要记录/还音设备及存储载体共同完成。目前在影视节目的录音中大量使用的都是各种不同的数字录音设备,因此录音机这个概念已经被扩大了,它泛指所有能记录声音的由各种记录媒介所构成的录音设备。我们简单的归纳整理为：声音的记录存储可采用磁记录和光记录，所以，相应的设备及载体也不相同，就存储载体而言，目前有磁带、磁盘及光盘，而记录/还音设备有模拟及数字两种，前者为磁带录放机，后者有数字磁带录音机 DAT、MD、硬盘机及数字音频工作站。

目前仍使用模拟式记录载体的节目已经很少，我们在这里就不做具体介绍了。

数字声音记录存储载体及记录设备主要有：

DAT 数字录音机，存储载体为 DAT 磁带，见图 1 - 38、图 1 - 39。它是利用电磁感应使磁带上的磁性材料带有剩磁，和模拟磁带录音机不同的是，其剩磁仅为有、无两种状态。

图 1 - 38 　DAT 数字录音机　　　　　　　图 1 - 39 　DAT 磁带

MD 录放机：它是利用具有一定能量的光照射磁光盘 MO，致使磁性物质的矫顽力降至很小的同时，利用电磁感应在磁光盘横截面产生剩磁。图 1 - 40 为常见的 MD 录放机。

硬盘录音机：利用磁盘记录声音，现这种记录方式已经使用非常普遍。如图 1 - 41。

CD 播放机：它利用光刻方法使光盘表面上产生凸凹的信号坑，以表示数码中的0、1 比特。这其中 CD 光盘只能够放音，不能重新写入，而 CD - R 光盘机能写入光盘，可作为资料保存。另外，现在还有 DVD、DVD - R 等多种光盘记录形式，我们将在下节中采用载体做个具体介绍。

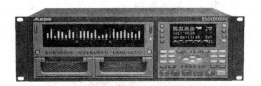

图 1 - 40 　MD 录放机　　　　　　　　图 1 - 41 　数字硬盘录音机

1-3-2 声音信号记录媒介

从上面一节的内容我们了解到,目前的声音记录存储类型主要有磁记录和光记录方式,下面我们将把主要的声音信号记录载体介绍给大家。

1. 磁带(Tape)

这是在20世纪七八十年代应用最普及的一种声音记录媒介,现在已经基本成为历史,我们在这里简单介绍一下。常见的磁带有民用的卡带和专业用的开盘磁带。录音棚中一般使用带速为38.1 cm/s(15 in/s)的开盘磁带,其特点是易剪接且动态范围和失真度较小;另外它还用19.05 cm/s速度录音,这种带速一般用来录语言,其速度慢一倍使磁带量节约一倍,这样不用频繁换带。磁带在受潮、受热或长期存放后磁粉会脱落,若磁粉留在磁头上会使抹音不干净、录音无高频或录不进声音。一般磁带运行几分钟后要检验一下磁头来了解磁带状况。脏磁头可用棉芯沾无水乙醇擦拭,对于磁粉脱落的磁带如必须要用,就用干棉芯在倒带时擦磁粉的面,直到棉芯基本上干净为止才能用。

2. DAT

DAT(数字音频带 Digital Audio Tape)借助视频领域中的旋转磁头技术,在1981年开始研制时将最早的开发目标定为民用市场,但由于其具有较高的稳定性和精确度而在今天被广泛地使用在专业录音室中。它是第一种专门以存储数字音频信号为目的所开发的记录载体为 DAT 录音机。DAT 磁带体积为 $73 \times 54 \times 10.5$ mm,是一种具有高矫正特性的金属涂层带。它在60 m长的情况下可以最多录制124 min的节目并可以通过降低采样频率以及使用较薄的磁带等方法将录音时间提高到4~6小时。DAT 采用双重里德-索罗门码进行检错和纠错,并可以使用48 kHz、44.1 kHz等采样频率对信号进行录制和返送,16 bit 量化可以用于上述所有的采样值。大部分 DAT 具备 LP 模式,即可以在120 min 的 DAT 磁带上实现4小时的录音时间,但必须将采样频率降到32 kHz,量化降为12 bit,也就是数字广播 DAB 格式。

3. 多轨旋转磁头系统(Hi-8、S-VHS、ADAT 系统)

在20世纪90年代初期多轨旋转磁头录音系统也叫八轨录音机开始流行并出现在主要的专业录音棚,虽然现在这种多轨录音机使用已经越来越少,我们还是在这里将它的主要工作形式和记录方式简单叙述如下:

多轨旋转磁头系统主要存在两种格式,其中一个为 VHS 格式视频系统,另一个为8 mm 视频格式系统。主要由 Teac Tascam 和 Sony 两个公司开发,以 Hi8 视频格式为基础的旋转磁头数字多轨系统,设计有八个数字音频信号声道和一个用于同步和时间码数据的原码通道。整个系统支持 44.1 kHz 和 48 kHz 两种采样频率并使用 16 bit 线性 PCM 量化格式。由于这种用于多轨数字录音的系统所写入的数据和原标准 8 mm 或 Hi8 格式并不匹配,所以在录音前应对磁带进行格式化,另外,已经用于视频信号的磁带将不能再对数字音频信号进行录音。

另外一种较受欢迎的旋转磁头数字多轨录音系统是以 S-VHS 传动模式为基础开发的 ADAT(Alesis Digital Audio Tape),格式由 Alesis 公司开发,使用 1/2 inch 宽,带速为 $3\frac{3}{4}$(95.76 mm/s)的 S-VHS(Super-Video Home System)带对音频信号进行记录。单台 ADAT 录音机可以录制共 8 个声道的数字音频信号。ADAT 可以通过 9 针同步电缆完成最多 16 台机器连接共 128 轨的多声道录音模式,并且所有进行同步相连的机器最好使用相同的软件版本,如果版本不统一的话,应将最老的版本机器设定为主机,而其他录音机为从属设备。这种录音系统的缺点是,如果只需要单轨或少量轨录音,该系统还是将所连接的所有轨道同时启动录音,造成了浪费及不便。

4. 光盘存储系统

光盘存储系统是由 CD(Compact Disc)开始的。1988 年,CD 产品的销量在世界范围内第一次超过了当时盛行的 LP,从而形成了今天在市场上以 CD 为主的听音格式。

CD 的信号格式是采用采样频率为 44.1 kHz,量化值为 16 bit 线性 PCM,数据传输率 2.034 MB/s,直径为 12 cm,厚度约为 1.2 mm,中孔直径为 15 mm,扫描速度为 1.2~1.4 m/s,光盘转速为 500~200 rpm,光盘的信息坑(凸起)长度约为 3.054~8.333 μm。

(1) CD-ROM。CD-ROM(CD read-only-memory)格式主要用于计算机数据存储和分配。CD-ROM 机通过 Q 通道子码帧来区别该类光盘和音频 CD 光盘之间的区别。附带有音频信号、指导信息、静帧图片以及移动画面视频信号的 CD-ROM 被广泛用于电脑游戏市场。实际上目前很多书籍(尤其是以音乐为内容并带有乐段举例的书籍)都是以 CD-ROM 的形式出版发行。CD-ROM 具有 650 MB 的存储能力。

(2) VCD。VCD 代表 Video CD,属于 CD-ROM 标准下面的一个属格式,并可以在普通的 CD-ROM 驱动器上对 VCD 信号进行播放。VCD 采用 MPEG(Motion Pictures Experts Group)压缩格式在信号被存储之前对其数据进行降低处理,由于压缩使其信号质量下降较多,故目前市场应用已越来越少。

（3）CD-R。CD-R（Compact Disc Interactive）属于 WORM（Write Once Read Many 一写多读）系统，可以在 CD 的格式上存储数字音频信息。在 CD-R 机上，数据一旦开始写入便不能抹掉或写入新的数据。在 CD-R 上写完的数据可以在标准 CD 机上进行多次回放。一个 650 MB 的 CD-R 可以承载 74 min 的音乐节目。CD-R 在音乐制作流程中通常是作为 CD 的母盘出现。

（4）DVD。DVD 的英文全称为 Digital Versatile Disk 即数字万能盘，尽管 DVD 从表面上看和 CD 极为相似，但从 DVD 的角度上说，CD 只有单面单层共 680 MB 的存储能力，而 DVD 最多可以达到双面双层共 17 GB 的存储能力。我们将几种 DVD 形式的情况和其存储能力做个表格，归纳如下（见表 1-1）。

表 1-1　几种 DVD 形式及存储能力

格　式	面	层	存储能力
DVD-5	单　面	单　层	4.7 GB
DVD-9	单　面	双　层	8.5 GB
DVD-10	双　面	单　层	9.4 GB
DVD-18	双　面	双　层	17 GB

（5）DVD-R。DVD-R（DVD-Recordable）被称为可录 DVD，相当于 CD 格式种类中的 CD-R，同时也隶属于 WORM 系统。DVD-R 光盘可用于 DVD-ROM 和 DVD 机。一般来说，120 mm 直径的 DVD-R 在单面的存储量为 3.95 GB，双面为 7.9 GB，而 80 mm 标准光盘的存储量为 1.23 GB。

（6）MD。MD 为英文 Mini-Disc 缩写，由 Sony 公司在 1986 年开始研制，该格式确定于 1991 年，产品问世于 1992 年，并被定义为第一个用于民用领域中的可录、可抹的磁光盘 MD，只能存储 15 min 音频节目信号。目前常用的 MD 具体规格如表 1-2所示。

表 1-2　MD 的具体规格参数

名　　称	规　　格
录音/返送时间	74 min
体积	72 mm×68 mm×5 mm

续　表

名　　称	规　　格
光盘直径	64 mm
光盘厚度	1.2 mm
纹迹间距	1.6 μm
线性速度	1.2～1.4 m/s
声道数量	2(立体声/单声道)
频率范围	5 k～20 kHz
动态范围	105 dB
采样频率	44.1 kHz

5. 计算机音频文件

我们可以通过声音录音采样将音源所发出的模拟声音转换成数字信号后记录在专门的硬盘录音机上或者计算机音频工作站的硬盘上。

DAW 的优点不仅仅是方便录音师操作、编辑,同时也方便了节目的交流,即音乐作品在不同的录音棚之间的交流。为了保证记录音乐的计算机音频文件格式在不同的计算机平台之间的兼容性,要有通用的音频文件格式,这些格式被称为一种信号存储格式或信号交流格式。目前使用较多的文件格式有 wav、aiff、SDⅡ 等。

第二章

录音中的监听

内容重点

　　本章专门讲述有关录音中的监听及监听中需要注意的问题。重点掌握录音控制室中的小型监听音箱的音质对录音的影响、监听音量的大小对录音制品的影响。这在实际工作中通常会被忽视,然而这对于一个高质量的录音制品来说却是非常重要的环节。在了解立体声监听的基础上,对多声道的监听有比较清晰的了解。

2-1　监　听　设　备

2-1-1　监听设备的分类及使用

　　录音设备中的监听设备除了耳机、监听放大器和监听音箱之外,我们还不可避免地要谈到各种监听控制室和监听仪表。

　　1. 监听控制室

　　监听控制室的空间大小、设备安装位置、声学环境都会影响声音信号的监听。

　　声音录制或对节目质量进行声音主观评价时,必须在满足一定声学条件下的专门房间进行聆听,这种专门房间为听音室或控制室。听音室为了保证节目源声音的客观、真实,除了应该使用技术指标优良的还音设备以外还要有良好的声学性能。

良好的声学性能包括满足获得一定量的近次反射声、合适的混响时间、房间比较优良的频率传输特性及声场的均匀性。这些性能好坏与听音室体积大小、结构、墙面及天花板形状、铺设的材料吸声量有着密切的关系。

监听室体积不需要很大,控制在几十平方米(作为监控室会因安装设备要大些)。过小,空间感和立体感差,而过大没有必要同时影响监听音质。在铺设墙面时应选择对低频吸收音量小的吸声材料,使低频得以补偿。

结构(指长、宽、高)影响听音室的固有共振频率分布。

监听室混响时间过长,会使响度感觉增大从而声音丰满,但声像不清晰。反之,混响时间短则丰满度及响度感差。早期尤其来自侧面的反射声会增强空间感,延迟直达声 50 ms 以内的反射声起着增强直达声的作用,其响度可增大。50 ms 以上与回响有关。

2. 监听仪表

监听仪表在录音设备中占有相当重要的地位。理论上讲,从监听扬声器发出的一个适中悦耳的声音音量应当与音量表所指示的平均量一致。但由于人耳生理构造的原因,会造成一种声音在听觉等响物理特性上的不同。

随着听音者年龄的增长,对高频感受的上限频率会有所下降。随着声音声压的下降,人耳听音频率的下限(低音)却往上升。

在声强达到 80～90 dB 以上时,不同的频率对人的听觉主观感受来讲,其响度大致相同,这也是为什么我们通常把监听音量的电平范围控制在 80 dB 甚至以上的原因。

为了使听觉和声音物理量保持一致,我们一般使用两种仪表来监测声音的物理参数:一种是音量单位表(VU 表),另一种是峰值表(PPM 表)。而功率放大器上的监测仪表通常是功率表(声功率表或电功率表)。这几种监听仪表既可以用指针式电表来指示音量的大小,也可以用发光二极管来完成同样的任务。这样在满足录音师听觉判断的同时,由视觉来监视声音电平的大小。

(1) VU 表(Volume Unit)。VU 表又叫均方根值表或平均音量表。表盘上面一行的刻度从 $-\infty$ dB 开始一直到 0 dB。0 dB 的左侧为负值,0 dB 的右侧为正值。一般在 0 dB 到 +3 dB 的区间加有红色粗线,表示指针进入红色区域时声音有可能失真。

表盘下面一行的刻度为音量单位数值,以百分制标定,将可接受的录音范围分为 0 到 100％(0 dB 时的调制量为 100％)。

VU 表指针的变化与人耳听音对响度的变化基本一致,不过在使用上也有一定的局限性,它只能指示峰值电平的平均值,由于指针的变化跟不上音量和频率微小的快速变化,所以声波中的许多波峰无法在 VU 表上显示出来。

(2) 峰值表(Peak Program Meter)。峰值节目表也称作 PPM 表或 dB 表。

峰值表上没有百分比刻度,它对节目峰值的反应要比平均音量表灵敏得多,故也称振幅表,其指针的上升时间较快,摆动时能更准确地跟踪突然出现的高电平的瞬时峰值,所以它能指示出信号的峰值电平,许多专业录音机上通常有峰值表来显示声音的峰值信号电平。

上述两种电表的指示电路都有指针式和发光二极管两种。用发光二极管表示声音电平的时候,一般用绿、黄、红等分别表示合适的或过载的信号电平,所以当在暗处监测时,视觉效果特别明显。

有关与监听最直接关系的监听音箱等设备的选用我们将在下一节中重点讲述。

2-1-2 监听音箱的选用

在录音棚控制室里,对声源音质的调整、平衡的掌握等等都是通过聆听监听音箱放出来的声音的基准来实现,监听音箱的音质及监听音量的大小在很大程度上决定了录音成品的音质。

扬声器性能对放声质量至关重要,不可轻视,为区别扩声及家用的扬声器,将听音室及监控室所用的扬声器称为监听扬声器(Monoitor Loudspeaker)。监听扬声器应具备的性能如下:

(1) 具有相当宽的频带及平坦的频率响应;

(2) 在工作频率带内极低的幅度失真;

(3) 瞬态特性好;

(4) 最大声压级数值高并具有大的动态范围;

(5) 工作频带内的指向性宽。

在目前市场中,监听音箱有两大类,分别是有源音箱和无源音箱设计。

有源音箱的设计包括,会针对每一个驱动单元提供优化的独立功放,有专门的单元保护电路,单元和功放之间的连接更短更直接,还有更为复杂和精确的分频设计等等。

无源音箱的优点是监听系统的两个部分：喇叭和功放可以单独升级，提升档次可以循序渐进，花费相对少一些，但是需要注意音箱与功放的匹配问题，只有两者搭配适当才能有效地发挥出其性能。

有源音箱有两种规格，一种是真正的有源（actived）音箱，每个发声单元由独立的功放推动；另一种是目前常见的"带源"（powered）音箱，箱体内只有一个电源和功放，推动两个发声单元，其一般是采用被动的分频方式，对于后者，其功放的品质往往比较高，因为厂家在考虑成本时只需要计算一个功放，不像双功放那样需要加倍投入（有的甚至是三功放，有三个发声单元）；另一方面，带源音箱的内部连接更简单，功放和单元之间的极短的连线保证了最佳的音质呈现。双源音箱的优势是能实现复杂的线性水平的主动分频，在设计良好的两分频音箱中，被动分频方式已经能保证很好的声音效果了。

图 2-1　Genelec 两分频
有源监听音箱

目前，常用的监听音箱主要有芬兰的 Genelec、日本的 YAMAHA、美国的 ADAM、JBL 和 KRK 等品牌如图 2-1～图 2-3。其中有的监听音箱比较真实，有的则有部分频段的渲染，所以，监听音箱音质的不同直接影响了录音师所做节目的效果。

图 2-2　YAMAHA 有源监听音箱

图 2-3　ADAM 小型监听音箱

2-1-3 监听音箱的音质和监听音量对录音的影响

由于不同厂家生产的监听音箱的音质各有特色,这给录音师的工作提出了一定的难度,我们要了解常用的监听音箱的音质特点特别重要,比如说,录音师在 A 录音棚中混录了一个作品,各频段及整体的感觉都很到位了,结果到了 B 录音棚还音,却感觉到低频不够饱满或者其他问题甚至感到各频段的比例都不对了,这就是监听音箱音质的不同引起的问题。所以,如果要到一个不熟悉的录音棚中工作,又不熟悉其设备,可带一盘自己非常熟悉的录音带先试听,了解了这个录音棚的监听音箱的音质特点后,在此基础上监听、录音、混录,这样就不至于做出不准确的作品了。

在一定条件下,耳机取代监听扬声器,这时监听控制室的声学条件就不起作用了。用耳机监听调音和扬声器调音的效果有区别,所以需在耳机监听和扬声器监听之间建立一个对应关系。一方面是通过反复比较获得一种感觉和经验,另一方面和录音师所使用的耳机有关。全封闭式耳机是不能作监听用的,要用开放式专用监听耳机,大耳罩漏一部分声音出来,在耳壳前形成一个声场,比如,AKG 240DF 听出的感觉有些像音箱和扬声器监听。

在现场或室外环境录音,在不可能使用音箱的情况下只能用耳机;在已经录制好的节目中,用耳机检测录音中的欠缺很灵敏,可以方便地找出杂音,而这点用扬声器监听时却很难发现。

在录音过程中,多大的音量下进行监听会对录音节目的混录效果、比例、音色等都有较大影响。人耳对不同频率声波的响度感觉是不同的,对于频率不同而响度相同的声音会感到不同的响度。在 3 k~4 kHz 频率范围内,声音易被察觉而在较低或较高的频率范围内声音就不易被察觉。也就是当听音的响度发生变化时,听音的频率感觉也会随之发生变化,音量越大人耳听音的频率曲线越趋于平直。

如果录音作品混录的频率平衡是在很响的监听音量下调节出来的,而后在以弱的音量重放,这时感觉低频、高频都不够;如果是在弱的监听音量下调出来的平衡,然后再以响的音量重放,这时感觉低频、高频都会太多。在很高的监听音量下调整的各乐器或人声之间的比例达到满意的平衡后,在低的音量下重放会有很多声音的比例感觉不对或出不来了……所以为了在较高、较低监听音量下都能达到一个较好的混录效果,一般把监听声压级定为 85 dB,同时在录制时再在大、小监听音量下反复对比试听。

因为录音棚中录制的成品最终都要放在家庭环境试听,所以,为了得到一种类似家庭视听音响设备的放声效果,录音棚都有一对小型监听音箱作为近场监听,与大监听音箱进行对比试听用,它的高频和低频的频率响应都不如大监听音箱,但它能模拟出家庭音响设备和家用听音环境下的音质效果,符合一般家庭的听音习惯。为了使录音的重放效果受到每个家庭的欢迎,在录音时一定要以小型监听扬声器的放音为参考,甚至有时在最后的混录时完全以小型监听音箱为依据,把高频和低频适当提升,用来适应家庭听音环境的需要。

2-1-4 兼容性

这里我们指的是制作节目的同时需要考虑的立体声与单声道的兼容性问题。在录音棚录制的节目为立体声,如果最终去向是拿到电台、电视台作单声道播放,这时,在录音过程中需要用单声道对比来进行监听,以判别单声道放音的效果。因为在立体声监听时非常好的监听效果改为单声道播放时会有声音单薄、混响不足的感觉,所以出棚已录好的磁带要以出棚的目的而定,如果在立体声和单声道都使用时就要注意兼容性以达到较好的效果。反相的音响效果在立体声下听不太出,用单声道听,如果声音到音箱外或退到音箱后的则反相了。

2-1-5 多声道音频监听系统

目前有一些多声道录音室的扬声器设置方案已经被业内专业人士了解和接受,下面介绍的是目前较为通用的多声道音频的监听系统,即 3-2 多声道扬声器监听或称 5.1 环绕立体声。

1. 前方扬声器(前方 L 左、R 右、C 中置)

多声道的声音系统在现有的立体声系统的左右扬声器之间加入了一个中置扬声器。为了确保声像定位的准确,这三只扬声器必须完全一样,实际上,多声道监听要求所有的监听音箱型号完全一致,这和立体声系统中左右两只扬声器特性必须一致是一个道理,如果不能保证三只扬声器是同一型号,那么,中置扬声器最好是同一产品类型中较小的类型。

前方的每一只扬声器与录音师的距离应该是相等的,扬声器的声学中心应该在同一水平面上,并且要和人耳的轴线平行。中置扬声器可能需要置于电视监视器的上方或者下方,这样一来,就会影响系统的声学特性。在这种情况下,可以尝试让三只扬声器的高音单元尽可能在同一水平线上。这样一来,可能会让中置扬声器的摆放方式变成倒置或者是侧立,当然如果可能的话,也可以转动高音扬声器来达到目的。

如果中置扬声器到左右扬声器的距离不相等,就可能需要用延时来获得声音到达的一致性。前方扬声器的声学特性必须保持一致。一定要注意在整个监听系统中保持电子信号的极性一致。

2. 环绕声扬声器(LS 左后、RS 右后)

室内全部的扬声器应该使用同样的型号。如果有困难,环绕声扬声器要比前方扬声器稍小,但是特性应该一致,也就是说,环绕声扬声器最起码应该是同一厂家的稍微小一点的型号。

前方的扬声器和环绕声扬声器与听者的距离应该相等,扬声器的声学中心应该在同一水平面上,并且要和人耳的轴线平行。

环绕声扬声器在时间特性上应该和前方扬声器保持一致(同一信号分别从前方扬声器和环绕声扬声器发出到达听音者的时间应该一样),可以通过合理的扬声器摆位来实现这一目的,也可以适当地加入延时。

环绕声扬声器的声学极性应该和前方扬声器保持一致,一定要注意在整个监听系统中保持电子信号的极性一致。

3. 次低频扬声器(LFE 低音)

LFE(低频效果)声道需要在监听系统中使用至少一只次低频扬声器。而低音管理器的重要性和次低频扬声器是等同的,特别是当系统中的部分或者全部扬声器无法真实地再现电影或者音乐节目中的重低音效果的时候。主扬声器无法还音的任何声道低频信号都必须重新指向到次低频扬声器还音。目前的一些产品都含有低音管理器功能(分频器,混合低频信号,并以适当的比率加入到 LFE 声道),这有助于录音室内正确的监听设定。其关键在于,能够让次低频扬声器和主扬声器正确地组合在一起,使全部五个主声道具有宽、平直并且一致的频响。而 LFE 声道还音与其他声道的恰当关系也是很重要的。

次低频扬声器放置于何处是个较为棘手的问题,每一个录音师做得都不一样。通常可以在开始时把次低频扬声器放置在听音位置附近。播放含有很重低频内容的节目素材,在房间中可能是次低音适合的位置上试听,能够平滑传送低音相应的位置,往往就是次低频扬声器摆放的最佳选择点。图 2-4 是多声道监听的标准图示。

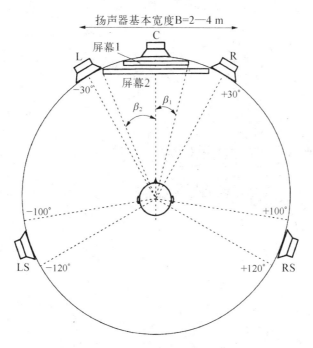

图2-4 3-2多声道扬声器摆放

如图2-4,这是一个依照ITU-R BS.775标准进行排列的5.1声道环绕立体声系统,在图中我们注意到,没有LFE声道的存在,也就是说,不论5.1声道环绕立体声系统之中LFE的存在与否,我们都把这样一种3-2环绕立体声系统,称之为5.1声道环绕立体声系统。

在5.1环绕立体声格式中,环绕声道是由两个扬声器进行重放的立体声信号,同时与前置三个声道结合形成以前置为主的还音模式。

从图中我们可以看到这种5.1声道标准同时定义了扬声器位置、听音距离以及视频系统中屏幕高度之间的关系(详细请参考ITU-R BS.775标准)。

标准同时规定了左右扬声器之间的夹角为±30°,这样就使得左右扬声器与双声道立体声系统兼容。中置扬声器与前置扬声器L、R之间的夹角设置为±45°。环绕扬声器和中置扬声器之间的角度为±110°,同时ITU标准允许增加辅助环绕扬声器,并且两只辅助扬声器的夹角应在±60°和±150°之间。在实际布置时,环绕扬声器和前置扬声器在品牌、型号上应尽可能保持一致。

第三章

录音周边设备应用技巧及
对实际录音效果的影响

内容重点

  这一章的内容包含了录音周边的所有辅助设备的原理和基本使用及应用技巧。掌握：压缩器在信号流程中的位置、使用技巧、竞争电平；混响的特性，室内音响特性与混响时间、混响强度之间的关系，直达声、延时声、混响声的概念，混响的使用技巧和注意事项；均衡器的作用，声音的均衡频率，常用各乐器的均衡频率，使用均衡器需要注意的问题；其他的周边辅助设备做一般了解，比如模拟噪声门、降噪系统等在这里我们提出来主要让大家对此有个简单的认识，因为随着技术的发展，数字录音以它多种优势占领了市场，所以这些在模拟年代使用的处理设备在现代的录音中已经使用得非常少，有的已经退出历史舞台，所以在这里我们也是作历史性的回顾。本章需配合实际应用实践，可通过实验进行操作。

  在这章内容讲授之前，需要强调的是：录音师在录音的时候，应该对所录声源本身的音质音色特点比较熟悉或了解，对声源做声学的了解是选择话筒和设置话筒位置以及调音的主要依据。例如，鼓的边缘部分泛音最多，因此话筒放在鼓边上，镲也一样；古琴是弱音乐器，由于音量小，所以一般需要两个话筒，一个在上面拾取上面的声音，一个在下面拾取共鸣箱的声音。只有了解了音源特点、音乐类型风格的不同要求，才有可能给你的录音做出正确的选择，不要用辅助手段去改变不正确的拾音方式。

3－1　压缩限幅器和压缩

3－1－1　认识压缩器

压缩是录音和混音处理过程中最常见的效果处理手段,但对于很多新入门的人来讲,也许是最难的技术。因为,很多处理技术都会立即产生出可听辨出来的效果,但是压缩在许多情况下,效果并不明显。如何正确认识压缩,何时运用压缩是本章的主要内容。

在音频处理设备中,压缩器是常用的振幅处理设备。压缩器处理的对象是音频信号的动态范围,最大声压级和最低声压级之间的差别被降低,压缩可以以较小的声音波动程度,有效提升声音的总体响度。

下面我们先介绍有关电路控制的一些知识:

(1) The Voltage Controlled Amplifier (VCA)压控增益电路。这种电路中,信号的电平是通过触发器减少电压来降低的。波形的振幅被作为电压,当振幅电平超过阀值时,信号的电平会按照处理器的设定减小。多数压缩器或限制器所采用的就是这类控制电路。

(2) Digitally Controlled Amplifier (DCA)数字控制电路。通过数字数据来控制模拟电路,数字调音台就是这种通过数字来控制模拟电路的设备。数字控制的特点是易储存和调用。

(3) Optical Level Control 光纤电平控制。这是个非常平滑精准的电平控制系统,利用光纤作为导体传输信号,它能有效地避免信号传递的损失,其参数的处理依靠光学技术控制。

(4) Data Control 数字控制。在数字领域,动态控制是通过换算达到的,激活 VCA 或者 DCA 这种电路都是通过模仿相同的数字编码指令来完成的,只要建立了良好的换算,数字处理时就会非常精准。

(5) 压缩的工作原理。如图 3－1 所示,任何超

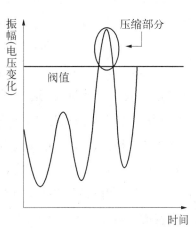

图 3－1　压缩工作原理

过了用户设定阀值的振幅,都将被放大电路侦测到,然后通过压缩器/限制器的设定来调节。所有高于阀值的信号都受放大电路的影响,而低于阀值的将不被改变。

下面,我们将去了解有关压缩的基本知识。

3-1-2 动态范围

一个声音最大声压级和最小声压级之差就是声音的动态范围。

对于一个录音制品来说,它的录音电平的最大值和最小值之差就是录音的动态范围。在录音电平的额定标准内应选择和调好录音的工作电平,完美地处理好录音音响的动态范围。随着音频系统的质量不断提高,录音的动态范围有所扩展,而现有整体设备的动态范围仍满足不了实际录音工作需要。例如,交响乐这类音乐作品,它的实际动态范围经常可以达到 90 dB 甚至更高,这样,一方面,几乎所有的录音制成品都是要进入家庭用的视听设备重放,在家庭听音环境下,家用的音响设备的动态范围在 45 dB 左右;另一方面,现有的录音设备整体也达不到交响乐 90 dB 的动态范围,现有调音台实际动态范围在 80 dB 左右,数码录音机可达到 90 dB 以上,有些话筒也可达到 90 dB 以上的动态范围,如 U87、U89,但就整个音频系统来说是达不到这个范围的,所以在录音时对所录的声音进行压缩成为必然。对于录音师来说,既要生动地、高度传真地把声音录下来,又要使人们不易察觉,把动态范围控制住。录音制品的动态范围一般控制在 45 dB 之内,所以对于录音制成品来说,最大的动态范围是在 −40~0 dB。

对动态范围压缩的方法有人工控制和用压缩限幅器控制两种。

这里我们谈谈人工控制动态范围的方法,关于压缩限幅器的具体内容将在后一节重点介绍。

装好话筒后,在试音时,让演员放声一下或让乐队在全奏的情况下试音,便于调一下整个乐队或人声的比例和音色,也可定一下录音最高电平的上限位置;然后让乐队在弱音时表演一下试音,这时调音台的推子(推拉电位器)不动,看 VU 表是否在 −40 dB 以内,听听最弱音是否被房间及设备的噪声掩盖,若 VU 表指示在 −40 dB 以内或最弱音被掩盖,这时应提高电平进行录音;因为声音信号始终起伏变化,在演员试音时,可记下需调整的段落位置,这样可能出现电位器推推拉拉的情况,注意保持音乐的完整性,一切声音都要感觉自然。补录时电位器一定要恢复到原来位置,这样补录的声音就不会在剪接点上不自然。在录弱奏或弱唱为主时应适当提高电平,对偶尔出现的大峰值可稍作压缩,否则弱声部分噪声太大,整个音响声音不干净。

用这种方法控制录音动态范围的优点是：用手控压缩动态范围比较自由随意，可以根据听觉需要和设备质量的允许，最大限度地发挥设备性能，把电平录高。

人工手控方法多用在古典音乐、民族音乐、戏曲和语言录音中，这样录出的声音听起来最自然。

3－2　压缩限幅器的使用

3－2－1　使用压缩限幅器控制动态范围

压缩限幅器是一种自动音量控制器，当输入信号超过预定电平变化范围时压缩器增益（Gain）下降，当输入信号低于预定电平变化范围增益就恢复。使压缩器的输出增加 1 dB 所需增加输入信号的 dB 数称为压缩比，或称压缩曲线的斜率。如果压缩比足够大，则压缩器成为限幅器。限幅器大多有 10∶1 或 20∶1 的压缩比。要使限幅器的输出音量增加就必须使输入信号大量增加，这时接在限幅器后的设备过荷的可能性大为减少。

压缩器性能参数有门限值、压缩比、动作时间、恢复时间等。

（1）门限值（Threshold）。输入信号开始压缩时的电平值。

（2）压缩比（Ratio）。输入信号压缩的程度，用 2∶1、3∶1、4∶1、10∶1……表示。后面的数字表示输出电平变化 1 dB 输入电平要变化 2 dB、3 dB、4 dB、10 dB……，当压缩比为 20∶1 时，近似输入信号产生削顶。

（3）动作时间（Attack）。输入电平超过压缩点，自动电平控制电路进入压缩状态至 63％所需要的时间。动作时间的快慢对音质是有影响的，通常希望此值越短越好。

（4）恢复时间（Release）。输入电平超过门限值产生压缩后降低回落到门限值以下，自动电平控制电路推出压缩状态至 37％所需要的时间。恢复时间快慢将影响声音音色，因此恢复时间取长些。

不论语言或音乐响度变化，一瞬间可能超出预定电平范围，紧接着又低于额定范围，所以信号超出预定电平后压缩器降低增益和在输入信号降至规定电平后压缩器恢复增益的速度必须明确，这些取决于压缩器的动作时间和恢复时间，压缩器上有两个旋钮可控制这两个时间。动作时间短，一般在 100 μs～1 ms 间；恢复时间在 0.1～3 s 间调整。其工作原理可参看图 3－2 压缩器内信号流程图。

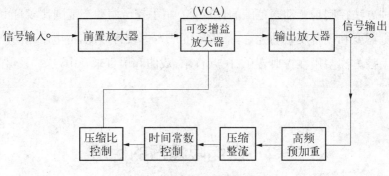

图 3-2　压缩器内信号流程图

恢复时间太长或太短都会有声音失真的感觉。若太长,弱音后压缩器的扩大量没及时恢复,那么紧跟的弱音会更弱以致听不清了,若太短就会有呼吸式的喘气声或噗噗声出现,背景噪声会跟着一起一伏大小变化。

一般压缩比选 4:1,具体使用时则根据需要及主观听感决定。

压缩器上还有输入电平控制和输出电平控制可控制压缩深度。当输入动态大而输出动态小则压缩深度就大,声音的动态减小,起始变化小,见图 3-3。

若压缩量过大则声音平淡、没有力度。电贝司压缩过大则尾音长,没有力度变化。若把输入电平减小,输出电平加大,则压缩量就小,这时几乎不起作用。

压缩量的大小可通过压缩器的表头指示的 dB 数表示出来。

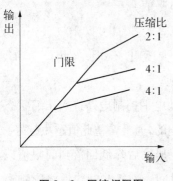

图 3-3　压缩门限图

如图 3-3,压缩比固定后调整压缩门限(压缩拐点),如果输入电平相对固定,压缩比固定,调压缩门限可得到一定输入电平下的动态范围,当信号电平较低时压缩器作为 Gain 的放大器来用。

压缩门限的控制可设置节目信号电平在较高或较低的时候压缩器进入增益减小区。如果门限调到较低时,信号电平在较小时压缩器开始起压,这时节目的动态范围变小,但调得过低时会使输出电平变小、信噪比变差;门限调得过高时信号电平需很大才能进入压缩区,这时节目的动态范围变大。门限的调整可通过压缩器的表头指示出在多高的信号电平下有多大的压缩量,表头指示的数值就是信号被压缩的 dB 数,所以说门限的调整等于设置了在一定输入电平下信号的动态范围。

3-2-2 压缩限幅器的应用技巧

1. 压缩器在信号流程中的位置

通常压缩器将串接在如下位置：

(1) MIC/LINE 与调音台输入之间，对声源的过高电平进行压缩。这种串接对人声很有必要，以防止调音台输出产生失真。也可采用通道 Insert 进行串接。

(2) 调音台主输出与录音机输入之间，对输出过高电平进行压缩。尤其在多种声音混音过程，从而确保记录载体不产生饱和失真。

(3) 录音机输出返送到调音台通路中，目的是将录制声音中音量较小的声源突出，以便清楚地监听其音色从而进行修正。

2. 压缩器应用

(1) 压缩器可有效、及时地控制录音信号的动态范围和过载失真。根据录音前声源发声的最大音量调整输入压缩器的信号电平（压缩器有的带信号电平，有的没有）。压缩比和压缩门限可以把所录声音的动态任意设定在一定范围之内。在录音过程中基本不做调整，就可录出已设定好的、一定动态范围的声音。

(2) 当讲话或演唱演奏者突然改变他们与话筒之间的角度或距离时，或说话或声源发出的音量起伏较大时，这时使用压缩器，可使最后输出音量变化最小。

(3) 利用压缩器可以使一些乐器在不同的范围内的音量相同。例如电贝司，加少量压缩，声音就变得平稳可提供均匀的低音谱线，听感上觉得声音浑厚，尾音平稳。

又如各种铜管乐器，由于在不同音域用的力度不同，这时它发出的音量也就不同，所以在录时加压缩，使音量变得平直。

(4) 利用压缩器可使录音后的声音信号听起来很响，但动态范围并不大，也就是 VU 表指针在较高位置摆动，但摆动的幅度并不大。这在流行音乐录音中是非常重要的。唱片公司都力求使自己的唱片或磁带尽可能地响，也就是说他们要使所录的节目电平在没有明显失真的情况下，尽可能高于工作电平，即所谓的竞争电平问题。

因为一大堆唱片或者盒带在一个音响放唱的时候声音较响的唱片较为突出，并听起来比声音弱的优越，也容易引起人的注意。利用压缩器能使放音电平提高，就是减小了声音的动态范围，使音乐中弱音和强音的差别缩小。这样录音时，可把电平提高，听感上也觉得声音响了，这样放音设备也可把电平提高，两个相加结果就可使放音很响。如在迪斯科放唱可很响，但实际动态范围不大。过小的动态范围虽可放得很响，但音乐听起来却是死板没有生气的。所以这种竞争电平的追求不可过分,牺牲音乐性来获得过分大音量的效果是不值得的。

(5) 在一些电视节目的语言录音中,也常会使用压缩限幅器。因为录像机磁带运行速度和有些开盘式专业录音机比相对较低,因此,它录音的电平的动态范围更低。为了得到较高的信噪比而又避免录音电平过大而失真,所以很多 Batacom 或其他类型专业录像机本身就带有内置的限幅器使用开关。当外出录音采访或电视剧现场等录同期声或参考声时,常会使用录像机的内置限幅器,用以调整所录声音的清晰度和信噪比,避免录音电平过大而失真。

(6) 录音棚:在对古典音乐、民族音乐、戏曲录音时一般不使用压缩器。因为古典音乐、民族音乐中保持一定的强弱对比是这些作品的自身需要,是其音乐表现力的一个重要方面。所以在录音时只对超出或低于所录允许值的那部分电平用手动的方法加以控制即可。使用压缩器,若调整不当会使声音变得呆板、失真,失去这些音乐本身特有的魄力和表现力。

在实况录制古典音乐时,要用限幅器,但要调得恰到好处,使人觉察不到。因为实况录音往往时间比较仓促,没有足够的时间试音,这样在录音不致于因为突然一个强音过来时来不及调整而使录音过荷失真。

在流行音乐、迪斯科、摇滚乐录音中必须使用压缩器。流行音乐往往在各种不同的环境条件下重放,有时甚至在噪声很大的环境下重放,这就需要它是有尽可能高的录音电平,较小的动态范围。这样重放时的平均音量才可能较大,而且作品本身也考虑到这一点,所以没有很宽的强弱对比和动态范围。这样,利用压缩器使得流行音乐制品的动态范围限制在一个预定的动态内,相对提高录音电平,就成为必然了。但流行音乐风格不同,动态范围也有所不同,抒情的感情起伏比较大的歌曲动态范围也较大,而重金属摇滚、迪斯科等风格音乐作品动态小一些,录音电平相对也高一些。

(7) 利用短动作时间和长恢复时间的配合,创作出一种类似具有反射声的音响效果,特别适用于打击乐。

(8) 借用双声道左右声音强度差造成声像移动形成立体感原理,在左声道串入压缩器以产生声像右移的感受。其原因在于左声道由于有压缩器作用使其音量减小许多。

(9) 突出画外音

即把混合在背景音乐中的人声突出出来。做法是在背景通道串入压缩器后与人声通道混音,压缩器增益受外部引入的人声控制。一旦人声出现会使背景音乐输出降低,从而将人声突出,人声过后背景音乐恢复原有声音的音量。这种方法也可用于将转播国外足球赛等体育比赛中的中文解说从原音响中突出出来,可以不必用调音台的推子(Fader)控制。

(10) 在扩声系统中串接压缩器,可以保护功率放大器特别是高音扬声器。

总之,压缩器是录音中非常常用的一个辅助设备,以上总结的常用的使用方法在录音过程中经常会涉及到。通过本节的内容学习,我们了解到:一个录音作品的动态范围,受到录音设备的制约,受到重放环境的影响,又受到作品本身特点的要求。

3-3 延时混响器

3-3-1 混响的基本理论

1. 有关混响特性

室内音响很多特点都与混响特性有关。

(1) 清晰度:听音清晰、不浑浊的程度。它与直达声和混响声的比例有关。清晰度与混响强度成反比,在时间上,清晰度与混响时间成反比。也就是说,混响强度越大,混响时间越长,清晰度越差。混响强度是室内混响声与直达声的比例。混响时间即是声源在房间内停止发声后残留余声能在房间内下降到原值的百万分之一或者说是衰减 60 dB 所需要的时间。

(2) 丰满度:指 500 Hz 以上中高频的活跃度。它与混响时间和混响强度成正比。丰满度使音质丰润而不干瘪,但如果混响的比例过多,又会使声音发虚变得混浊。

(3) 浑厚:浑厚是指低频 150 Hz 以下的活跃度。它与混响时间和混响强度成正比。最佳混响时间可加大声音响度,使音质得到一定程度的美化。例如在强吸性的房间里演奏小提琴的声音就干瘪,无光彩,在混响好的厅室,声音丰润。

2. 混响的概念

声场能量和时间的关系如图 3-4 所示,横轴表示声场的时间,分别为直达声、早期反射声和混响声的时间;纵轴表示声场在传播过程中的能量,它包括了某些声场在时间结构方面的全部重要信息。图中的每条纵线都客观反映了声场的能量在时间上的分布是不均匀的,其强度是随时间的变化逐渐衰减的,这就给我们讨论直达声、早期反射声和混响声提供了方便。

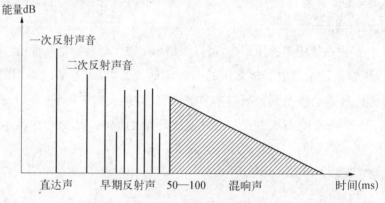

图 3-4　直达声、早期反射声和混响声

3. 直达声

直达声指声源辐射的声波不经任何反射直接传播到接受位置。其他声都比直达声晚到接收点,即使是最短路程的反射声也是如此,听众总是首先接收到声源直接传来的所谓直达声,见图 3-5。

直达声特点是:声能的幅度大、能建立起稳定的室内声场。

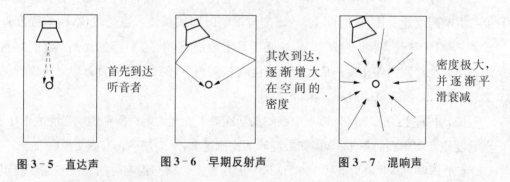

图 3-5　直达声　　　图 3-6　早期反射声　　　图 3-7　混响声

4. 早期反射声

早期反射声也称初始反射声或先期反射声。相当于直达声滞后到达的经过反射的声音,如图 3-6 所示,原则上室内墙壁、天花板、地面和室内的其他物体都能形成早期反射声。但由于声源的摆放位置不同,致使其入射角度不同,经过一次反射甚至多次反射,显然厅、堂两侧的墙壁是形成早期反射的最好条件。在图 3-4 中可以看到只有稀疏几根声能线,其作用相当大。一般说来早期反射声相当于直达声的时延大约在

5～100 ms 的范围内。它们对原有声音起加重、加厚的作用,所以也称为有用反射声。

早期反射声的特点:影响语言清晰度和增强听音空间感。

所有反射声对房间的音质都是有影响的。如果把早期反射声当作直达声的一部分,延时时间不超过 50 ms,人们就在听觉上感觉到增加了直达声的强度,也展宽了直达声的立体声效果,提高了直达声的清晰度。人们都有这样的体会,在室内谈话比室外谈话感到轻松;或者说在室外开会扯开嗓子喊比在室内更加费力,这种附加的增强效应即早期反射声可以提高语言的清晰度。

如果把早期反射声当作直达声的一部分,延时时间超过 50 ms,这时形成的反射就逐渐增强起来,但由图 3-4 可以看出,反射声能却逐渐减弱,从技术上讲,这叫做混响。对于语言,原则上任何混响都会降低清晰度。实践证明,直达声、早期反射声和混响声的比值对清晰度的影响非常重要,也就是说,在同样的条件下,如果加强直达声、早期反射声,提高它们和混响声的比值,可以改进清晰度;反之,清晰度就要下降。

5. 混响声

混响声是由于音乐厅内的墙壁、顶棚等对声音信号的无规则多次反射所形成的。由于每入射和反射一次,墙壁、顶棚等都要吸收一部分能量,因而混响声在 100 ms 以后这段时间是显著衰减的,由"反射图"可以看出。当混响声由最大值逐渐衰减至 60 dB 以下时所需的时间称混响时间。若音乐信号的混响时间过短,人们评价起来就"声音发干",不动听;若混响时间过长,声音就"发混",音乐的层次及清晰度会受到破坏。因而,对于特定的音乐节目,混响时间有一个最佳值,从大多数优质音乐厅来看,混响时间平均值在 1.8～2.5 s 之间,且低频段的混响时间长一些。混响时间比较适当时,声音圆润、丰满并且具有感染力,给人以逼真和动听的感觉。

3-3-2 自然混响

在反射声场中,距离声源的某一点是直达声与混响声强度相等之处,由这点到达声源的距离称为混响半径。混响半径取决于混响时间和房间大小,房间越大、混响时间越短、混响半径越大。混响半径以内是直达声场,混响半径以外是反射混响声场。在混响半径这点上,直达声与混响声强度相等。

在音乐会中,大多数听众是处在混响声场中,混响半径在录音中起很大作用。因为在当今的录音技术中,话筒总是放在直达声占优势的范围里,借助于混响半径,可以在室内的不同位置上拾得不同的混响量,直到房间确定的最大混响量为止。

中型录音棚混响时间短,在 1 s 以下;小型的录音棚在 0.6 s 以下(录流行音乐);大型的录音棚录音乐的时间长,在 1～2.5 s 左右。

任何节目都要求各自最佳的混响,虽然这种混响可以由录音环境的自然混响直接获得,也可以由人工混响混合而成。但所录节目的类型和风格通常都有一个选定值。例如录语言节目,为提高语言清晰度,应在混响时间短的房间录。但如果只能在混响长的录音棚中录,就只能将话筒靠近人或采用强指向性话筒来减小因房间混响时间长对所录语言清晰度的影响,在录电影、电视的同期录音时,往往有这种问题。当录音乐节目时,不同的节目,不同的录音工艺对房间内自然混响的利用也会有不同的要求。例如分期多轨录流行音乐,一般在混响时间短的、强吸声的中小型录音棚中录。话筒距离声源很近,尽可能多地拾取直达声,避免房间混响特性的影响。然后在后期混录时,加入不同的人工延时和混响效果。对于同期合成的立体声录音,话筒的位置应适当,它既要适应声源,又要适应房间的混响特性来拾取比较完美的音色。在中小型混响时间较短的录音棚内录音,应加适量的人工混响,以达到应有的音响特色。而在大型音乐录音棚或音乐厅剧场录音时,房间混响特性是不能忽视的,它直接影响了整个录音的音质。话筒及位置的选择和摆放是关键,有时话筒位置或方向稍稍移动一点,录音的音质、音色混响等会变化很大。对于一个陌生的室内环境下的录音,在录音前应熟悉一下那里的声学环境。

颤动回声是一种明显听得出的不良扩散现象。它是由两个平行墙壁之间重复出现的强而明显的反射声。如果话筒不放在颤动回声的范围内,那么录音中就听不到颤动回声。一个固定的大厅,对录制乐队的整个频率范围而言,它的混响半径是固定值,它与乐器的方向特性和话筒的指向性有关。对于心形话筒,它的混响半径比无指向性话筒增大 50%,因为心形话筒只拾取到一部分扩散声能。对一个乐队来说,低频时所有的乐器辐射的声音都是无方向性,心形指向性话筒在低频时,在较宽房间内的混响时间比中频长,混响半径比中频小。在中频范围,大多数乐器辐射的声音都有方向性,混响半径比计算值大。高频时,乐器辐射声音有很强的方向性,混响时间比中频短,混响半径随频率的增高而增大。如果在乐队前放置一个无指向性话筒,可听得出混响半径的这种变化。正是由于乐器发声的频率特性和混响半径的特点,所以乐队的座席位置中,弦乐器总是在乐队前面,由于木管乐器声音辐射的方向性听起来的声音比预期的要略近一些,所以木管乐器排在弦乐器后面;因为铜管乐器的声音辐射有很强的方向性,铜管乐器听起来比预期的更近一些,所以铜管乐器座席排在木管乐器的后面;对于低频乐器的声音比预期的要扩散一些,所以座席在最右边的位子,但听感上并不觉得低音偏向了一边;由于高频混响时间很短,三角铁的声音也显得很近,所以一般打击乐器排在乐队的最后边。这种管弦乐队的排列位置在声学上是很有意义的。

在声学良好的厅堂里,有可能只用一个话筒就能很好地拾取整个交响乐队的声音。在自然混响的音乐录音室或音乐厅中录音,一个基本的要求是尽可能保持音乐演奏的全部信息(直达声,环境声)。世界上有一些声学条件非常好的音乐厅,例如阿姆斯特丹音乐厅、维也纳音乐协会音乐厅、柏林爱乐音乐厅、伦敦金丝维(King's Way)大厅,在这些地方曾录制出大量的演录俱佳的古典音乐作品。比如英国戴卡 DECCA 唱片公司 20 世纪著名录音师威尔金森(Wilkinson)在伦敦 King's Way 大厅录制的唱片音质清晰透明,空间感、整体感非常好,很多篇目一直荣登演录俱佳的唱片榜的榜单,甚至有好多音乐音响爱好者专门追逐 Wilkinson 在 King's Way 大厅录的唱片。

对混响半径的了解,对录音棚或厅堂音质的了解,给如何选择和布置话筒提供了依据。但是,要把声音录得完美,话筒离声源精确位置和距离,要根据录音室的听觉判断来调整。在目前还不具备一个音质非常好的音乐厅或音乐录音棚的条件下,同期录音合成立体声音乐作品往往还需要使用延时混响器来弥补厅室的缺欠和混响不足。

3-3-3 人工延时混响概念、常用延时混响器类型及使用介绍

1. 延时混响器

室内的前期反射声是一些比直达声稍晚的延迟声。它们的延时时间与房间的尺寸有关。那些容积大的房间其前期反射声延时时间一般也要长一些,延时时间与房间的形状及听者的位置有关。由电声技术的方法人为制造前期反射声,将声音信号送入延时器,控制延时时间的长短和输出信号的强度与厅堂的前期反射声相近,延时器的输出就是模拟的前期反射声。模拟房间的混响需使用混响器,当向混响器送入声音信号时,它的输出信号是一系列逐步衰减的延迟信号。为了模拟房间内的混响声,声音信号要经过一定延时后再送入混响器,表示混响声是在前期反射声之后才来到的。

在这里,我们是以硬件的混响器为例来讲的,现在的实际录音中,由于计算机技术的发展,软件的效果器品种也非常多,而且效果也非常逼真,有关软件的效果器,我们会在音频工作站的章节中给大家详述。

目前使用的延时器大多是数字式的。早期混响器有弹簧式和金箔式的,目前已很少应用。金箔式的混响器混响感觉真实而自然,尤其可以给弦乐或管弦乐使用效果比较好,但缺点是前面必须串接一个延时器使用(如不串接,没有厅堂的感觉)来模拟厅堂的前期反射声。同时,它的噪声也较大。

现在录音棚中,都是使用数字混响器,数字式混响器在目前使用最多、品种也最多。一般它都能模拟不同厅堂、房间和板式混响器的混响音色。不同品牌、型号的数字混响器往往有它固有的不同的音质和音色,同样都调到厅堂效果和板式效果的,不同品牌的效果声音相差较大,有些混响器的声音较自然,能与声源融合成一体,有些混响器就带有不同的声染色,无论怎样调整,它的声音总与声源融不到一起,明显感觉混响效果声是贴上去的,不自然。目前录音棚中使用音质较好而且好用的是 Lexicon 480 型、960 型如图 3-8。以 Lexicon 480 为例,它的声染色很小,也容易和不同的人声乐器音色融合在一起,听感真实而自然,它能模拟出各种厅堂房间和板式混响器的音色,多种参数都能随时修改到满意为止。它提供的各

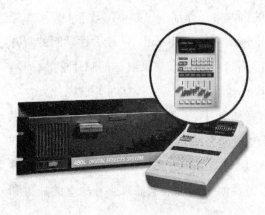

图 3-8 Lexicon 480 L 主机和控制面板

种延时功能可以做出多种音响效果,而且可利用这混响器不断开发出新的混响音色和延时效果,使用的时候也很方便。它还配备了专门的遥控面板,方便录音师随时调整。用 Lexicon 的效果器混录的作品效果非常自然,但是价格也相当昂贵,如果一个录音棚配备了这个品牌的效果器,那么应该是比较专业的录音棚了。

2. 常见声音效果处理器旋钮功能

面板按键或按钮中英文对照,如表 3-1 所示。

表 3-1 面板按键或按钮中英文对照

PRESET	预置	STORE	存储键
USER	用户	EDIT	编辑
CARD	菜单	MEMORY	存储、记忆

MEMORY CARD	储存菜单	USER MEMORY	用户存储
SCROLL BACK	后倒键	EXT CTRL ASSING	外部控制分配键
REVERB	效果、混响	FOOT SWITCH	脚踏开关
DATA ENTRY	数据写入	REMOTE CONNECTOR	遥控联接
PARAM	参数键	TRIGGER	触发
INT PARAM KEY	内部参数键	PROGRAM SELECT	程序选择
RECALL	呼唤键	DELAY	延时时间调整
DECAY	直混比调整		

混响时间决定混响前期的反射声密度。房间体积小反射密度大,而体积大则反射密度小。这与声反射到达听点的距离有关。反射声进入时间的快慢体现了混响建立过程的速度,因此在实际操作中设置了混响预延时的选择。预延时时间长,反射密度越稀,模仿的空间体积也就随之增大。预延时时间大约在 23～50 ms 之间选取,低于 23 ms,混响不足有生硬感。作为艺术效果创作甚至可延长到 70～80 ms。

(1)混响时间选择。厅堂效果可在 1.4～4.5 s 范围内选用,独唱 1.8～2.4 s,弦乐群 3～3.5 s。

(2)混响扩散时间选用。混响扩散时间指混响建立后衰减时程即混响之后的余音,它对声音的听感有重要影响。衰减过快为扩散时间短余音不足,声音发干显现出的力度不够;过慢则声音浑浊。扩散时间的选用应依据房间大小与选定的混响时间成正比的规律。即混响时间长,相应的扩散时间增长,反之两者都缩短。除此之外,它与乐曲的节奏快慢、瞬态特性有着密切关系。通常节奏缓慢者扩散时间应长些,节奏快的扩散时间应短些。

(3)直达声输入电平调整。这里所指的输入电平是指与反射声混合时的直达声。当此电平过低时信噪比下降变差,过高会使数字信号处理过程过载。为了避免发生上述两种情况可用 LED 显示。

(4)直混比。这是指与直达声混合的反射声量大小,其量不同将产生不同感受的声音效果。取量时要考虑不同声源。

了解这些混响功能的选取,对我们录音及混录的效果会产生至关重要的影响。

3－3－4 延时混响器的应用及对录音效果的影响

利用延时混响器可将声音信号电平适当延时后送入混响器,得到不同延时时间的混响效果。

利用延时器可以使声音信号加倍,也就是使单个演员的声音听起来像两个或多个演员的效果。多个演员的声音在很多方面不同于单个演员,如两个演员往往不在同一地方,或前或后,或左或右。因此,他们的声音也不是同时到达听者,即使他们站在同一个位置上,他们的演奏也不可能完全同步,而彼此在时间关系上略有漂移,音准上也略有差异。它所引起的不同的进入时间,就使我们有多个演员的感觉。

在录音时,要使一个演员的声音加倍,可以使这个人的声音从调音台的通路取出送入延时器,延时 15～25 ms 返回到调音台中与原声混合适当调整返回后的音量、音色和声像,就会有两个演员发声的感觉(如果多次进行加倍的话,就该是 5 ms,8 ms,10 ms 延时较近的)。比如同期录音时,有时二胡或小提琴的演员来少了,乐队平衡和声音小了,临时补救办法就可以利用延时器,将弦乐信号从调音台的弦乐通道的线路输出、辅助输出中取出,送入延时器,分别延时 10～25 ms 后,送回调音台另外的空余的声道中,与原弦乐声混合,就会有弦乐增加,人数增多,群感加强的声音效果(回来的声音要有比例调整)。利用延时器可作出回声、颤音等自然的、非自然的各种音响效果,在流行音乐的录音中,会时常使用到。

在流行音乐录音中,混响器是一台必不可少的设备。因为在前期录音时,录在录音机或硬盘上的都是不带混响的干的声音。但在录的过程中,如唱、弦乐等,需要在监听通路加入适量的混响,使音色润泽,适应人的听音习惯。在后期缩混时,往往多台混响器同时使用在人声、乐器等,根据不同的音色要求,混响器也调成不同的延时混响音色。比如小军鼓和嗵嗵鼓等打击乐器,在加混响时,一般选数字混响器的板式混响音色,因为板式混响音色声音密度较大。打击乐加用板式混响音色后,不会有颤动的、不自然的音色出现。而人声、弦乐等往往使用厅堂房间的混响音色,用哪种混响音色较好,应以音乐作品本身和录音师的主观判断为准。选定一种音色后,延时时间、混响时间、房间大小尺寸这些具体的参数修改,同样也是以具体声音的要求来定,往往是一边听,一边调;或者在录音机上打一个循环,反复重放这一段到混响调到满意为止。

在同期录音,录制古典音乐、民族音乐时,因话筒大多数在混响半径范围内,直达声信息比混响声大得多,当在混响半径之外放置混响话筒,仍不能弥补空间感的不足时,就需要使用混响器,加一定延时量的混响。因为这时是自然混响与人工混响的混合使用,混响器的调整应使整个混响听起来和谐自然,不能有双重空间感的声音出现。在短混响的录音室中录音,以人工混响为多。在长混响的厅室中录音,人工混响应尽量少用,应弥补厅堂中混响不足就可以了。

需要注意的是,混响器的使用中还有一个混响量和混响时间的配合问题。混响量就是混响混入直达声中数量的多少。直达声中混入一定量的混响声才会有混响感的存在,但混响量太大了又会使声音浑浊不清。在录一些快节奏的流行音乐作品时,混响时间不能选择太长。如果混响量也比较大时,就会感觉声音反应迟钝,混响和音乐节奏互相干扰打架。为了使声音丰满,需要具有一定的混响,但声音与混响不能互相干扰,这就需要适当选择混响时间和混响量。为了获得一种大的空间感,不仅混响时间要长,延时时间要长,混响量也要加大,这三种互相配合才能取得预期的效果。

在自然声场中,由于声源到达听者所经过的空间距离远近不同而产生的延时就形成了声音的深度感觉。在同期合成的录音中,主传声器不但收录到了来自各声源发出的声音,也收到了各声源因距离远近位置不同的深度信息,可以较自然真实地体现由多个声源组成的声音的宽度感和深度感。在分期多轨的录音中,前期录制的只是近距离拾取的各声源的直达声,而没有各声源之间的位置信息。在后期缩混时,通过调音台的声像控制旋钮,只能把各声轨的声音任意分配到立体声像群(左、中、右)位置中的任意一个平面的点(平面连线)上,而没有纵深感。为了弥补这一缺欠,可利用延时器将一些声轨中的声音送到延时器,经过不同的延时后返回调音台与其他声轨再进行混合,就可得到深度感。但这样需要多台延时器,且容易失真,所以用得并不广泛。另一种方法是根据声音近响远弱的透视原理,给不同的声源分配不同的电平,也可有一些深度感。但对于一个直达声比例很大的声源,尽管将其电平压小,也得不到远距离的感觉,而只能给人留下一个距离近,声级弱的印象。在这种情况下,只有配合适当混响声,才能实现一定的深度层次。当听觉处于反射声场中时,混响声场内听音会觉得声音较远,在直达声场内听音会觉得声音很近。根据这种听觉感受的特点,只要改变混响声与直达声的比例,就可得到不同的深度层次。但用人工延时混响制作出的深度感毕竟不如在同期合成录音中所获得的各声源之间到达听者的最自然的深度感觉,不过,在现在多轨录音盛行的时代,使用这些方法给众多的声源安排不同纵深的位置信息已经是非常普遍的做法,非常方便于录音师发挥艺术的二次创作。

在分期多轨录音的后期缩混,往往需要多台混响器的同时使用,不同的乐器、声部、人声等等混响器选择不同的延时和混响程序,才能达到预期的混响效果。在一般情况下,鼓和其他打击乐器是需要单独一台混响器(低音鼓不加),这样,才能把打击乐器音色调好,在只有两台混响器的情况下,人声、弦乐和其他乐器可共用一台混响器。有多台混响器,使用起来就方便多了。录卡拉 OK 这一类音乐作品时,也需 2 台以上的混响器配合使用。因为卡拉 OK 中的人声范唱是不能与乐队共用一台混响器的,若共用一台混响器,范唱的混响声就会串到乐队的混响中,这样,当关掉有范唱的声道,只听乐队伴奏时,伴奏中仍会有范唱声的混响存在,从而干扰了卡拉 OK 的正常演奏。在同期混录一个有乐队伴奏的歌曲或戏曲选段,但同时又要留下一盒乐队伴奏带时,演员演唱也不能与乐队共用一台混响器。

在混响器中,在声音进入混响器混响前的预延时时间一般是可调的:

(1) 预延时时间太短(10 ms 以下),听音的感觉是混响声直接贴到了直达声上,使直达声发虚,变浑,好像是在混响半径外放置的话筒的感觉;

(2) 预延时时间过长(50 ms 以上),会觉得混响声与直达声脱离,甚至是空旷回声的感觉;

(3) 在录打击乐时,除非是特殊的效果需要,一般预延时时间不能太长,如果调得太长,就会使打击乐声与混响声脱节,有颤动回声的感觉;

(4) 预延时时间多大合适主要应根据录音作品的类型,需要靠主观听觉判断决定。

录制不同的作品对混响时间的要求不同:

(1) 录传统京剧,混响时间不能太长,混响量也不能太大,听感上混响加的应比歌曲略少些。如混响加多了,传统京剧的韵味就会不足;

(2) 在录室内乐作品时,混响量也不宜加得过多,如果加多了就会有空间过分夸张的感觉;

(3) 在录民乐中的弹拨乐,比如琵琶、柳琴、阮等乐器时,它们的声音是颗粒状的,混响器的预延时时间和混响时间不应调得太长。如调得太长会感觉弹拨乐声与混响声有相互干扰的感觉;

(4) 在录扬琴时,应加混响声少些,因为扬琴声音主观听感上就有混响感觉;

(5) 在录弦乐:二胡、提琴等,混响应加得恰到好处。加少了,声音无光彩;加多了,会使声音混浊,清晰度不足。所以人工混响器的使用应根据所录作品和声学的特性定,以主观判断为准。

如果所录的音乐节目是立体声的,使用的是立体声混响器,而节目本身最终要拿到电视台、电台做单声道播出时,应用单声道对比听一下混响效果。在立体声或单声道重放时是否一致,因为在立体声状态下录的节目,当把左右声道并联形成单声道重放时,有时会感到混响比立体声重放时小。混响的左右声道应该平衡,也就是音量、音质应该一致,不应出现在直达声后混响的拖尾音向左或向右偏的现象。所以在缩混前应先试一下混响的左右声道是否平衡,可以用录在多轨录音机中的节奏声轨中的参考节奏声(俗称打点声)来试。把点的声像调到中间,然后给它加混响(点的声音脆,混响易听),再调混响返回的推拉衰减器或旋钮等,使听感上左右声道混响拖尾音的音量、音色都相同。

调音台上,每一声道的声音都可通过本声道的辅助输出旋钮来调整送入到不同延时混响器的量的大小。声音取出有两种方式选择,也就是本声道推子前取信号还是推子后取信号。声音如果送入混响器,应从音量衰减器(推子)后取信号。这样,当推子移动使声音大小随之变化的时候,混响声的大小也相应变化,这样符合混响声的一般规律。当声音送入延时器,做延时效果的时候,不同的效果可以有不同的选择方式。比如做回声、颤音等效果,可以音量衰减器前取出信号。当调整这些效果声的大小变化时,与衰减器的所在位置无关,这样就灵活得多。当利用延时器做加倍效果时,声音信号从音量衰减器后取出显得方便一些。当从延时器送出的经过延迟的声音信号送回到调音台的通道中,与原声信号的混合比例调整好以后,这时只要调整原声信号的通道的音量衰减器,就可同时控制原声信号与加倍声信号按已调好比例同时大小变化。因为不同品牌型号的延时混响器音质音色差别较大,因此录音时应对所使用的混响器的声音特点比较熟悉。在多轨录音的后期缩混时,不同的声源用哪台混响器的哪种延时混响程序应心中有数,以免为寻找一种合适的混响音色而在多台混响器中反复查找,而耽误时间。

总之,人工混响器的应用主要有两个方面:第一,模拟房间的混响衰减特性,这就要求混响器的混响程序和延时等参数的选择应以混响声音自然、真实、较少声染色为前提;第二,制作特殊的音响效果,这就需要在延时或混响的参数或模拟的选择上应使作出的声音效果到位。预期是什么样的声效,调出的声音就能达到什么样的要求。不同的录音工艺,不同的作品都会对使用不同的人工混响器提出不同的要求。这样,就应该以作品本身的特点和要求为依据,以现场主观听觉判断为准,选择调整混响器的混响程序和参数,使录制出的作品达到预期的音响效果。

3-3-5 常见数字效果器的英文术语以及效果分析

由于目前效果器中的可设置的效果非常繁多,我们并不能直观地看到就了解是怎样的效果,这里我们将一些常用的效果分析呈现给大家(见表3-2),以供参考。

表3-2 常见数字效果器的英文名称及效果浅析

序号	名　称	效　果　浅　析
1	Large Hall No1	大厅厅堂1,模拟标准的大厅堂音响效果,音色明亮浑厚的大厅,适用对于任何人声和乐器追加音色明亮的大厅堂音响效果
2	Large Hall No2	大厅厅堂2,模拟标准的大厅堂音响效果,音色纤细丰满洁净的大厅,适用对于任何人声和乐器追加音色微暗的大厅堂音响效果
3	Medium Hall No1	中型厅堂1,标准中等厅堂音响效果,反射声多,音色明亮
4	Medium Hall No2	中型厅堂2,标准中等厅堂音响效果,音色较暗,密集、厚重
5	Small Hall No1	小型厅堂1,模拟理想的小礼堂的音响效果,音色明亮,临场感强
6	Small Hall No2	小型厅堂2,模拟理想的小礼堂的音响效果,音色较暗、深沉、厚实
7	Empty Hall	空场型厅堂,模拟标准的没有观众的大厅堂音响效果
8	Gothic Hall	粗狂厅堂,隆隆作响的合唱效果,适用于独唱声部
9	Big Slap Hall	大山谷混响效果型厅堂,模拟带有大山谷效果的厅堂音响效果,对早期反射声略有加强,特点是混响明亮
10	New Hall	明亮型厅堂,染色轻的回声混响效果,模拟带冲击明亮混响的厅堂音响效果
11	Wonder Hall	明快型厅堂,混响明快明亮的厅堂音响效果,高亮度混响效果,适用于打击乐
12	Dark Hall	暗型厅堂,小调歌曲使用的较暗的厅堂音响效果,模糊混响用于童声
13	Flutter Hall	颤动型厅堂,带长前置延时经门限的厅堂混响音响效果,预延时较长的门混响

续 表

序号	名 称	效 果 浅 析
14	Ballade Voc No1	民谣人声1,较长混响的厅堂音响效果,明亮密集,适用于慢速人声
15	Ballade Voc No2	叙事曲1,有叙述感的长延时混响效果,适用于缓慢节奏乐曲,音色明亮
16	Ballade Voc1	民谣人声2,较长混响的厅堂音响效果,灰暗略微稀疏,适于慢速人声
17	Ballade Voc2	叙事曲2,有叙事感的长延时混响效果,适用于缓慢节奏乐曲,音色厚实
18	Rev for Pads	衬垫式混响(镶边混响),高频加飘长混响的音响效果,声音宽广悠长,空间感强,衬垫式合成器效果,适用于合成器效果音色
19	Ensemble Rev	整体混响,带温暖飘忽短暂混响的音响效果,适于弦乐及风琴
20	Mble Rev	合唱混响,时间较短镶边效果,音感温暖适用于人声和弦乐
21	Chorms Reverb	合唱混响,加厚合唱伴奏音色的音响效果,浓密的合唱效果,适用于钢琴及衬垫式合成器
22	Slapped Echo	山谷回声,模拟老式磁带延时的混响,带模拟延时和磁带回声感的音响效果,适于人声和乐器独奏
23	Kick Gate	门混响,角鼓门限,适于低音鼓的经门限厅堂混响音响效果
24	Snare Gate	门混响,军鼓门限,适于军鼓和音响弦鼓的经门限厅堂混响音响效果
25	Church No1	教堂1,教堂染色效果明显,模拟穹顶较高且带有环绕声的音色较暗的教堂音响效果
26	Church No2	教堂2,模拟穹顶较高且带有环绕声的音色明亮且回声较多的教堂音响效果,比教堂1明快
27	Large Room No1	大房间1,模拟硬墙壁大房间的音响效果声音略有异感。活跃的大房间混响,明快
28	Large Room No2	大房间2,模拟硬墙壁大房间的混响效果声音略有异感,活跃的大房间混响,音感厚实,音色比大房间1略干

序号	名　　称	效　果　浅　析
29	Medium Room	中房间,模拟中等体积的录音棚混响效果
30	Small Room	小房间,模拟标准小房间的混响效果
31	Live Room No1	临场房间1,模拟具有临场效果混响音色的房间,声源较远,远距离房间混响
32	Live Room No2	临场房间2,模拟具有临场效果混响音色的房间,声源较近,近距离房间混响
33	Bright Room No1	明亮房间1,模拟明亮房间,加强早期反射声,音色明亮的房间混响,早期反射声明显,厚重
34	Bright Room No2	明亮房间2,模拟明亮房间,加强早期反射声,音色明亮的房间混响,早期反射声明显,较明亮房间1更小更密集
35	Live Gate Room	活跃的门混响,模拟非线性音色,临场效果极好,适用于鼓和吉他
36	Wood Room	木制房间,模拟死板又灰暗的非线性小房间的音响效果,音感暗闷
37	Compact Room	密集房间,模拟经动态滤波器处理的小房间的音响效果,混响短促
38	Gate Plate	门限混响板,具有门限包络的混响效果,适用于军鼓
39	Tiny Gate Room	活跃度较低的小房间混响
40	Bath Room	浴室,模拟瓷砖贴面的浴池混响
41	Garage	车库,模拟车库混响效果
42	Empty Store	空店铺,模拟空房间的混响效果
43	Ring Studio	环状混响室,模拟小混响室,高频特性好,非线性混响特色,小演播室的非线性混响
44	Add to Dry Mix	加干合成,模拟加干混合,有直达声的混响
45	Heavy Bottom	重低音,模拟低频混响加重的房间,提高声音力度,低频成分较重的混响效果
46	Tiny Gate Room	微小门限房间,模拟死板的非线性小房间的音响效果

续 表

序号	名 称	效 果 浅 析
47	Soft Space	软性房间,模拟混响短促的合唱音响效果,对鼓、独奏、人声添加柔和气氛,混响时间很短的合唱混响,气氛温和,适于人声、鼓及其他独奏乐器
48	Room Ambience	房间气氛,模拟粗糙的回音房间的音响效果,小房间回声效果。适用于人声、独奏乐器
49	Concert Hall	音乐厅,带自然混响声的音乐厅音响效果,音色自然
50	Echo Vocal	人声回声,模拟人声回声音响效果
51	Vocalese	拟声唱法,为合唱略加些混响效果,适于吉他和键盘
52	Beauty Plate	美好平板,模拟明亮、高度密集的金属平板混响效果
53	Delayed Spring	延时弹簧平板,模拟较长早期延时的反弹混响效果
54	Rev with Tail	拖尾混响,模拟有混响尾音的复合混响效果
55	Live Plate	临场平板,模拟回音和混响组合的混响效果,适用于人声和乐器独奏
56	Industrial Rev	工业混响,加了低切的短促平板混响效果,适用于模拟节奏器等
57	Strings Space	弦乐空间,模拟混响时间很长的平板混响效果,频带宽而明亮
58	Cave	空洞,模拟低频力度大而灰暗的混响效果,适于衬垫式合成器
59	Tunnel No1	隧道1,模拟很长的隧道内的混响效果
60	Tunnel No2	隧道2,模拟很长的隧道内的混响效果,比隧道1更灰暗
61	Basic Plate	基本平板,模拟金属平板混响效果
62	Long Plate No1	长平板1,模拟较长的平板混响效果
63	Lone Plate No2	长平板2,模拟较长的平板混响效果
64	Long Plate No3	长平板3,模拟较长的平板混响效果(以上3种长平板在高频范围内的混响效果有所不同)
65	Short Plate	短平板,模拟短促较为灰暗的平板混响效果
66	Perc Plate No1	打击平板1,模拟短促明亮的平板混响效果,注意节拍的调整
67	Perc Plate No2	打击平板2,模拟短促明亮的平板混响效果,适用于吊擦

序号	名　　称	效　果　浅　析
68	Fat Plate	厚平板,低音能量明显的略微粗糙的混响效果,适于人声和乐器独奏
69	Light Plate	轻平板,明亮轻快透明的平板混响效果
70	Thin Plate	薄平板,模拟极薄金属平板产生的回音混响效果
71	Vocal Plate 1	人声平板1,用于修饰人声的平板混响,为民谣和一些慢速歌曲设计
72	Vocal Plate 2	人声平板2,用于修饰人声的平板混响,亦为民谣和一些慢速歌曲设计,但比人声平板1♯音色稍暗
73	Super Long	超长,模拟尾音很长的平板混响效果
74	Mod Plate	调制平板,模拟有交响效果的混响音色,适用于吉他和键盘
75	Rev Flange	混响飘忽
76	Reverb Chorus	混响合唱
77	Chorus Circles	合唱圈
78	Long Echo	长回声
79	Flange Room	飘忽房间
80	Rez weep Hall	类飘忽厅堂
81	Heavy Flange	重飘忽
82	Pan Reverb	偏移混响
83	Shadow Reverb	影子混响
84	Sweep Reverb	扫频混响
85	Rev Tremolo	混响颤音
86	Skinny Plate	瘦平板
87	Shake	摇摇
88	Dyna Filter 1	动态滤波器1
89	Dyna Filter 2	动态滤波器2

续　表

序号	名　称	效　果　浅　析
90	Dyna Filter 3	动态滤波器3
91	Natural Gate	自然门
92	Drum Fizz Gate	鼓丝声门限
93	Techno Gate	技术门限
94	Gate for Loop	循环门限
95	Gothic Hall	哥特式厅堂,带咆哮合唱混响的厅堂音响效果,适于人声和独奏乐器
96	Opra	歌剧院,模拟大理石墙的大房间混响效果,音色明亮,大理石墙面房间混响
97	Cathedral	大教堂,模拟大理石墙的大房间混响效果,音色灰暗,回声缭绕
98	Arena	典型竞技场,圆形场地空间的低频混响音响效果
99	LA Plate	西海岸流行平板,模拟美国西海岸明亮、透明的金属平板混响音色效果
100	Water Reverb	水中混响,模拟具有飘忽效果长的水中混响效果,非常适用于为吉他和琵琶的润色

目前,使用音频工作站对声音作处理的方式也非常普遍,很多的厂家也纷纷研发了自己的效果器的插件产品,比如,Lexicon 公司、TC 公司等等,都为现在的工作站平台开发了众多的效果器插件,参看图 3-9。

图 3-9　效果器插件

3-4 频率均衡器

3-4-1 频率均衡器的类型及概念

在录音中使用均衡器,主要是为了调整和美化音质。有时也用它使一个声音改变而作出一些特殊的音响效果。均衡指的是改变一个放大器的频率响应,使某些频率的声音大于或小于其他频率。因此,均衡器若使用得当,可以发挥其对音质的补偿美化作用,若使用不当,会适得其反,人为加大声音失真。目前使用的频率均衡器可分为附属于调音台通路上的均衡器组件和外界的插入式均衡器的单元。

1. 均衡(EQ)

均衡的原理适用于所有的均衡器,参数控制可以改变 EQ,通过调节可以改变声音的音色特点,以适合使用者对声音的把握需要。

均衡是调音台最重要的组成部分之一,均衡也称为音色控制,在多数调音台上,EQ 都有 in/out 或者 Bypass 钮,通过按钮设置到 in,则信号经过 EQ;设置 out 或 Bypass(旁路),EQ 电路则没有发送到信号中;如果你没有使用 EQ,最好将其设置到 Bypass,把控制 EQ 的钮都旋回至"0"点,这样信号没有提升或衰减。任何时候你激活 Bypass,都可以分析信号是否染色或失真。EQ 不应该多用,在你使用 EQ 前,选择使用最好的话筒,确定话筒拾取乐器的声音最佳。

但实际上,EQ 还是比较常用,因为很多时候由于种种原因导致前期没有拾取到最好的声音,可以通过 EQ 做修补。在混缩时,适当利用 EQ 可以调整输出声音的音质。每个乐器都有自身特点的声音,在使用 EQ 控制时要有音乐性,不能盲目乱用。

2. 均衡曲线

提升或衰减一个信号的频率,必然也会提升或衰减它周围的频率。比如,你在 500 Hz 提升,以 500 Hz 为中心,就有图 3-10所示的一个提升曲线。

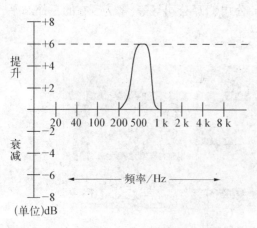

图 3-10　均衡曲线

3. 常见均衡器类型

（1）Sweepable 均衡器。大部分调音台都提供了 Sweepable EQ（也称作 semi-parametric EQ 半参数均衡器）。

这是一个非常方便有用的 EQ，通过频率选择器，你可以更精确地选择要提升/衰减的频率。可以利用 Sweepable EQ 进行提升或衰减处理。调音台带有 Sweepable EQ 的通常都有 4 段均衡：高频、中频 1、中频 2、低频。有时高低频是正常 EQ，只有中频上会有 Sweepable 控制。

（2）参数均衡器（Parametric EQ）。这是可调性最好的 EQ。它的操作和 Sweepable EQ 差不多，但是多了个控制：频宽，也可叫做 Q 值。就是我们常说的 Q 值调整。通过频宽控制，能够更具体地规定你提升/衰减的频率的范围。

（3）图形均衡器（Graphic EQ）。之所以叫它图形均衡，是因为相对其他的均衡器它具有更直观的图形。很容易找到你需要提升/衰减的频率。通常我们录音中使用的图形均衡器，有 10 段、31 段等。它们在每段频率上有独立滑杆控制，每个可以在一定频宽提升/衰减频率。在 10 段均衡器上频宽是 1 个八度，在 31 段均衡器上，频宽是 1/3 个八度，通常也可以称之为 1/3 倍频程的 31 段式均衡器。

10 段的图形均衡器可以很好地修改声音，每一个滑杆控制一个八度的频宽。如果需要更详细的操作，可以使用 31 段的图形均衡器，它的滑杆控制 1/3 个八度频宽。

3-4-2 调音台上的均衡器组件

对于调音台上的频率补偿方式有 3 种：① 单频补偿：分两个或三个频段，每个控制器只有一个固定的频率补偿点；② 选频补偿：分频点，每个频段只能在多个预定的补偿点上选择一个点；③ 多频补偿：可同时对多个（5 个以上）频率点进行补偿。大型调音台多将以上 3 种方式的均衡器综合使用。增益的提升、衰减量一般为 10~20 dB，单频和选频补偿器频段的分配没有明显的界限，甚至相互交错，大致范围为低频段 40~400 Hz，高频段 6 000~12 000 Hz，中频段 400~6 000 Hz，其中大型调音台把中频分两段 400~（1 200~1 500）~6 000 Hz。

均衡曲线可分为架形和峰谷形，见图 3-11。

架形曲线的特点是在某一转折频率以上或以下的频率均按一定的分贝数提升或衰减。

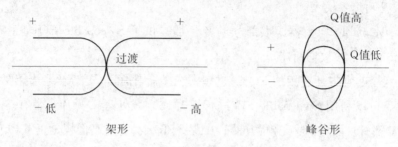

图 3 - 11 架形曲线与峰谷形曲线

峰谷形曲线特点是某一中心频率点及其附近的频率进行提升或衰减,中心主频点周围频率变动的大小取决于电路的 Q 值,Q 值越高,曲线越陡峭,中心频率点周围的频率变化就越小。

一般大型调音台均衡器的中频调整曲线多为带有可变 Q 值控制的峰谷形曲线,而在低、高频部分,一般带有峰谷形和架形曲线的转换开关,可以根据不同的需要选择不同的均衡曲线。架形曲线比较平缓,声音的自然度好些,峰谷形曲线声音变化比较显著,若寻找到所需补偿的频率点,适当选择提升衰减量,可立即改变声音的音质。

调音台均衡器组件中的滤波器,主要目的是消除噪音,限制频带。而这两方面又完全是有关的,为此,调音台内设置多种类型的滤波器。

(1) 低通滤波器(Lowpass Filer)。低频能通过,高频不能过,其截止频率是 6~12 kHz,用来消除嘶声和高次谐波成分(杂音)。

(2) 高通滤波器(Highpass Filer)。其截止频率是 60~250 Hz,主要消除低频交流声,房间低频共振带来的冲击声(低频嗡声)和心形指向性传声器由于近讲效应引起的低频提升现象。以上两种滤波器的截止频率对于音乐用调音台就比较宽些,对白或后期混录用调音台滤波器就窄些。

(3) 带通滤波器(Bandpass Filer)。只在一段频段中通过,即高、低通滤波器的组合。高、低频都限制,多用在压缩频带做工艺上的控制(电话声)。

(4) 陷波滤波器(Notch Filer)。是一种带阻滤波器,阻频带十分狭窄。用来消除各种相干性噪声,而不影响频谱其他成分。多数调音台在输入组件中,具有前级的均衡器和滤波器可供利用,这样设置的目的,就是为了在一般情况下,不必再使用外界其他的均衡滤波器的单元,以便使录音师不用离开座位,特别是不用改变他与监听扬声器的相对位置就能方便地将均衡器插入电路,在正常监听的位置调整均衡器,使声音达到要求。

3-4-3 外接的插入式均衡器单元

这种均衡器单元一般是多频均衡器,也称图形(图示)均衡器,如下图 3-12,它是由多个单频补偿器按一定倍频程组合而成。它的功能是可对不同频率信号进行细致的调整或修正,比如提升、衰减。由于选取的频点较多,比如按 1/3 倍频程递增,从 20~20 000 Hz 就有 31 个中心频率,由于设计中注意到了它们使用时有效的结合,而使它们的边缘结合得很平滑,脉动和相移都很小,构成一条理想频率响应曲线,所以具有可调增益装置,一般可调范围是 0~20 dB。它同时具有高、低通滤波器,安装在调音台外 19 in 宽的标准机架上,使用时可利用调音台上的信号交换量,用调线插入到调音通路各点。目前使用较多的是 1/3 倍频程的 31 段均衡器。

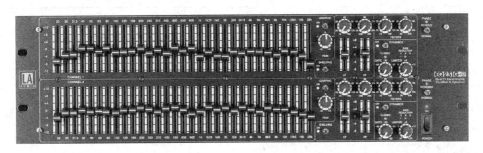

图 3-12 31 段均衡器

3-5 均衡器的使用

均衡器的功用可归纳为以下三点:① 均衡通路节目的频率响应和音质;② 做特殊效果的模拟;③ 对已经录制完成的但录音音响音质有缺陷的节目进行修补。

录音师应对乐器的、语言的、歌唱的自然音响等有丰富的感性经验。通过大量的比较鉴别来区分哪些是正常的、好的声音,哪些是有欠缺的不正常的声音,这样才能有的放矢地使用均衡器,对声音进行补偿。比如京胡、板胡等乐器,音色感觉上有些发噪,这是这两种乐器特有的特点。如果录音师对这些特点不熟悉,把它调得圆润就不对了,如果调得夸张,也不行,就失真了。

在正式录音前的试音时,如果发现音质不理想,首先应检查传声器的选择是否正确,位置是否合适。在很多情况下,只改变传声器的品种和指向性或与声源的相对位置、角度，就可明显改善音质。只要是在传声器的选择和摆位上能解决的，就不应使用均衡器来做。因为毕竟均衡器是利用一种频率失真来修补另一种频率失真。均衡器的使用应在改变传声器和它的位置都不能使声音完全改善的情况下才插入应用的。另外，应用均衡器要对各类均衡器的性能特点比较熟悉，对声频各频段音质与音色的特点了如指掌，包括它对各种音质音色好坏作用的了解，这是进行补偿的关键。

3-5-1 声音频谱特性和常见主要流行乐器均衡频率

1. 声音频谱特性

在声音频谱中，各频段表现了声音的不同特点和音质，具体情况参照表3-3。

表3-3 各频段声音的特点及均衡效果

音频频段	各频段声音的作用	调节各个频段的均衡对音质的影响及产生的效果
20～50 Hz	往往使人感到声音厚重低沉有力	在此频段过多强调，会使声音浑浊不清
50～250 Hz	节奏声部的基础音，体现了声音的力度、丰满度	对这一频段进行均衡，会改变音乐的平衡，使丰满或单薄，在此频段提升过多，会使音乐发出锵锵声，形成声染色
250～2 000 Hz	对声音的丰满度与明亮度均有影响	提升过多，会导致像电话一样的声音。过多提升500～1 000 Hz这一个音频程，会使声音像从扩音的高音喇叭中发出的音色类似。过多提升1 000～2 000 Hz这一音频程，会使声音发闷，像从铁皮罐头盒发出的声音一样。这段频率的输出过量，会使听觉疲劳
2 000～4 000 Hz	影响了声音的明亮度	提升过量时，会使声音变得单薄，而觉得听觉疲劳，在有音乐背景的语言录音时，当把语言声的3 000～4 000 Hz这一频段提升，会使语言声的清晰度提高，语言声不会被音乐淹没
4 000～8 000 Hz	影响乐器声和人声的清晰度	提升这一频段，能使音乐听起来离听者较近，使管弦乐队的声音听起来更加辉煌、明亮。过多强调这一频段，会使语言出现较重的齿音
8 000～20 000 Hz	影响声音的明晰度和色彩	

总之,在声音频谱中,低频是基础,体现了声音的力度和丰满度,中高频体现了声音的明亮度,高频体现声音的色彩。当需要使用均衡器对声源的音质进行调整时,首先应根据声音表现出的欠缺找出大致的频段,然后将均衡器的提升量调整到最大值,并且变化提升频率,直到找出声源理想的均衡频段或频率点,最后减小提升量,直到得到最理想的效果为止。频段的衰减也可用类似的方法取得。当选定某一频率点进行提升或衰减时,比如在 5 000 Hz 处提升 4 dB,那么在 4 000~6 000 Hz 的频率信号也会有所提升,4 000~6 000 Hz 的提升量与 Q 值有关,Q 值越高,提升越小,反之,越大。

2. 常见主要流行乐器均衡频率

下面是在录流行音乐分期多轨的录音中,乐器的均衡频率,见表 3-4。

表 3-4 各种乐器的频段及均衡作用

乐 器	音 频 频 段	各频段声音均衡的作用及影响
低音吉他 (bass)	700~1 000 Hz	拨弦声提高
	60 或 80 Hz	低音增加
	2 500 Hz	拨弦噪声
低音鼓	2 500 Hz	敲击声
	100 Hz	低音力度
	240 Hz	声音饱满度
	5 000 Hz	清脆度
立钹和 吊钹	7 500~10 000 Hz	声音尖锐
	200 Hz	声音发出类似铜锣般的镗音
	12 000 Hz	钹边的声音,高频泛音很松弛的那部分
嗵嗵鼓	240 Hz	声音丰满度
	2 500 Hz	敲击声
	400~500 Hz	喤音,鼓皮绷得紧比较结实,小腰鼓的声音
电吉他	240 Hz	声音丰满
	2 500 Hz	声音明亮度
	3 000~5 000 Hz	拨弦声

乐　器	音　频　频　段	各频段声音均衡的作用及影响
木吉他	240 Hz, 2 500 Hz	琴身声
	3 850 Hz, 5 000 Hz	声音清晰,声音随着频率的提高而变得单薄
	80～120 Hz	低音弦
钢　琴	80～120 Hz	低　音
	2 500～5 000 Hz	临场感,声音随着频率的提高而变得单薄
	25～50 Hz	产生共振与回响
小　号	120～240 Hz	丰满度
	5 000 Hz, 7 500 Hz	声音清脆
弦乐器	7 500～10 000 Hz	明亮度
	240 Hz	声音丰满
	1 500 Hz	鼻音的音色
手风琴	240 Hz	声音饱满
	5 000 Hz	声音清脆
手　鼓	200～240 Hz	共鸣声
	5 000 Hz	临场感(手接触鼓皮敲击的感觉)

　　这些均衡提供的是参考,在实际录音中应以主观听音判断为准。因为声源不同,使用的传声器不同,乐器、录音环境不同等,都会对声音有影响。是否要插入均衡器进行补偿,应视具体情况定。

　　比如:录低音吉他或电吉他,主要拾音方法有两种:一是将低音吉他、电吉他的线路输出,经过连接线直接插入调音台的线路输入口进行录音;另一种是将线路输出送入到它们专用的电声音箱中放音,之后用一支传声器收录。这两种方法得到的声音有区别:一般说从线路输出直接录音声音较直,从电声音箱出的声音较生动,所以在实际录音中,两种方法常一起用。

3-5-2 频率均衡器的应用技巧

我们可以运用上节所学内容得出均衡器的最基本的应用技巧。

1. 均衡通路节目的频率响应及美化音质

架子鼓录音经常使用到均衡器。因为即使鼓自身的音色已经调得很好,传声器和它们位置摆放得非常合适,一般情况下,在监听中听到的鼓声与鼓的实际音色相比仍相差较大。这样就需要在这些打击乐器所对应的调音通路中,从单独调低音鼓开始,然后小鼓,立钗等依次插入均衡器,对各乐器的相应频段进行补偿。因为架子鼓的各件乐器距离都很近,音量又很响,所以各通路之间经过传声器的串音是比较大的。当一件一件乐器均衡点找到以后,它们一起演奏时,音色音质与分别调整时又有了变化,根据主观监听感觉判断,再修正以前的均衡点和音量。因为串音的关系,当改变一件乐器的频率均衡点时,其他乐器的音色也会有些变化,所以各通路应互相配合调整,有时还需演奏员的配合,在鼓皮外粘上胶带或调鼓皮松紧。

因为人的语言歌唱以及乐器的发声等都是复合音色,对声源频谱特性和频率响应曲线的熟悉、了解非常有利于均衡器对所录节目进行频率补偿。只有这样,调的声音才真实、自然,录音师对各种声源音色的好坏判断才能准确。前期录音时,如果对声源特性不熟悉,使用均衡器把一个或几个声源的音色调错了,那么后期缩混也很难把它的声音调得很好了。录弦乐,特别是录小提琴时,应首先调整传声器及其位置。一般情况下,调换传声器和它们的位置后,对弦乐音乐就会有很大变化,如果仍觉得不满意,再插入均衡器使用。所以弦乐录音时,均衡器调整不当,易造成声染色(最好不用)。作频率补偿时,要充分注意声源的特色,尤其是不可削弱声源音频范围中那些富有特征性的频率和共振峰,否则会造成意外的音色失真。例如圆号在 500 Hz 左右有一个共振峰,要增加其特色,可在 500 Hz 左右进行提升,这样效果较显著。假如在 500 Hz 衰减了,就可能造成失真。也就是说,一些有共振峰的乐器,利用单频均衡补偿,在其共振峰处会突出这些乐器的特色。对一些没有明显共振峰的乐器,例如长笛,一般不宜采用单频补偿,否则易出现声染色。在录音乐节目时,使用高通滤波器和低通滤波器应慎重。要对声源的频率范围十分清楚,如果消掉了不该去掉的频率,就会造成失真,特别是低通滤波器。因为很难确定一个声源发声的频率范围的上限,所以除特殊效果需要,录音乐节目时,用低通滤波器应更谨慎。在使用高通滤波器时,首先应确认所录声源有用的低频下限部分,不会因此而被衰减掉,才可插入使用,否则会觉得低频不同而失真。利用高通滤波器可方便地去除因使用心形指向性传声器声源近距离拾音时,由近场效应所引起的不希望有的低频加重现象。

2. 利用均衡器可以做特殊效果的模拟

利用均衡器可对声音的任意频段或频点任意提升或衰减的特点,可以做出特殊的声音效果。如电话的声音,其频段较窄,在 300~3 000 Hz,因此利用均衡器可将人的声频限制在此频段内,在频段外的声音以每倍频程衰减 10~18 dB,并把 800~1 500 Hz 这一频段适当提升,就可得到模拟的电话听筒内的音色。利用均衡器可以模拟出讲话者距离听者远近不同时的音色,即耳语声。提升以 500 Hz 为中心的频段,可觉声音近;高频、低频提升,中频衰减,也可觉声音近。距离远就将高频、低频衰减,中频提升。在影视剧的制作中也常用到均衡器,特别是拟音,需要录音师用均衡器与模拟人员的密切配合。在影视剧中音响可有大小、远近之分,这一方面与音量音质的变化有关。在强调某一特殊音效时,更需要均衡器,如飞机轰鸣声、爆炸声(适当提升 100 Hz 以下的低频段,可得到震人心魄的音效)等。

3. 用均衡器可以对已经录制完成的但录音音响音质有缺陷的节目进行修补

对已经录制完成的录音,在审听时发现音质有缺陷,但又不可能补录或缩混时,就可以利用一些技术设备,用技术手段重新处理、复制一盘母带。

当混响偏多,声音混浊不清时,可提升 5 000 Hz 以上频率,增加临场感,同时在中频或低频选取适当频点稍微衰减,使声音清晰。

当一个有音乐背景的语言节目录制完后,感觉语言声音偏小,有时易被音乐淹没时,可适当提升 3 000~5 000 Hz,而将 200 Hz 以下频率适当衰减,这样语言清晰度与可懂度可改善。当一首歌曲录音出现乐队压唱时,也可用类似的办法,只是均衡频点和频段的选择要注意,既要突出唱,又不要损失乐队。若乐队声小,可适当提升低频1 500 Hz 以下。在流行音乐录音中,电贝司和低音鼓的声音是融合在一起的,鼓声是发声点,电贝司声是这个声音的延续,低音的力度靠鼓,浓重感靠电贝司,当一个正混录的节目低音不够丰满时,可能跟电贝司与鼓的混合比例有关。当低音浓重,听不到鼓点时,可适当提升 2 500 Hz 这一频点,同时在 60~150 Hz 适当衰减;若低音厚度不够时,则是电贝司声混录电平小了,这时可在 2 500 Hz 略微衰减,在 60~150 Hz 这一频点适当提升;当两者比例合适,只觉低音不足或过大时,将 150 Hz 以下的低频适当提升或衰减,就可见效。

对于一些早年录制的录音带、资料片由于当时的技术设备的原因,节目的音质有些缺陷,当这些节目准备重新复制发行时,也要利用均衡器对原声带的音质缺欠进行补偿后重新复制一版母带使用。在噪声较大的环境进行新闻采访录音或影视剧录同期参考声时,可使用均衡器使语言清晰度提高。因为这种情况下的录音,语言的清晰度、可懂度是第一位的。这时可把均衡器的增益开到最大,寻找到能使语言清晰度提高的频点或频段,然后将这段频率外的频率适当衰减,这样既提高了语言清晰度,又抑制了环境噪声的影响。

在多轨录音中,前期若感到声源音质不满意而接入均衡器进行补偿时,应把音质音色调整好再录音,不易草率行事,特别是利用均衡器把一些不该衰减的频率衰减了,引起失真。在后期混录时,把明显失真的声音校正回来是很困难的。所以多轨录音中,前期分轨录音的声源的音质应录好,这样后期混录时的调整就可简单得多了。不应把音质的欠缺都留到后期解决,问题积多了,后期混录的质量也不会很好了。

如果前期分轨记录已加入了均衡,而后期制作不满意的情况下是可以加二次均衡的,但必须在原录音没有明显失真的情况下,才能有较好的效果。比如在录女生演唱时,为了获得较松弛的泛音,前期录制时,提高了 5 000 Hz 以上的部分,但在缩混时发现由于高频的提升而加重了齿音。这时,可利用均衡器把 7 000 Hz 左右适当进行衰减,可减少齿音。

前期录音时,由于不慎出现喷话筒声音时,没有被发觉,缩混时可利用均衡器找到喷话筒的"噗"声所在的频点或频段,调增益旋钮,使其"噗"声衰减到不明显的位置,然后将 EQ 开关抬起,也就是在旁通(直道,没有均衡)不接入均衡的位置,缩混时,通道出现"噗"声,迅速按下 EQ 开关,接入均衡,将这一声音减弱后,迅速抬起开关,恢复原状态。如果在前期分轨录音中,电贝司使用了压缩器,而缩混比和压缩拐点调整得又不很恰当时,后期混录时会感到电贝司声太软,可用均衡器将其 1 000 Hz 左右的拨弦声提升,将 100 Hz 以下的低频适当衰减,可得到些改善。若配合使用声音激励器,效果会更好。

在很多音频工作站中可以使用硬件的均衡器也可以用自带的或者软件的均衡器,它的作用和硬件没有什么区别,而且品种非常多,可调也非常精确、方便、直观,

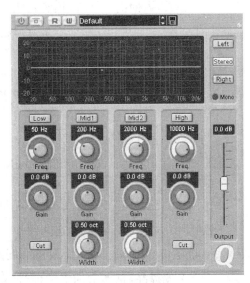

图 3 - 13　均衡器

图 3 - 13 为 CUBASE 音频工作站中的一个均衡效果器。

3-5-3 频率均衡器的局限性及使用注意事项

均衡器的使用会对声音节目的动态范围产生影响,特别是在录音电平较高的时候。

利用均衡器提升某一频率的电平,当声音电平达到或接近最大允许电平时,用均衡器提升的那部分电平已超过了最大允许电平值,容易造成瞬态失真。为了避免由于某段频率的提升引起的超电平瞬态失真,就需要把总电平衰减一些,使这段频率的动态留有一定的余量。这样做的结果实际上只有经过提升的那段频率接近或达到了最大电平,而其他动态反而小了。也就是说,如果想不影响整体动态,任何频率的提升都不可过高。但是当必须使某一频率有较大的提升时,磁带及声音中的本底噪声也会随该段频率的提升而加大,使信噪比变差。

均衡器的使用会使声音的相位特性改变,导致相移。因为均衡器是属于频率特性方面的非线性电子元器件,使用了电容器和电感器等电抗型元件或深度的负反馈,使得声音的瞬态特性变差。均衡器的使用应慎重,用量越大,曲线的陡度越大,或者说 Q 值越高,所产生的相移失真和瞬态失真越严重。

因此不要用均衡手段代替不正确的拾音位置和与声源不适应的传声器。尤其是古典音乐、民乐戏曲等音乐作品的录音,应尽量少用或不用均衡器,而注意拾音时传声器的品种、位置、方向的选择,来达到真实自然平衡的录音音质和音响效果。总之,均衡器是调音必备的关键设备,但不是万能的。

3-6 音频激励器

3-6-1 激励器的一般工作原理

美国声学家汉姆于 1973 年提出了:"就音乐而言,二次谐波比基波高一个八度,并且几乎听不到,它却能给声音增加力度,使之更加丰富。"

激励器实际是音响增强器,它的设计目的就是通过在中频范围内加入二次谐波,更改声音的泛音结构来达到人耳听感响度的提升。使演奏力度加大,声音突出,临场感增加,清晰度提高,且不增加它的信号电平,或者说在不增加某一声音电平的情况下,利用激励器使声音突出。

在激励器内部,把输入信号分两条通道(见图 3-14)。第一条是直接输出,是声音信号的主通路,不对声音作修改。第二条通道是增强线路,使节目电平充分提升,进入限幅失真电路,在限幅作用下,人为造成非线性失真,信号被削顶,而产生大量的高次谐波,之后再经过窄频带的滤波线路,在可调谐的700～7 000 Hz选通,滤出二次谐波,这样即对有关频率产生提升和改变。然后用很低的电平将这路谐波信号与主信号混合,在与主信号混音时,可根据实际需要调整混合比例、驱动电平、频率选通等,产生最佳效果。录音棚中常用的激励器一般是双声道的,每声道可独立调整。

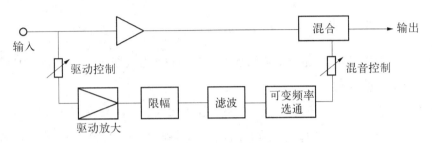

图 3-14   激励器的工作原理

3-6-2   激励器的使用

(1) 驱动电平调整(Drive)。这是调整输入到增加产生线路的输入电平量,这个调整点配有三色发光二极管的驱动电平表作电平指示,在绿色区域表示输入电平不足,绿黄色光表示增强线路已经驱动,黄红色光表示增强线路已充分驱动,长时间在红色区域表示驱动电平太高,会引起失真,调整时动态大的节目电平要注意留有余量,防止过荷。

(2) 频率调节(Turning)。实际上是二次谐波选项,不同声波,激励频段应选择不同的谐振频率,在面板上带有从700～7 000 Hz的以频率划分的刻度,可根据实际需要选择适当的频点。

(3) 混音量调整(Mix)。是指直通主信号与谐波信号的混合比例调整。混合的比例是否合适,应以主观听觉感受为依据,使经过激励器加工处理过的声音自然、清晰,不应有可察觉到的失真。比例偏小时,不易觉察到音质的改变,比例过大时,会感觉声音发扁、变硬、变厚。

(4) 入出开关(In/Out)。该开关接入 In 状态,两个通道的效果回路均起作用,电平表指示的是效果回路的电平状态。当开关在 Out 状态时,激励器处于有源连通状态,意味着音频信号仍要通过电子电路,但所有的效果回路均关闭,电平表指示的是输入至激励器的信号电平状态。借助这个开关,可以对一个声源的声音接入激励器前的声音以及接入后的经过加工过的声音进行比较判断,来决定是否使用激励器,以及激励器加工过的声音是否满意。激励器在使用时应先将开关置于接入 In 状态,然后根据声源所要加工的不同声区将频率调谐旋钮设置在预先设想的频率位置上,提升驱动电平到红色发光二极管闪亮。以驱动电平的最佳位置状态,调整混音音量,听声音是否满意,然后可再次调整频率选择钮;再次调整频率选择钮的同时,使用 In/Out 对比试听,反复调其他旋钮,使声音达到满意为止。

3-6-3 音频激励器的应用技巧

(1) 在录音中,利用激励器对声源的音质音色进行加工处理,使其具有力度感、音量增强感和音色透明感。

因为激励器的工作原理是在原声频率中加入适量的二次谐波,来达到声音改善的目的,所以对调谐频率的选择是很重要的,频率选择恰当,在经过驱动电平及混合电平的适当调整才能达到较满意的声音效果。

利用激励器,可加强电贝司的声音力度,调谐频率可在 700～1 000 Hz 范围内选择;若要增强低音鼓和小军鼓的力度,可在 1 000～2 000 Hz 范围内选择;如果要增强立钗的高频泛音,可选择在 7 000 Hz 的频率上;当录唱的时候,演员的声音发沙,中频力度和明亮度不足时,用激励器可将频率在 700～2 000 Hz 内选择适当的频点,然后配合驱动电平和混合控制的调整,可以得到既有力度和明亮度,高频又很松弛的人声演唱效果;录人声时,使用激励器应避开能突出和加重齿音的这段频率,也就是说既要使声音清晰自然,又不能加重齿音。

在多轨录音中,使用激励器,既可在前期录音中加入,又可在后期混录中使用,但一般情况下,在后期缩混时使用更好些,因为这样有充分的时间可以仔细调整和比较音色的变化。激励器的使用可以使一些乐器本身的声音更加清晰,使一些发声较弱的乐器,如古琴的声音有一定穿透力,在后期混录时,要想使某一声源的声音突出、靠前且不增加它的声音电平,这时也需要使用激励器来调整。

另外,当录制一个有音乐背景的语言节目时,语言声经过激励器加工后再与音乐声混合,可以使语言声清晰突出,不易被音乐声淹没。在影视剧的对白录音中使用激励器,可以在电平很弱的情况下,使听众感觉是在靠近自己的耳朵说话。影视剧的后期声音混录时,在对白声道使用激励器,可以使对白在与动效声、音乐声混录时不用争得更多的录音电平,却又能使语言音色突出出来,不会被其他声音盖住。

（2）对已经录制完成的但在录音音响上存在一些欠缺的音乐节目进行修补。

如果一个录音音响偏大，混音不清时，将此节目信号分别输入激励器的两个声道，在 2 500 Hz 以上频率选取适当的频点，经过处理后的声音与原声相比，可有清晰度提高，混响减小的感觉。对于一些早些录制的，但很有艺术价值的录音节目，由于当时技术设备的原因使声音频响较窄，杂音较大时，可利用均衡器与激励器结合起来对原声进行加工处理，使音质得到改善。

（3）特殊音响效果的应用。

利用激励器可使枪炮声效果在不增加电平的情况下产生更具有冲击力、爆发力的震撼效果。可使一些正常声音的音色改变，而运用到特殊的场合中去，比如把正常的人声语言变成电话中的声音。具体做法是：把频率调谐选在尽可能高的位置上，在语言不破不沙的中心频率上，调整驱动电平至最佳状态，最后将混音比例调整到最大，再微调各旋钮，使得声音尽可能达到所需的电话音色的要求。

激励器的使用，为音质的加工和处理提供一种方法和手段，它是人为地在原声中加入一定量的失真来改变音质的，所以在古典音乐、民乐、戏曲的同期合成录音中，尽量不使用激励器，因为它会让原本清晰的声音出现声染色。在流行和多轨录音中，也不宜用得过多，一般情况下，只是偶尔在个别的声轨中使用。

激励器的接入会使声音的信噪比变差，使磁带的本底噪声增加。有明显齿音的演员不宜使用激励器，无论频点选在任何位置，齿音还是会更突出。对于声部不平衡的，已经录制完成的音乐节目，企图用激励器将弱声部突出后，再复制一版的方法是行不通的，因为原来较强的声部会争得驱动电平。

激励器的使用能增加声音的明亮度和力度，但同时又易使声音出现明显的失真，总之，音频激励器是常备的一种辅助声音加工处理设备，但它又是在特殊需要的情况下才使用的设备。

3-7 噪 声 门

3-7-1 噪声门的工作原理及使用

1. 噪声门的原理

噪声门是在信号传输过程中专门抑制节目前后噪声的。节目进行中，混入节目中的背景噪声去不掉,在有节目时让节目通过,没有时自动关闭,从而阻断了节目信号到来之前和节目信号结束之后的噪声。

噪声门对噪声的抑制深度首先取决于门限设置。噪声门的门限值设定在节目信号中较弱的信号安全通过的电平值上,门限值应恰好定在节目的动态下限与节目动态相接的地方。其实,噪声门的主要应用是在模拟录音中,技术发展至目前,我们对于这种噪声的抑制有了很多简便的方法,使用噪声门已经非常少了,这里给大家只作一个简单的介绍。

一般的外置噪声门有十个通道可分别调整各通道的噪声,当节目信号到来时,噪声门按增益等于1的放大器工作(即没有放大,输入=输出),此时节目信号无增益变化,是直通状态。当节目信号停止时,通道里显露出的噪声电平,如磁带的本底杂音等就会落入门限电平值,噪声门对于等于或低于门限电平值的噪声电平会进一步压低从而使噪声门处于截止状态,因而被切除。

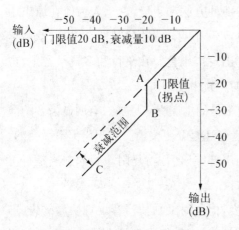

图 3 - 15　噪声门工作原理

如图 3 - 15,表示噪声门信号输入输出情况,在门限值以上的输入=输出,而在门限值以下输出被大幅度衰减。噪声门实际上用的是扩展原理,与压缩器相反,它的输出端的动态范围总是大于输入端的动态范围。压缩器是在信号电平的上限起作用,控制信号电平的动态范围,而噪声门是在信号电平的下限起作用,扩大了信号的动态范围,把处于信号下限的噪声电平压下,放大器的额定增益与扩展后的增益之差就是噪声门的衰减量。在一些可调整的机型中范围是 0~50 dB,不可调的在 10 dB 左右,噪声门的门限动作时间和恢复时间是可调的,有利于处理不同瞬态、节奏、速度。噪声门都有滤波器,目的是为了防止较大干扰噪声进入信号通道造成假触发,以便从频率上把信号与噪声有效分开。噪声门一般都有键控功能,能由另外一个节目信号当作控制电压,用来改变通过噪声门的节目波形,产生各种不寻常的特殊效果。

2. 噪声门的使用

(1) 滤波器的调整。

噪声门一般都有滤波器,设置它的目的是为了防止假触发,以便把节目信号与噪声或串音有效分开。噪声门上的滤波频段一般可在20~20 000 Hz内调整,有的噪声门每一通道又分为两段的高低通滤波器,分别可在20~4 000 Hz和250~25 000 Hz内自由调整,使其调整余地更大、更方便。调整时应先打开按键听音,监听进入滤波器前后的对比信号,选择最适当这一通路录音对象的频率范围,并设定Q值,如同时录低音鼓和钗时,鼓通道用低通滤波,钗用高通,由于选定频率段不同,可大大降低相互间的串音。

(2)门限值的调整。

门限值的调整就是拐点的调整,一般噪声门的门限值可在-50~20 dB调整,较高档的装置可以在-60~∞调整。

选择门限拐点要根据声源和噪声的响度来判断,通常要参照节目强信号过去后的弱信号来选择门限电平的通过值以保证节目信号的完整。音乐弱信号和噪声之间常常是没有明显界限的,应将门限定在节目信号电平以下,而高于噪声电平,一般情况下,可在噪声电平以上6~10 dB处选择门限值。门限值的确定应以节目对象为依据,以听感为准,并观察噪声门通路上的门限电平指示,调整到相应声源适合的门限值,响度高的乐器门限值应定得高些,响度低的乐器,门限值应定得低些。若经处理的信号断续声部不完整时,应检查门限值是否过高,门限值过高了,即使声音不断,但也可听出音头、音尾被切掉的感觉,使声音变得呆板、生硬,这时也要降低门限值;过低的门限在混入较高噪声时,会造成假触发,误开闸门使噪声门失控,失去其应起的作用,见图3-16。

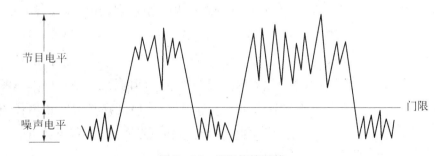

图3-16 门限值的调整

总之,门限值选择过高时,会切去有用的声音信号,或能听到明显的失真,选择过低时,将失去噪声门应有的功用。所以噪声门每一声音通路的门限值的调整和确定,应以本通路声源特性为依据,使有用信号通过,而切除无用者。

（3）上升（启动）时间的调整。

噪声门的上升时间要比较快，这样才能保证节目信号的完整，使声音自然，不会因为噪声门启动时间慢而使一些声音音头被切掉，一般是 10 ms～1 s 内可调。有些噪声门具有运算处理功能能根据节目信号提供的信息资料，自动在 5～40 ms 内选择上升时间，而操作只在快动作和自动内调整。除制作特殊效果时，上升时间可调整得很慢，一般不应慢于 20 ms。

（4）恢复时间的调整。

恢复时间的调整范围一般在 1 ms～3 s 或 2 ms～4 s 内调。恢复时间的长短与声音信号特性、节奏、快慢有关，一般恢复时间选长些，可使声音自然度好些，人耳对突变的噪声远比恒定的低噪声感觉敏锐，较短恢复时间比较长的恢复时间更易觉察出噪声，恢复时间太短易影响音乐信号的自然度。

3-7-2 噪声门的应用

对于噪声门的作用我们可以归纳成以下几点：

（1）利用噪声门可以抑制录音节目开始前和结束后的寂静时间中出现的一些人为的噪声，如椅子声、乐器杂音及环境噪声。

（2）在混响较强的环境录制语言节目时，可以利用噪声门切除混响声拖尾音，提高语言声的清晰度和可懂度。

（3）对多传声器串音的抑制。在多传声器近距离拾音时，不仅拾取到所应收到的声源声音，同时也拾取到相邻声源的声音，而形成串音干扰，这对分别调整各声源声音造成困难。使用噪声门的频段选择功能和门限设定功能，能改善串音干扰。特别是使用 8～10 支传声器录一套架子鼓时，由于传声器距离都很近，各种乐器又很响，串音是很严重的，调音时可根据需要，将其中几路甚至全部拾音信号分别送入噪声门的分类通路，使用分频和不同门限与恢复时间的控制，就可以大体解决串音的问题。噪声门的使用使打击乐的动态范围变窄，使其提高力度和声音的紧张度，利用噪声门录鼓起一举两得的作用，正因此，在以模拟录音中，用噪声门录一套鼓比较普遍。

（4）对多声轨合成混录时噪声的抑制。在多声轨后期合成混录时，多通道及多磁迹本底噪声的叠加，使节目信号开始前和结束后有明显噪声，通过噪声门的立体声连锁，选定门限值即可达到降噪的目的。

(5) 对磁带复印效应的抑制。因为磁带是一圈一圈绕在盘上的,磁场会使相邻磁带部分磁化,造成复印效应。由于录音节目在磁带上的剩磁量高于复印效应的磁感量,所以节目信号可以掩蔽复印效应,但在节目开始前的空白磁带上,特别是语言节目每一段间隔中可以听到明显的先期回声效果。放音时使用噪声门可以有效清除复印前后期回声,使节目头尾间隔处干净无杂音。

(6) 制作门混响效果。在一些流行音乐中,有时需要混响声突然中止的效果,这种门混响效果,常在小军鼓的混响中使用,利用噪声门降小军鼓的混响尾音切除可得到这样的混响声。

(7) 利用键控功能制作一些特殊音响效果。键控功能是噪声门附加功能,为制作特效设置的。在其背板上设有外部键控源插孔,用于外接键控声源,从外部接入控制电压,用于控制噪声门增益放大电路工作。当接通键控声源后,噪声门在外部电压控制下,只起增益放大器作用,通过噪声门的节目信号随控制电压而改变增益。如键控电压逐渐减小到噪声门门限值以下时,噪声门也就随之减小电平,若键控电压完全消失,通过噪声门的节目信号也全部消失,通过噪声门的节目信号消失的时间取决于噪声门的恢复时间。键控声源的控制信号在噪声门的输入端听不到,它仅是提供增益控制。使用键控功能可利用一个节目信号修改通过噪声门的另外一个节目信号波形。比如,① 当电贝司与低音鼓产生错位,节奏没有和在一起时,在后期混录时,可以把低音鼓的信号作为键控声源来控制通过噪声门的电贝司信号,噪声门会跟着低音鼓每一次打击而导通,从而使两者联结紧密;② 利用键控功能可以制作多个声部,用电子合成器选圆号音色按总谱制定的和声功能用持续长音的演奏方法完成一首乐曲的演奏,并记录在多轨录音母带上,把这一声轨的还音信号送入噪声门,选用 10 ms 以下较短的恢复时间,再将另一声轨的小军鼓的演奏声作为键控声源送入键控声源接口,在同步还音中,由于受小军鼓提供的键控电压下的调制作用,圆号的长音就变成与小军鼓一致的节奏。将噪声门的输出同时送入多轨母带进行记录,这样一个新的圆号节奏声部就制作好了,这种方法制作的新声部使用于舞曲和进行曲。

利用键控功能可以制造颤音效果。利用一台信号发生器,选择 1～9 Hz 之间的次声频为键控声源,送入键控接口,当正弦电压慢慢增大或减小,无论语言还是音乐信号,只要受到次声频信号的调制,就会使声音随着正弦波电压上升或下降的变化发生强弱变化,使声音抖晃发颤发生颤音效果。

3-7-3 噪声门的局限性

噪声门可以消除很多噪声,如交流声、声轨串音、磁带复印杂音、环境噪声、人为干扰噪音等,但关键是只能在节目开始前、结束后或间歇时间内对噪声加以抑制,而不能对节目中的噪声加以抑制,而节目开始前、结束后的噪声可以通过剪接、复制或通过调音台哑音开关或多轨录音机的点清除功能技术等解决。在各种噪声中,调制噪声只有在有信号时才会出现,当信号电平增加时,这种高频噪声随之增加,这种噪声称为背景噪声,它是信噪比的限制因素,这种噪声的处理只能通过降噪器加以解决,噪声门是无能为力的。

在古典、民乐、戏曲等动态范围较大的节目录音中不宜使用噪声门,因为很难确定节目电平的下限或说弱音部分的信号电平,因此使用噪声门有可能切掉一些有用的声音信号电平。流行音乐后期缩混,如果一首作品由弱起渐强,或在结尾处渐弱淡出的方式也不宜使用噪声门,否则易使声音突变而不自然。另外,门混响效果在一些新型数字混响器中预先设置好了这样的混响声效果程序,并可修改变化,使用方便。当录音棚中装配有预置门混响器的程序的数字混响器后,利用噪声门加工这样的混响声效果也就没有必要了。因此,噪声门与激励器一样,它是录音棚中常备的对声音进行辅助加工处理的设备,但它又是只有在特殊效果需要时才用。

使用噪声门处理噪声的年代已经过去,在当今的数字时代,无论是降噪还是制作特殊的音响效果已经完全不必要使用噪声门解决,所以,它是模拟时代的产物,现在也逐渐退出历史舞台。

3-8 降噪系统

在数字录音技术不断普及完善发展的今天,模拟式录音技术作为一种自身发展的成熟和完善的技术和原有的市场占有以及它是能获得真实自然的录音音响效果的一种技术,目前仍有应用于广播录音及音像出版行业。然而与数字录音技术相比,模拟机有一个严重的缺点,此种工艺在录音过程中会引起噪音增加,为此,各种降噪设备应运而生。降噪系统可用来降低传输通道产生的噪声和录音时的磁带背景噪声。磁带本身的噪声在未加降噪系统时是随频率增高而增大的,并分布在整个频带上,因为节目声源原有的高频段能量较小,而磁带又是高频噪声大,这就使人易察觉,必须降低噪声,特别是高频段。降噪器利用压缩扩展技术的基本原理,在录音状态下对信号产生压缩,这种压缩是提高低电平信号的增益,而非降低高电平信号增益来达到的压缩。在放音状态下,对信号进行互补的扩展,即对低电平信号进行扩展。这样处理后,录音过程中的磁带噪声可随之减小。

现在,很多年轻的录音师都不熟悉降噪系统,因为数字录音占据主要地位的今天,已经不需要使用降噪器了,但是在这里,我们还是将原来模拟录音中常使用的降噪系统做个简单的介绍。

最常使用的降噪系统有杜比公司的 Dolby A 型,Dolby SR 型系统和 DBX、Telcom 系统。由于各种降噪系统内部处理有明显差异,编码、解码不具备兼容性,所以无论经过哪一种降噪系统处理过的录音制品,都不能在其他降噪系统中完好地放音,应用最广泛的仍属 Dolby 降噪系统。

降噪系统通常用于各声道录音机的节目录制,带速等于或低于 38.1 cm/s 的原版录制及带速为 4.76 cm/s 的盒式录音机中。

常用降噪系统的工作原理及特点,有如下几种。

1. Dolby A 降噪系统

Dolby A 降噪系统广泛应用于专业录音,在 20 世纪 70 年代已成为国际间交换录音节目的磁带降噪标准。它利用了压缩扩展的基本原理和人耳听觉掩蔽的特性,当节目的高声级足以隐蔽本底噪声时,就没必要去降噪,而压缩扩展作用在高电平时又很容易被人觉察,因此,降噪只要在低电平时进行即可。在录放过程中,分别对低电平信号进行压缩扩展互补处理。录音时,一般通过压缩器,将信号中低电平信号(下限动态范围)压缩,即相对提高低电平信号电平(把下面往上提),这个过程称为降噪编码,这样原来要被记录而又可能被磁带噪声淹没的低电平信号,因相对提高了它的电平,记录时就不会被噪声所淹没。放音时再将相应的低电平信号的动态范围加以扩展,这就在压低低电平恢复到原来的信号的同时减小了噪声,即所谓的 Dolby 解码。

Dolby A 降噪系统在信号电平低于 -10 dB 时,便产生压缩和扩展过程,而高电平信号不变,考虑到节目素材特点,为更有效地降低噪声和减小压扩对听感的影响,在 Dolby A 降噪系统中,将整个音频频谱分为四个频段分别进行压扩处理,这样在一个频段中出现的信号并不影响其他频段的降噪作用。这样的四个频段是:① 80 Hz 低通;② 80~3 000 Hz 带通;③ 3 000 Hz 高通;④ 9 000 Hz 高通。分频的选择是音乐节目的信号功率大部分集中在 80～3 000 Hz,在高频及低频段信号的功率都较低这样一个事实,以便降噪器能更有效地降低磁带的本底噪声,特别是高频噪声。这四个频段的滤波器和限幅器是这样结合的,低电平信号(－40 dB 以下)时,从 20～5 000 Hz 提升 10 dB,5 000～15 000 Hz 之间渐渐上升,提升至最高的 15 dB。如果一个磁带的信号电平上升,它的降噪作用就减小,但掩蔽效应的效率就增加,因而呈现出的噪声电平保持恒定。Dolby A 系统正是利用了掩蔽效应,把降噪作用限制在一个窄频带内,避免了由于电平起伏变化时压缩扩展作用引起的噪声大小变化的呼吸声。

Dolby A 型的降噪量在 10 dB 左右,在 1.5 kHz 以上,可达 15 dB。

Dolby A 型的优点是:听不出压缩和扩展过程,录音机平直的频率响应的偏差不会影响听觉。它的缺点是:压缩和扩展必须在相同的电压条件下进行,否则频带之间的平衡将会被破坏,在录音和放音时必须有一个统调电平。

20 世纪 80 年代至 90 年代,在国内模拟式多轨录音机中使用 Dolby A 型降噪器是很普遍的,各声道的输入输出均采用一个降噪单元,每个降噪单元都保持灵活的处理状态。在 Dolby A 系统放音时,对于未经过编码处理的节目磁带和其他系统处理过的节目磁带,都可用旁路开关 Bypass 使信号直接通过;对于其他系统编码压缩处理过的磁带记录的信号来说,信号本身是不失真的,它的波形与原信号相同,只是振幅改变了(且只变弱音的),使用 Bypass 开关经过均衡和电平调整是可以进行缩混的。Dolby A 系统对录放音的误差是很敏感的,因此无论使用一台录音机完成录放音还是利用两间录音室分别完成录放音,都强调录放音标准电平的校正。当与其他录音棚交换录制的节目时,应首先用 Dolby A 上的降噪器的测试电平开关,Dolby 选频选在 400～700 Hz,0 VU 的输出电平测试信号录在磁带的带头部分,不少于 30 s,以供另一方录音棚调其 Dolby A 降噪器的相应电平,消除录还音的跟踪误差。Dolby 测试信号有一个涌动特性以便与其他信号区别,同时这也是 Dolby 的降噪识别信号,不论两轨立体声磁带或多轨磁带,当带头部分录有这样的信号时,说明本节目带使用了 Dolby A 降噪器,当出现这样的信号,可根据此信号进行调整,需使用此带的 Dolby 降噪系统。

2. Dolby SR 降噪系统

Dolby SR 降噪系统 1986 年初研发成功,它在系统概念上与 Dolby A 系统有共同之处。当输入信号低于或等于额定电平,将信号相加来提升,输入录音机,在放音时,再将先前被提升的信号相减来衰减,同时也衰减了磁带的噪声,从而改善了信噪比。Dolby SR 系统与 Dolby A 系统不同之处是它在设计上有较大改进,它将时间、频率和幅度三者结合处理,经编码记录和译码重放的过程,使模拟式录音机的信噪比有较大的提高,动态范围扩展到 105 dB。

Dolby SR 系统在使用中有以下优点:① 它使用于任何厂家及型号的录音机及各种牌号的磁带,无论何种录音机都不用调纠录入和还出电平;② 容易安装,全部外接,无需特别调纠;③ 瞬态特性好,没有对音质的夸张效果,动态范围扩展很大,声音强度高。

3. DBX 降噪系统

DBX 降噪系统和 Dolby A 系统一样,也是一个互补系统,它用一对互补的压缩扩展器,在全频带范围内工作,信号在记录之前,以 2∶1 的比例压缩,放音时以1∶2的比例扩展。在记录信号之前,先对高频进行预加重(先提升),以使磁带的性能在整个频带宽度内完全被利用,放音时,重新恢复原来的频率响应(去加重)。

DBX 的优点:不需对录音电平作任何改变,录音信噪比可改善 30 dB。缺点:重放时录音机频响本身不平直的部分通过压扩后把频响的偏差加倍,当输入信号只有高频成份时,有时会出现低频喘息现象,当输入信号高频成份较高时,具有去加重特性的解码器的低频增益变高,有时会加大低频噪声。

4. Telcom 降噪系统

它综合了 DBX 和 Dolby A 的优点,整个可听频带范围像 Dolby A 一样,被分为四个频带范围,这些频带的压缩和扩展方法与 DBX 类似,不过比例为 1∶5。

Telcom 降噪系统的优点:① 使用时听不出压缩和扩展的工作过程;② 不需要统调电平;③ 降噪效果优于 DBX 和 Dolby A。缺点:价格比前几种昂贵,因此使用不太流行。

降噪器的使用应只用一种降噪器,或都用 DBX,或都用 Dolby A。节目储存复制都不用解码,到最后还音时才解码。这三种降噪方式的区别首先在于压缩和扩展的方式,这三种方法,信噪比只有在弱信号时才有改善,在高电平信号时,信噪比与正常录音时一样。

第四章

连接设备

内容重点

    大家都知道,无论信号源是多么完美,设备器材多么先进,如果没有完美无瑕的信号传输过程,无论如何也是不能获得优质的音色的。担当这个传输重任的设备我们称之为连接设备。

    连接设备包括各种传输电缆和接插件。

    在录音过程中,录音设备之间所出现的大多数接触不良或传输噪声等问题应该引起录音师的重视。因为这方面出现的问题很可能就是由于连接设备的故障所引起的,经常发生这种情况,声音发虚甚至没有声音等等以外故障,工作人员为排除故障满头大汗,却无结果,最后才发现原来是线或是接头发生连接问题引起的。因此,把连接问题提到一个较高的高度,才是一个专业从业人员应该具备的素质。

4-1 传输电缆

    一般在音频信号的传输过程中,大都使用带屏蔽层的二芯音频平衡传输电缆或三芯音频平衡传输电缆。目前传声器的电缆绝大多数情况下使用平衡连接电缆,它除了对传声器进行连接,也在设备之间进行联系。

录音机使用的音频电缆,连接时一定要注意引线是否号码相同;有否断路、虚焊等现象;屏蔽线是否已焊接好,特别要注意的是应该一点接地,避免形成信号回路,感应出调制噪声。

平衡电缆相对于非平衡电缆而言主要增加了对所传输信号的抗干扰性,在非平衡电缆中,只有一条导线负责传输音频信号,信号的返回路径是由屏蔽和负责直流供电的另一条导线共同承担。

比较知名的电缆有日本的佳耐美等品牌。

4-2 音频接插头

1. 卡侬插头(XLR)

专业录音设备中,常用的传声器输入/输出接口一般都选用卡侬(Cannon) XLR 型插头或插座。一般来讲,音频设备的输入端均为卡侬母头,输出端均为卡侬公头,如图 4-1 所示。

公插头　　　　母插头

图 4-1　XLR 卡侬插头

欧洲地区,主要按以下方法进行音频接线,如图 4-2 所示。

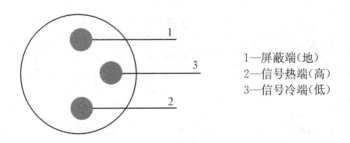

1—屏蔽端(地)
2—信号热端(高)
3—信号冷端(低)

1　屏蔽(地)　　　　　　(Screen;Ground)
2　信号热端(高;正)　　(Hot;＋)
3　信号冷端(低;负)　　(Cold;－)
我国采用欧洲式的接法。其他有的地区使用卡侬插头按以下方法接线(如美国等地区):
1　屏蔽(地)　　　　　　(Screen;Ground)
2　信号低端(冷;负)　　(Cold;－)
3　信号高端(热;正)　　(Hot;＋)

图 4-2　欧洲式接法

2. TRS 插头

这类插头有单声道和立体声两种,即 TS 和 TRS 插头。它的直径为 1/4 in(6.35 mm),适合高电平线路信号的平衡和不平衡传输。

(1) TRS 插头的平衡接法,如图 4-3 所示。

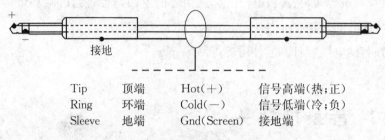

Tip	顶端	Hot(+)	信号高端(热;正)
Ring	环端	Cold(−)	信号低端(冷;负)
Sleeve	地端	Gnd(Screen)	接地端

图 4-3 TRS 插头的平衡接法

(2) TRS 与 TS 插头的不平衡接法,如图 4-4 所示。

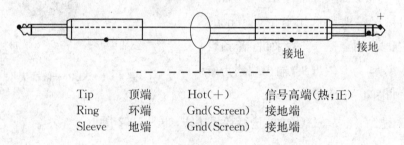

Tip	顶端	Hot(+)	信号高端(热;正)
Ring	环端	Gnd(Screen)	接地端
Sleeve	地端	Gnd(Screen)	接地端

图 4-4 TRS 与 TS 插头的不平衡接法

(3) TRS 插头的插入/插出(Insert)接法。

有时候,TRS 插头可同时担任输入和输出的功能,即用一个插头连接一台设备的输入和输出端。

Tip	顶端	Signal Send	信号输出
Ring	环端	Signal Return	信号输入
Sleeve	地端	Gnd(Screen)	公共地

3. 莲花插头

又叫 RCA 插头,属于不平衡接法的插头,一般在民用录音设备系统中使用。现在有的专业录音设备为了减小设备的外形和体积,在设备的高电平线路信号的输出和输入端,也采用了 RCA 插头。

4. 微型 TRS 插头

外形和 TRS 插头相似,但直径是 1/8 in(3.2 mm)为 TRS 插头的 1/2 大小,常用在调音台接口盘上或耳机上。

5. IEEE1394 火线接口

IEEE1394 火线接口是美国设计开发的一种新的数据总线传输协议。以苹果电脑的火线协议为基础,实现了在数据传输上价格低廉、用途广、速度快的特点。IEEE1394 电缆是一种通用而且平台相对独立的数字接口,可以在数字设备之间进行连接实现高速的数据传输,目前广泛运用在数字摄像机、数字声卡、计算机文件传输等多媒体音、视频设备。

IEEE1394 火线接口目前的传输速率有 400 Mbps 和 800 Mbps。

第二部分

声音制作的技术与艺术

录音是一个技术与艺术相结合的具有双重特性的工作过程,是一门艺术与技术结合的交叉学科。

录音的技术性表现在录音师是利用所掌握的音乐声学、语言声学、室内声学、电声学以及心理、生理等方面的知识,采用不同的录音方法,通过录音系统设备将录音表演的声音信号转变为磁信号进行记录和储存的过程。录音的艺术性表现在录音师应了解音乐、了解艺术,从而在录音过程中对音准、节奏及塑造形象的准确性上能有严格的艺术把关,在录音音响上获得准确的声像分布、自然优美的音质及合理的动态范围。

调音从技术上看,是电平混合的结果,但混合的比例决定于录音师的音乐感觉,听觉审美和艺术修养。

录音的一种方法是以近似再现原声场为目的,使音乐表演尽可能真实、自然地记录下来,使听者能获得临场感和空间感。例如,录钢琴三重奏,就有这种情况,不但要录制出钢琴、小提琴、大提琴完美的演奏和音色,而且它们的声像分布和声像宽度也应准确和恰到好处。如果声像宽度过大,占满了扬声器的基线宽度,而形成左、中、右分别是小提琴、钢琴、大提琴,就会使声像跳动失去自然真实感和录音音响的整体感和融合度。

录音的另一种方法是出于音响艺术的需要而采用必要的技术手段把一个真实的声音改变。例如,流行音乐中的架子鼓是几种打击乐器紧挨在一起排列,它们演奏时处于同一个混响声场中,混响是大体相似的,但是,当前期录音把它们的本底声采录以后,在后期制作中混响处理各种乐器却相差很大,低音鼓一般不加混响,而小军鼓、嗵嗵鼓、立钗、吊钗等所加的人工混响也各不相同,甚至有时要专门一台混响器调出音色供小军鼓使用,以达到对其声音上的艺术追求。这时,架子鼓所表现出的整体已不是简单的模拟和记录,而是录音师经过技术处理过的适合人们听觉审美需要的一种录音音响作品。

录音有时受到设备和重放环境的制约。必须对一个完整的音乐表演和录制过程进行加工和处理,但又不能被听者觉察到。交响乐队演奏时的最大动态范围是90 dB左右,这样大的强弱对比正是交响乐队这种艺术形式的表现魅力之一,但在录音过程中须把实际演奏时的动态范围压缩45～50 dB而又不失去交响乐应有的表现力。由于针对不同音乐形式的音乐、不同的录音音响效果要求不同,录音师需要利用所掌握的录音设备采用不同的录音技术手段进行录音音响艺术加工和创作,因此,录音既是一项技术工作,又是一项艺术工作,它是技术与艺术结合的产物。

录音设备和录音技术手段的不断发展和进步为音乐艺术表演的留存和传播提供了广大的空间,但是当今的立体声录音还不是真正意义上的三维的、全方位的立体声录音,而是采用双声道记录和重放的模拟人的双耳的影音定位感的录音方式。因此,在音乐艺术表演的录音过程中必须经过必要的技术手段处理,以适应录音设备和重放方式的需要,多声道录音也是由此应运而生。实际上,录音技术发展至今,一个录音制品的音响效果与在现场聆听相比总还是有一定差距。为了在录音后尽可能多地真实自然地表现原作品的艺术性、表现力和现场表演时的音响效果,或者为了听觉审美的需要,把原声改变而制作出新的录音音响艺术效果,录音师实际上是利用录音技术设备对音乐作品的进行二度艺术创作,制作出适合需要的完美的录音音响艺术作品。

录音在节目监制人与录音设备之间架起了一个桥梁,通过录音师的技术操作,使监制人的艺术构思和音乐家的表演转化为录音工艺流程,最终得到高质量的录音节目。录音在音乐艺术表演与传播之间架起了一座桥梁,使艺术家的表演转化为录音音响制品,通过传播媒体,发行唱片等在人们中广泛传播;录音在录音音响艺术创作和电声设备之间架起了一座桥梁,电声设备包括录还音设备和家用的还声设备的发展和进步为录音技术和录音音响艺术的创作提供了必要条件和日益广大的施展空间,制作出了更好、更完美的音响作品;同时,录音音响和录音艺术的更高的追求对录还音设备提出了新的要求,又促进了电声设备的开发和发展。录音就处在这样一个技术与艺术结合点上,因此本部分将涉及技术与艺术这两方面的内容,给大家进行比较深入的讲解。

第五章

拾音基础

内容重点

    不论是同期录音,还是分期录音,采用的基本拾音方法主要有以下3种:单点拾音法、主辅传声器拾音法和多传声器拾音法。本章的重点是要了解常用乐器,只有了解了乐器的发声特性才能为更科学的摆放话筒提供依据,在掌握了乐器的基础上,了解话筒拾取主要乐器的方法。应该着重以下3方面:1. 乐器的分类及发声原理;2. 乐器的指向性了解;3. 乐器声音拾取方法。

5-1 拾音技术基础

5-1-1 基本拾音方法简介

1. 单点拾音法

    单点拾音法,是指用一支传声器拾取单个声源或同时拾取所有声部的混合声音和反映相应空间的混响声信号。单点拾音也可以进行立体声录音,只是这支传声器应是一支立体声传声器。

    利用单点拾音法录制立体声节目时,要注意选择的立体声传声器是否和所要录的

声源相适应,也就是选择传声器的夹角、制式,以控制声音的宽度,选择指向性的类型等问题。一般来讲,单点拾音法要注意:

传声器应设置在具有自然声音平衡的位置上,结合所要录制音源的节目类型、音色特点选择正确的传声器使用。如果是立体声话筒拾音,更需注意立体声的声像宽度设置,话筒的制式的选择,选择正确的角度与夹角,确保录制出一定声像宽度的、声源左右、纵深信息合适的作品。

另外,传声器应放在声场中直达声与混响声比例合适的位置上。这对于利用自然混响的录音来说特别重要,它决定了录音节目中各声部融合的程度和对声音空间感的表达,对声源声像及音色特征的清晰度也有一定的影响。

2. 主辅传声器拾音法

用单点录音法同期拾取乐队的声音在很多情况下是无法达到理想的效果的,这是因为它受到乐队本身的限制及厅堂的声学条件影响,所以,我们在同期录音时大多时候会使用主辅传声器拾音的方式,这种录音方式主要针对单点拾音法在拾取大中型乐队演奏时,可能会出现某些乐器的声音不够清晰的情况,或可能有些乐队演奏时声部平衡不好等情况。它是在保留单点拾音法的整体拾音条件下,以立体声话筒为主话筒拾音,再对需要加强的声源增加辅助传声器,以便补充你想加强或平衡的部分。

但应注意,主传声器所拾取的信号,在整个录音节目的信号中始终占据主导地位,增加的辅助传声器,只对某个声部起增强作用,它不应超过主传声器中相应信号的分量,能通过主传声器达到改变拾音效果的,就应尽可能避免增设辅助传声器。通常设置主传声器应注意以下几点:

(1)主传声器的录音电平要大于辅助传声器的电平,要确立以主传声器信号为主导地位。

(2)要注意主传声器与辅助传声器的声像设置问题。辅助传声器的声像应服从主传声器中的声像,否则不仅达不到增强的目的,造成声部混乱,还会使声音变得浑浊不清。

(3)在传声器选择上,主传声器一般为立体声话筒或是采用一对主话筒拾音,再配合辅助话筒,辅助话筒可以采用单只话筒补充也可以用立体声制式的拾音方式补充拾音。

用主辅传声器拾音,具有自然的空间深度和层次,以及和谐的整体性,又具有清晰的声像和音色特征。使用方法简单,经常用于同期录音方法拾取声音信号。

3. 多传声器拾音法

多传声器拾音法,就是利用多支传声器分别拾取各乐器或声部的声音,后期通过录音师的加工处理后,合成为最终作品。

使用多传声器拾音方法,在安排各话筒的位置摆放时,要考虑到声像设计的要求,尽量做到声像设计与现场位置安排的一致性;尽可能提高拾音直达声信号的比例,一般采用心形或超心形的传声器进行近距离拾音;各路信号的强弱程度应大体相当,一般来讲相差不要悬殊,以方便后期录音师进行艺术加工处理工作。

多传声器拾音方法还要考虑到提高各声部信号间的隔离度,增加它的可制作性。由于这种方法提高了制作的难度和份量,所以对于一些配器不甚理想,自然平衡差的音乐,或者需要录音师进行艺术创作的作品,用这种方式效果较好。

目前,使用这种方法录音的大型作品越来越多,由于大量的工作在后期处理,增加了作品的艺术性表达的方式,同时,这种方法也是对后期录音师的考验,尤其是大型的音乐作品的音乐录音,使用这种方法在很大程度上是录音师对作品的二次创作,录音师本身的音乐水平、音乐感受力就非常重要,需要录音师去把握整个音乐的平衡与表现,这对录音师来讲是个非常有挑战性的工作。

多传声器拾音方式近些年来被大量的使用在大型音乐的录音上,把录音师的二度艺术创作提到了一个新的高度,对录音师在艺术上的造诣提出了新的要求。

声音的拾取方式,在录音中是录音的关键所在,有关这部分内容,我们将会在后面的节目制作工艺内容中作非常详细的阐述。

5－1－2 基市的录音方法简述

目前使用的录音方法基本上可分同期录音和多轨录音两大类。同期录音是指将所要录制的音乐演奏或演唱同期一起表演,直接录制成双声道立体声节目或多声道节目的录制方法。多轨录音则是指对所录节目进行一起或分开单独拾取声音,然后进行后期缩混,混录成双声道或多声道立体声节目的录音方法。

同期直接录制立体声节目的录音方法由于是前期、后期工作一起完成,所以在录音时,声源的拾取质量就成了最关键的问题,我们一般使用主辅传声器拾音方式或是多传声器拾音方式来进行拾音。由于是直接录制立体声节目,所以,各话筒类型的选择及位置的摆放需要非常注意,需要了解声源的声音特色,尽量将话筒摆放在使音乐平衡的地方。同期录音,各声源之间的交流比较自然,声音的融合较好,空间形象及分布显得较自然,关于这部分内容,我们会在下章内容中有专门的介绍。

多轨录音又分为同期多轨和分期多轨录音两种方式。同期多轨录音是将所有需要录音的声源或声部在一个空间同期录音,然后后期再进行加工处理;分期多轨录音则是将所录音乐的声部一个一个或是分组进行单独录音后,进行后期艺术加工、混合,录制成双声道或多声道作品。

分期多轨录音由于各声部不在同一时刻演奏或演唱,所以各声部之间没有串音的问题,可以灵活地对各声源信号进行单独加工处理。但是由于各声部的乐器之间没有相互协调的演奏条件,所以整体的融合性稍差,故不适合进行大型管弦乐作品的录制,通常流行音乐等小型音乐可用分期录音方法来录制。

5-2 常见乐器拾音方法

5-2-1 常见乐器的分类及音色特点

有关乐器声音特性方面的知识,是每个录音师尤其是从事音乐录音的录音师必备的知识,在了解乐器的基础上,录音师经过多年经验才能摸索出对各种乐器及乐队形式的恰当的录音方式,从而做出优秀的音乐作品。

这部分内容非常的繁杂,在这里我们只做简单的基本的介绍,以做抛砖引玉之用。

先将常见的乐器做一个分类。

常用的西洋乐器的分类可分成弦乐器、木管乐器、铜管乐器和打击乐器几大类,具体如下:

弦乐器:通过弦发声的,都为弦乐器,属于这类的乐器很多,我们通常将它分成三大类:拉弦乐器(弓弦乐器)、拨弦乐器和击弦乐器。

拉弦乐器是指运用琴弓拉动琴弦发声的乐器。比如:小提琴、中提琴、大提琴、倍大提琴、二胡等。

拨弦乐器是指拨动琴弦发声的乐器。比如:竖琴、诗琴、吉他、筝等乐器。

击弦乐器是通过敲击琴弦发声的乐器。最为典型的是钢琴,另外还有中国的扬琴等乐器。

木管乐器:长笛、短笛、单簧管、双簧管、中音双簧管(英国管)、巴松(大管)等。

铜管乐器:小号、圆号、长号、大号等。

打击乐器可分为：有调打击乐器和无调打击乐器。

有调打击乐器，如：定音鼓、木琴、钟琴、钢片琴、管钟等。

无调打击乐器，如：大鼓、小鼓、铃鼓、响板、三角铁、大锣、钹等。

1. 乐器的发声原理

各种乐器视其据以振动的物体(包括发音体和共鸣体)的性质和形式等不同，可以分为五种振动，即弦振动、气柱振动、膜振动、板振动和棒振动五种振动。

(1) 弦振动。弦振动主要有以下两个特点：① 一条两端系住的紧张的弦，在同样的张力下，弦越短，则振动越快(即频率越大)，即音越高，即弦长和频率(及高度)成反比。② 各种弦乐器——包括拉弦乐器、拨弦乐器和击弦乐器，其发音状态的共同点是：发音体的弦被冲击(弓拉或拨弹等)发音后，经共鸣体的琴筒或响板起共鸣作用，因而获得较大的音量，同时产生一定的音色。

(2) 气柱振动。气柱振动"气柱"(亦称"空气柱")，指所有管乐器——包括竹笛、长笛、唢呐、笙、单簧管、双簧管、小号和圆号等乐器的管内的空气，因为呈现柱形形状，故称气柱振动。

(3) 膜振动。膜振动的乐器所发出的声音几乎没有确定的高度，或高度模棱两可。定音鼓是膜振动的乐器，但是它可以发出确定的高度的音，是由于皮膜质量特殊，同时又有精密的装置使皮膜的紧张度发生变化，产生弹力，得出简单音高。

(4) 板振动和棒振动。板振动就材料方面看：有木板和金属板；就形状来看，有平面板(如，锣)、隆起板(如，钹)和弯曲板(如，钟)。

用棒振动作为发音体的乐器有：梆子、三角铁、木琴和音叉(测音工具)等。

2. 西洋乐器的识别

(1) 弦乐器。弦乐器又可分为拨弦乐器、弓弦乐器和击弦乐器。

A. 拨弦乐器

拨弦乐器弹奏的方式可分三类：

第一类，用手指弹弦发音。如：竖琴、吉他等。

第二类，右手戴假指甲弹弦发音。如：琵琶等。

第三类，用拨子弹弦发音。如：曼陀铃等。

拨弦乐器演奏颤音较不方便。它们的音色大多清脆、明亮，可以独奏或伴奏，在乐队中有独特的效果。

竖琴

竖琴由 47 条弦组成,每弦发一音以七声音阶排列。

吉他

吉他又名六弦琴,有西班牙式与夏威夷式两种,前者音量较大,后者音色柔和。吉他用高音谱表记谱,记谱比实际音高八度。

B. 弓弦乐器

弓弦乐器在管弦乐队中应用的为提琴系列:小提琴、中提琴、大提琴与低音提琴四种乐器,其音域范围包括高声部、中声部、低声部与低音贝司。我国的民族乐器中,二胡等胡琴系列都属弓弦(拉弦)乐器。

小提琴

空弦与把位:小提琴的四根弦由细至粗分为;第一弦——E 弦;第二弦——A 弦;第三弦——D 弦;第四弦——G 弦。每根空弦相邻的音程为纯五度。

中提琴

中提琴通常用中音谱号记谱,在反复演奏高音区时,可偶尔用高音谱号。

空弦与把位:四根弦从细至粗分别为:第一弦——A 弦,第二弦——D 弦,第三弦——G 弦,第四弦——C 弦,每根空弦相距音程为纯五度。

中提琴的音色很美,中、低音区尤佳,声音非常具有质感,特别适于演奏抒情性旋律。中提琴可独奏,但较少演奏技巧复杂的华彩乐段。在弦乐组中,中提琴主要担任内声部、复调及节奏性部分。

大提琴

大提琴主要用低音谱号记谱,在演奏高音区时,亦可用中音谱号或高音谱号记谱。空弦把位与中提琴相同,只是比中提琴低八度。

低音提琴

低音提琴按纯四度音程定弦。四根弦由细至粗分别为:第一弦——G 弦,第二弦——D 弦,第三弦——A 弦,第四弦——E 弦。

C. 击弦乐器

击弦乐器是通过敲击琴弦发声的乐器。比如:钢琴(见后介绍)、扬琴等。

(2)木管乐器。木管乐器因用乌木或硬木制造而得名。目前许多新式的长笛改用金属制作,但其发音原理仍同木管乐器,所以仍属木管类乐器。各种木管乐器的音色甚为丰富而优美。

木管乐器从发音方法上可以分为三类。

第一类,气流直接吹入吹孔使管柱振动发音。如:长笛、短笛等。

第二类,气流通过双簧吹入使管柱振动发音。如:双簧管、英国管、大管与低音大管等。

第三类,气流通过单簧吹入使管柱振动发音。如:单簧管、低音单簧管等。

主要乐器举例:

长笛

长笛的雅号是"抒情女高音",它是管弦乐队、吹奏乐队以及木管重奏中的重要组成部分,也经常担任独奏乐器,音色华丽而技巧灵活,可以演奏缓慢、宽广、抒情的旋律或技巧性较高的华彩乐段。

短笛

外形似长笛,发音管比长笛短、细。发音比长笛高一个八度。最高音 b3,很难吹出。

短笛是管弦乐队和吹奏乐队中的最高音吹奏乐器,音色响亮、清脆。适宜于演奏各种抒情的或华彩性的乐曲。在乐队中,短笛的中、高音区的音响穿透力很强。

双簧管

双簧管的音色柔美,中音区是音色最美的音区,适合演奏抒情乐曲,演奏活泼华彩乐段也有特色。高音区穿透力强。

此外它还是交响乐队里的调音基准乐器(乐队以双簧管的小字一组的 A 音定音)。

双簧管必须含管吹奏,双层簧片。

英国管

英国管实际上是中音双簧管,是 F 调乐器,发音比双簧管低五度。中音区音色很美,但往往给人以悲凉的感觉。

单簧管

单簧管又称"黑管",是一种音域宽广的簧片乐器。单簧管木制,以单簧片振动发音,是 bB 调乐器,用高音谱表记谱,记谱比实音高大二度。

大管

大管为木制,以双簧哨子发音,是 C 调乐器。大管一般用低音谱表记谱,为避免演奏高音区时上加线太多,也可用次中音谱表或高音谱表记谱。

大管在乐队中属于低声部,与长笛相反,吹越低音越费劲。除了作管弦乐队的木管低音部之外,也经常用于独奏。

萨克斯管

萨克斯的发音原理与单簧管相同,它的外形和铜管乐器非常相像,因为音管以金属制成,但发声原理与木管乐器是一样的,故属于木管乐器,它的音色介乎木管乐器与铜管乐器之间。

萨克斯有五种不同调高的乐器,它们是 bB 调高音萨克斯,bE 调中音萨克斯,bB 调次中音萨克斯,bE 调低音萨克斯和 bB 调低音萨克斯。

各种不同调的萨克斯都是八度超吹乐器,特点基本相同。一般情况下,萨克斯很少用于管弦乐队,而在吹奏乐队中萨克斯是常规乐器,它们的音色易与其他乐器相融合。萨克斯没有明显的音区差别,一般音域较窄。各种调性萨克斯所应避免的交错指法,多出现在低音区与中音区、中音区与高音区反复交替吹奏的时候。

萨克斯管的独特音色为现代音乐所推崇,广泛应用于现代爵士乐队中,偶尔也用于管弦乐队。

(3) 铜管乐器。铜管乐器是以唇代簧,气流通过号嘴使管柱振动而发音。其管柱均为圆锥体。音阶是由七个不同管长的管柱振动,所产生的七组不同音高的泛音列而构成。

铜管乐器(除大号以外),均可奏出三种不同的音色,常规音色、带弱音器音色和强奏时的金属音色。

主要乐器举例:

小号

小号是 bB 调乐器,用高音谱表记谱,记谱比实音高大二度。

它的音色具有号召性,使人振奋。无论独奏、重奏,都可以演奏号召性大、难度大的华彩,可以很好地与其他乐器融合。小号经常使用弱音器,硬弱音器声音沙哑,有金属味;软弱音器,音色软化,接近木管。小号是管弦乐队中常见的乐器,在爵士乐中也扮演非常重要的角色。

短号

它也是 bB 调乐器,音高同小号,发音管比小号短而粗。声音略比小号柔和,技巧同小号,不用弱音器。

圆号

亦称法国号,是 F 调乐器。

圆号在作为独奏或重奏乐器使用时,可演奏技巧较为复杂的华彩性乐段或抒情而宽广的乐段,声音浪漫、华丽,亦可演奏辉煌、雄壮的号角式乐句;在乐队中,它是木管乐器与弦乐器音色的桥梁。圆号在乐队中,往往也作为节奏乐器使用。

圆号是管弦乐队和吹奏乐队以及木管五重奏组的组成乐器之一。

在铜管乐器中,圆号的音量较弱,经常作为木管乐器与铜管乐器的中间音色乐器,在与其他铜管结合吹奏和声时,应注意音区的使用及音量的平衡。

长号

长号是管弦乐队和吹奏乐队的成员。

长号的音响强奏时洪亮、辉煌,弱奏时相当圆润柔和。在作为独奏或重奏乐器使用时,可以演奏号角性或抒情的音调,亦可演奏技巧较为复杂的乐段;长号的音色能同其他乐器的音色融合在一起。

长号的滑音很有特色,运用得当时,可为乐队音响增添色彩。长号的滑音可以作为特殊效果使用,如模仿飞机声、警报声等。

长号也是军乐队的重要乐器,同时还大量用于爵士乐队,被称为"爵士乐之王"。

大号

它是铜管乐队中的低音声部,bB调乐器,但演奏者一般习惯于用 C 调指法演奏,大号以低音谱表记谱,很少独奏,吹一个音时要提前,才有可能和其他乐器一起发音,是所有吹奏乐器中耗气量最大的。

(4) 打击乐器。打击乐器可分为固定音高和非固定音高两大类,或称有调打击乐器和无调打击乐器。前者用五线谱记谱,后者用一线记谱。

打击乐器所使用的击槌有硬、软之分。硬槌击奏声音亮而脆,软槌击奏声音暗而闷。

定音鼓

定音鼓圆形,上大下小,鼓面蒙以兽皮或塑料皮膜,有调音装置及踏板,可以用来调节鼓皮的松紧来敲击出鼓音的高低。每只鼓的实用音域一般不超过纯五度音程。

在乐队中,通常所用的定音鼓有两种:高音鼓和低音鼓。用低音谱表记谱。

小军鼓

小军鼓的鼓身以木料或金属制成,鼓底装有一组弹簧。

小军鼓是非固定音高乐器,用一线记谱。

演奏技巧:

小军鼓通常用两支硬木鼓槌击奏,可奏出三种不同的音色:

第一种,拉紧弹簧,使铁皮在震动时与弹簧相击,发音清脆,有紧张感。这是常规音色。

第二种,放松弹簧,使鼓皮自然震动,音色暗而闷。

第三种,在鼓面上蒙上一层棉织物,发音朦胧而略带沙沙声。

演奏小军鼓还可以使用两支外形如扫帚的钢丝槌击奏,发出一种特殊的音响效果,多用于舞曲节奏型的演奏。有些时候,也有用小军鼓作效果乐器使用,如:模仿枪声、炮声等。在乐曲需要时可以敲击鼓边,发出强烈的音响。

大鼓

大鼓亦称大军鼓,有木制和金属制两种,两面蒙以兽皮。大鼓是非固定音高乐器,用一线记谱。

大鼓是节奏性乐器,其低沉的音响,很容易与其他低音乐器音响相融合,起到加强乐队低音的作用。在乐曲高潮中,大鼓的击奏很能起到烘托气氛的作用。大鼓也可以作为效果乐器使用,可以模仿雷声、炮声等。

钹

钹,铜制,两片合为一套。钹是非固定音高乐器,用一线记谱。

钹有三种击奏法。

相击法:使用双片钹,互相撞击发音。

单击法:一手提单片钹,一手用定音鼓槌击奏。

滚奏法:把单片钹吊起,用一对定音鼓槌滚奏。

铃鼓

铃鼓,鼓框木制,一端蒙以小牛皮,鼓框中装有若干对小铜铃。铃鼓是非固定音高乐器,用一线记谱。

沙槌

沙槌,用密封的椰子壳制成,内装沙粒,两个一组。

三角铁

三角铁以钢条制成,是非固定音高乐器,有大、小两种。大的发音低而暗;小的发音高而稍尖。用一线记谱。

响板

响板是西班牙打击乐器,木制。传统的响板由一对贝壳形的木片组成,用细绳固定在手指上碰击发音。演奏响板需要有很高的技巧。

钟琴

钟琴(即铝片琴),有多种不同的结构。乐队中常用的,是一种把不同音高的金属片按十二平律平铺排列的乐器。用高音谱表记谱,发音比记谱高八度。

木琴

木琴,以红木条制成,按音高顺序平铺排列于架子上。木琴是十二平均律乐器,以高音谱表记谱。

(5) 键盘乐器。键盘乐器可分为三类:

第一类,按键后椎子敲击琴弦。如:钢琴。

第二类,按键后打开活塞使气流吹动簧片发音。如:手风琴、风琴。

第三类,按键后使电子振动发音。如:电子琴。

键盘乐器的音色变化丰富,技巧得以充分发挥,表现力很强,具戏剧性和抒情的效果。

钢琴

因其独特的音响,88 个琴键的全音域,历来受到作曲家的钟爱。在流行、摇滚、爵士以及古典等几乎所有的音乐形式中都扮演了重要角色,被誉为“乐器之王”。

管风琴

曾是纯粹的宗教乐器,在很多欧洲国家,每个普通村镇的教堂里都有管风琴。它是典型的独奏和声乐器,作为伴奏往往只用于宗教歌曲,在管弦乐队和交响乐队中则更少见。

手风琴

多用于独奏或为歌曲、舞蹈等伴奏,较少加入管弦或交响乐队;具有较强的民间风格,特别能体现东欧国家的民族特色。20 世纪的一些重要作曲家,如普罗科菲耶夫等曾专门为手风琴创作过乐曲。

(6) 电声乐器——几乎任何声音都可以通过电子手段加以分析后被制造出来。

电声乐器分成两大类:一类为电子乐器,即音频发声、音色形成、包络模仿、音频放大等全部系统均由电子元件来实现,如电风琴、电子音乐合成器、鼓机等;另一类为电扩声乐器,即将普通乐器与音频放大器结合在一起的乐器,如电吉他、电贝司、电扩音鼓等。

常用电声乐器举例:

电吉他——摇滚乐中最常见的乐器。

电吉他琴体上一般有两个旋钮,其中一个旋钮调整音量,另一个调整音色(增加高频或低频)。和普通吉他不同的是,电吉他的琴体已不起共鸣箱作用,因此,在没有电流和音箱的情况下,将无法使用电吉他。

电贝司

电贝司又称低音电吉他,外形与结构同电吉他相似,但只有四根弦。电贝司用低音谱表记谱,记谱比实音高八度。

鼓机

鼓机,又称电子程序鼓、节奏程序机,实际上是一部电子打击乐音响合成器。其发声原理与电子音乐合成器相同,可以模拟组合演绎各种打击乐器的音响。

(7) 人声——最自然、最具有表现力的发声工具。

女声:女高音(花腔女高音、抒情女高音、戏剧女高音),女中音,女低音。

男声:男高音(抒情男高音、戏剧男高音),男中音,男低音。

通常人声四声部是融合感最好的,这四声部由高至低,依次为:女高音(高声部)、女低音(中声部)、男高音(次中音部)、男低音(低声部),也称为混声四声部。

以下为主要乐器的频率特性对音色的影响。要增强或衰减音色的特色,我们需要掌握常用乐器的主要均衡频率点。在这里,我们将把乐器中明显影响音色的频率举例。

小提琴

200~400 Hz影响音色的丰满度;1~2 kHz是锯弦声频带;6~10 kHz影响音色的明亮度。

中提琴

15~300 Hz影响音色的力度;3~6 kHz影响音色表现力。

大提琴

100~250 Hz影响音色的丰满度;3 kHz影响音色明亮度。

低音提琴

50~150 Hz影响音色的丰满度;1~2 kHz影响音色的明亮度。

长笛

250 Hz~1 kHz影响音色的丰满度;3 kHz影响音色的明亮度。

黑管

150~600 Hz影响音色的丰满度;3 kHz影响音色的明亮度。

双簧管

300 Hz~1 kHz影响音色的丰满度;5~6 kHz影响音色的明亮度;1~5 kHz提升

使音色明亮华丽。

大管

100～200 Hz 音色丰满、深沉感强;2～5 kHz 影响音色的明亮度。

小号

150～250 Hz 影响音色的丰满度;5～7.5 kHz 是使明亮度清脆感的频带。

圆号

60～600 Hz 提升会使音色圆润和谐自然;强吹音色辉煌,1～2 kHz 音色特点明显增强。

长号

100～240 Hz 提升音色的丰满度;500 Hz～2 kHz 提升使音色深沉、厚实。

大号

30～200 Hz 提升音色的丰满度;100～500 Hz 提升使音色深沉、厚实。

钢琴

27.5 Hz～4.86 kHz 是音域频段。音色随频率变化可变得华彩清透。

竖琴

32.7～3 136 Hz 是音域频率。小力度拨弹音色柔和,大力度拨弹音色泛音丰满。

萨克斯管

600 Hz～2 kHz 影响明亮度,提升此频率可使音色华彩清透。

萨克斯管 bB

100～300 Hz 影响音色的淳厚感,提升此频率可使音色的始振特性更细腻,增强音色的表现力。

吉他

100～300 Hz 提升增加音色的丰满度;2～5 kHz 提升增强音色的表现力。

低音吉他

60～100 Hz 低音丰满;60 Hz～1 kHz 影响音色的力度;2.5 kHz 是拨弦声。

电吉他

240 Hz 是丰满度频率;2.5 kHz 是明亮度频率;3～4 kHz 拨弹乐器的性格表现得更充分。

电贝司

80～240 Hz 是丰满度频率;600 Hz～1 kHz 影响音色的力度;2.5 kHz 是拨弦声。

手鼓

60～100 Hz 低音丰满；60 Hz～1 kHz 影响音色的力度；2.5 kHz 是拨弦声。

小军鼓(响弦鼓)

240 Hz 影响饱满度；2 kHz 影响力度(响度)。

嗵嗵鼓

360 Hz 影响丰满度；8 kHz 为硬度频率，泛音可达 15 kHz。

低音鼓

60～100 Hz 为低音力度频率；2.5 kHz 是敲击声频率；8 kHz 是鼓皮泛音频率。

底鼓(大鼓)

60～150 Hz 是力度音频，影响音色的丰满度，5～6 kHz 是泛音频率。

钹

200 Hz 铿锵有力度；7.5～10 kHz 音色尖利。

镲

250 Hz 强劲，铿锵，锐利；7.5～10 kHz 音色尖利；1.2～15 kHz 镲边泛音。

歌声(女)

1.6～3.6 kHz 影响音色明亮度，提升此段频率可以使音色鲜明，通透。

歌声(男)

150～600 Hz 影响歌声力度，提升此段频率可以使歌声共鸣感强，增强力度。

语音

800 Hz 是"危险"频率，过于提升会使音色发"硬"或感觉呆板。

沙哑声

提升 64～260 Hz 会使音色得到改善。

女声带噪音

提升 64～315 Hz、衰减 1～4 kHz，可以消除女声带杂音(声带窄的音质)。

喉音重

衰减 600～800 Hz 会使音色得到改善。

鼻音重

衰减 60～260 Hz，提升 1～2.4 kHz 可以改善音色。

齿音重

6 kHz 过高会产生严重齿音。

5-2-2　乐器的指向性了解和拾音方法

对乐器指向性的了解对于怎样摆放话筒起到了关键的作用。下面我们参考一些有关对乐器指向性的资料,并在此基础之上对单个乐器的拾音做一个总结。

1. 弓弦乐器的指向性及拾音

弓弦乐器的声音主要是从面板、音孔和琴码向外辐射。由于共鸣板不同位置的振动振幅和相位不同,因此形成了指向性。一般每一个乐器都有自己的音色和指向性特点,不能用某一乐器的指向性来代表这类乐器的指向性。但是同类乐器的指向性有许多共同点,这些共同点形成了这类乐器的指向性特点。

小提琴

小提琴的基频范围在 196～3 136 Hz 之间。

对多个小提琴的指向性进行统计平均后,得到小提琴的主要声辐射方向:在垂直平面上,当频率低于 400 Hz 时,声辐射没有指向性;之后随着频率升高,小提琴的指向性变化较大,可以看出主要声辐射集中在上方,即 270°～0°～90° 的区域;当频率高于 2 500 Hz时,声辐射的范围进一步变窄,并聚集在 0° 左右的方向上。在水平面上,当频率低于 500 Hz 时,除了在 180°方向略有减弱外,声辐射基本上没有指向性;当频率升高时,声辐射开始向演奏者右侧聚集。

由于处在振动中的琴体大约为 32 cm 长、18 cm 宽,所以,在最低的几个八度(频率为 500 Hz 或以下),声波围绕琴成 360° 全方向发射,大于 500 Hz 的频率发射方向基本与上面板垂直,主要分布在 ±15° 之间,所以,我们在摆放话筒的时候应该将话筒主要放置在这个区域内,话筒与琴的距离一般在 1 m 以内,话筒膜片正对琴弦或是 F 音孔。

中提琴

中提琴的指向性和小提琴非常相似,只是在高频时呈现更强的指向性。从外形上看中提琴就是大一号的小提琴,演奏方式也和小提琴一样,只是琴的总长度从小提琴的 32 cm 变成 40 cm,四根弦都低于小提琴纯五度音程,它的指向性不强,所以在放置传声器的时候,传声器的摆放不像小提琴那么严格。

大提琴

通过声辐射方向统计结果可知,在垂直平面上,由于大提琴尺寸较大,在 200 Hz 以下,它的辐射都没有方向性;在频率为 200 Hz 时,前方的声辐射较为突出;在250 Hz

和 300 Hz 时,由于背板共振使向后的声辐射较强;在 350～500 Hz 的频率范围,声辐射主要聚集在前方围绕 0°轴的 ±40°范围内;在 800～1 250 Hz 的频率范围,声音主要辐射区域是 25°～75°(斜上方);在更高频时,声辐射不像小提琴或中提琴那样指向垂直于面板的方向,而是分为两个较窄的声束,分别指向 300°和 60°方向(斜下方和斜上方)。在水平面上,除了在 150 Hz 时左后方的声辐射较弱外,声辐射在 200 Hz 以下基本无指向性;在 250 Hz 时,声音主要向左侧和右侧辐射;在 300 Hz 时,声音指向右侧后方;当频率继续升高时,声音又开始逐渐向前方聚集;在 800 Hz～1 kHz 的频率范围,声音主要指向右侧后方;当频率达到 2 kHz 以上时,声辐射主要聚集在垂直于面板的正前方。

由于大提琴和倍大提琴在演奏方式上和小提琴、中提琴不同,是采用乐器底端架支架进行演奏,所以乐器传导到地面的振动声波和来自地面的反射影响到我们传声器的摆位,尤其是在地面反射系数比较大的情况下,比如水泥地或是地板,容易对我们的拾音造成干涉,这在我们摆放话筒时需注意,有时候可以改变地面的材质来达到一定的效果。

大提琴通常用大膜片的电容话筒进行拾音,一般将话筒放在距离乐器 1.5～2.5 m 的地方,指向演员右侧一边的 F 孔,根据对不同音色的需要,可作不同的调整。

倍大提琴

倍大提琴由于尺寸很大,在频率为 60 Hz 时就表现出指向性。由倍大提琴水平面的主要声辐射方向的统计结果可知,当频率为 60 Hz 和 160 Hz 时,声辐射主要覆盖前方半圆的范围;在频率为 100 Hz 时,声辐射较为均匀,与方向无关;在 200～250 Hz 的频率范围,声辐射分裂为两束,分别指向左前方和右后方;当频率为 300～400 Hz 时,声辐射又集中到右前方的方向上;在 500～700 Hz 时,声辐射仍然集中在右前方,但辐射范围较宽;在 600～800 Hz 的频率范围,声音辐射又分束成左前和右后两个方向,当频率高于 1 kHz 时,声辐射主要指向前方 290°～70°之间的角度范围内。

在对倍大提琴的拾音中,通常需要注意:① 尽量使用频响特性较宽的传声器;② 尽量能够避免来自乐器四周的反射,防止梳状滤波效应造成乐器音质发软;③ 传声器放置的最佳位置为 F 孔向上几厘米的位置,话筒与乐器之间的距离为 10～20 cm,有时还要放置补充话筒。但是具体放置的距离还要根据音乐类型和声学环境来定,古典音乐中,通常距离远一些,而爵士乐等一些民族音乐中使用倍大提琴通常使用拨弦的方式,所以话筒放置的位置通常要近一些。

2. 木管乐器的指向性

长笛

现在的长笛多由金属制成,长约 66 cm,属于开放式管乐器,谐波信号频率呈奇偶倍数增长。长笛的声音主要是从吹口和离吹口最近的开音孔(包括开口端)向外辐射的,因此在频率较低时,其声辐射可等效为两个弧度相等、相位相同或相反的点声源。对于基频和三次谐波,演奏者前方声辐射较强,而对于二次和四次谐波,演奏者前方的声辐射较弱,各次谐波在长笛轴向的声辐射都很弱,只有在频率极高的情况下(如8 kHz),这种辐射特性不复存在,这时声音主要从长笛的开口端向外辐射;当频率高于1 kHz时,演奏者身体特别是头部对声辐射起到遮蔽作用,使后方和左侧的横辐射明显减弱。因此,在较宽的频率范围内,长笛的声辐射集中在前方,而右侧正对笛口方向的声辐射很弱,只存在一些强奏时产生的高次谐波成分。长笛的声辐射基本上可以认为是轴对称的,所以垂直平面的指向性可以参考水平面的指向性,只是要考虑到头部对指向后方和后上方声波的遮蔽作用就行了。

对长笛的声音进行拾取时,经常是将话筒放在长笛正前方,正对吹孔,有时候需要在笛尾再放一支话筒收 3 000 Hz 以上的声音,话筒与长笛的距离需根据所录制音乐的类型来定。一般来说,录制流行音乐时的长笛放置距离稍近,大概在 0.3～0.5 m 之间;如果是古典音乐或者独奏,话筒与长笛之间的距离稍远,一般为 1～2.5 m;有时候既想拾取到近距离声音的效果,又想要避免过多拾取演员的气流声,我们可以将话筒摆放在高于演奏员头部 5～15 cm 的距离,话筒膜片正对吹孔,注意让气流声在话筒的膜片下方通过。

单簧管

单簧管的吹口端是封闭的,属于闭管式空气柱振动乐器,因此它的声辐射与长笛不同。单簧管所使用的木料通常为黑檀木,具有坚硬,表面呈黑色,簧片通常由藤或芦苇制成,常用的单簧管为降 B 调单簧管及 A 大调单簧管。降 B 调单簧最低音可达到147 Hz,A 大调单簧管最低音可达到 139 Hz。最为普遍的降 B 大调单簧管的长度一般为 60 cm。

关于单簧管的频率辐射方向,目前主要采用物理学家 Benade 在 1985 年研究的单簧管在三个不同频率范围内的辐射方向理论,即在 1 500 Hz 以下,单簧管的辐射频率呈全方位发射,在 1 500 Hz 到 3 500 Hz 之间;声波主要从乐器两侧发出,而高于3 500 Hz 的频率则主要来自喇叭口。

根据上面的结论我们可以得出,如果将话筒直接对准单簧管的管口时,所得到的音色将是比较尖锐的,这在实际录音中很多录音师有过体验。所以,在实际工作中,话筒的摆放位置必须符合单簧管的频率辐射特性。由于单簧管在演奏时表现为喇叭口指向地面,因此反射声波同时也构成该类乐器音色的重要组成部分。

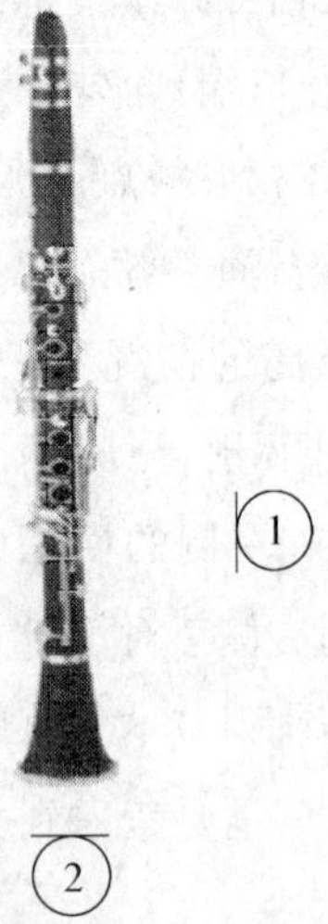

在录音时,录音师对地面质地的选择需要很慎重,如果地面反射不理想,需在地面添加声波反射板以取得理想的效果,地面的材料不同录制出的效果相差很远。所以通常在录单簧管时,经常反复挑选地面材料,以尽可能的拾取到比较理想的效果。

在拾音方面,话筒应摆放在距离乐器 15~30 cm 的地方,并指向较低的指孔区。

图 5-1 为目前两种单簧的主要拾音方式。

其中位置 1 可获得绝大多数的乐器辐射频率以及较为均衡的声强表现。有些时候,比如同期多轨录音的情况下,需要防止串音,话筒可设置在管口的正前方,注意调整角度,如位置 2。

图 5-1 单簧管的拾音方式

双簧管

双簧管的吹口端是封闭的,它的声音主要从音孔和喇叭口向外辐射,由于不同音符演奏指法不同,所以不同音符具有不同的指向性及其频率特性,但是它们的指向性又有很大的相似处,因此可以用平均指向性来表示双簧管的特性。由双簧管的主要声辐射区域随频率变化的特性可得出,当频率低于 500 Hz 时,双簧管的声辐射没有指向性;当频率大于约 800 Hz 时,轴向的指向性开始减弱,声辐射向两侧大约±60°方向聚集,同时在背面两侧也出现较强的声辐射区域;当频率继续升高时,声辐射又开始向轴向聚集,并在大约 5 kHz 时在轴向形成主声束。此外,双簧管的声辐射会受到演奏者身体遮蔽的影响,使后方和侧后方的高频声辐射较弱。

演奏双簧管时,空气柱在它腔体内振动产生的声能主要通过体侧发散,而不是在管口,所以,在拾音时,根据节目类型的不同,话筒一般放置在高于演奏者的头部指向双簧管的中后段,靠近吹嘴的地方,距离 50~250 cm。

大管

大管的指向性和双簧管的指向性很相似,只是因为大管的尺寸较大,使特征频率向低频方向偏移。由大管主要声辐射区域随频率变化的特性可知,大管呈现无指向性的上限频率降低到约 250 Hz;当频率大于 250 Hz 时,开始在主轴两侧形成主要声辐射区域,并随着频率升高快速向主轴方向靠拢;当频率达到 500 Hz 时,指向性向主轴靠拢的速度减慢;当频率达到约 2 500 Hz 时,在主轴方向形成主要声辐射区域。

在木管乐器中,大管是音区最低、体积最大的乐器,长度大约为 245 cm,标准大管的最低频率在 60 Hz,低音大管为 30 Hz。在录制大管时,要注意,应该使用指向性比较宽的大膜片的电容传声器,以取得整体乐器声的辐射特性;还要注意,如果声场环境比较好,我们可以保持一定距离拾音,如果室内声场不是很理想的话,我们应该尽可能地使用近距离拾音,以避免房间共振以及由于低频波长引起的驻波所加强的音乐中的个别音符;应尽量指向乐器按键中间的部位。

萨克斯

萨克斯由于被设计成一个全封闭的管子,几乎全部声能都是从管口发出,所以,我们将萨克斯放在这里谈它的拾音情况。萨克斯的设计形状与大小变化很大,比如降 B 调 Tenor Sax 基频在 B2～F5,代表频率范围在 177～725 Hz 之间,Alto Sax 的基频在 C3～G5,代表频率范围在 140 Hz 到 784 Hz 之间。所以,在实际工作中我们可以通过尽量使用高质量的电容话筒来录制萨克斯。在录音时,可将传声器放置于从乐器管口往上 5～20 cm,距离 0.5 m 左右的地方(见图5－2位置 1);另外,如图位置 2,对准乐器管口的外边缘,可

图 5－2 萨克斯的拾音方式

以得到的较为干净的声音。在录萨克斯的时候,摆放话筒时还需注意萨克斯的按键的噪声,调整位置反复试听直到满意为止。

3. 铜管乐器的指向性和拾音方法

由于铜管乐器的声音主要是从喇叭口向外辐射的,因此其指向性相对较为简单,除圆号以外,一般都是轴对称形式。铜管乐器的指向性主要是由喇叭口的形状、尺寸以及与喇叭口相连部分管子的形状决定的。当形状、尺寸确定以后,指向性随频率而变化,频率越高,指向性越强。这是声源指向性随频率变化的一种规律。

小号

当频率低于 500 Hz 时,小号的声辐射没有指向性,即声音向各方向均匀辐射;当

频率升高时,逐步形成声辐射的指向性,表现为在主轴方向声辐射最强,形成声辐射主瓣,在偏离主轴方向形成指向性的副瓣;当频率高于 2 kHz 时,声辐射的能量主要集中在主轴方向的一个较窄范围内,同时指向性副瓣的数目增多,但强度越来越弱。当频率大于 4 kHz 时,小号的声辐射角度范围大约稳定在 30°左右。

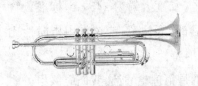

图 5-3　小号的拾音方式

由上所述,我们不难发现,小号的频率发射方向是随着频率的变化而变化,所演奏的信号频率越高,声辐射角度就越窄。小号的基频范围在 165～1 175 Hz,泛音可达到 15 kHz;而小号在演奏时,最高声压级可达到 155 dB。所以,录音师在实际工作中应尽量避免将麦克风直接对准喇叭口,应当稍作偏离,同时使用在话筒上的 10～20 dB 衰减开关,外加防风罩以防止膜片受损或麦克风产生过载失真。

在录制小号时,话筒的使用及选择对于小号音色及谐波的充分展示有很大的影响。录音师可以根据自己对音乐的把握选择不同类型的话筒,不同的话筒选择得到的音色有较大不同。如果选用电容话筒,能真实准确地抓住乐器的瞬态反应;也可以选择动圈话筒,这样我们可以感受到的乐器音色的硬度降低;有的录音师为了得到更加柔和的高频声音,可以选用铝带话筒,但需要注意铝带话筒较容易产生近讲效应。还需注意的是,由于小号的瞬态变化很大,所以在录音时,还要注意及时监控 VU 表和PPM 表避免突然的强音带来的过荷失真。

长号

长号的基频在 82～520 Hz,上限可以到 5 kHz,用力吹可以达到 10 kHz。它的指向性和小号很相似,只是因为尺寸和喇叭口较大而使特征频率向低频方向偏移。长号的主瓣宽度随频率变化的特性:当频率小于 400 Hz 时,长号的声辐射无指向性,频率发散比较稳定;当频率高于 400 Hz 时,长号开始逐步呈现出指向性;当频率达到 2～5 kHz 时,辐射角度范围约为 45°;7 kHz 以上或频率更高时,声辐射能量集中在喇叭口的主轴方向上。它的共振峰在 480～600 Hz 与 1 200 Hz,应避开这两个频段。

为长号拾音时,话筒应稍稍偏离号口并对准号口的边缘,选择大膜片的电容话筒,并注意需防止其过载失真。

大号

大号的声辐射主瓣宽度随频率变化的特征:由于大号的尺寸较大,使其在频率高于约 75 Hz 时就开始呈现指向性,当频率达到 100 Hz 时,大号的声辐射角度范围(−3 dB)约为 180°;当频率达到 300～400 Hz 时,声辐射角度范围保持在约 90°;当频率高于约 1 100 Hz 时,声辐射集中在围绕主轴方向的 30°范围内。当大号喇叭口朝上时,高频声辐射集中在上方,演奏时舞台顶棚需设置倾斜反射板,将高频声能向观众席反射。

圆号

圆号的指向性较其他铜管乐器复杂,因为演奏者在演奏圆号时经常将右手放在喇叭口内作为弱音器,会影响声音的辐射,同时,由于演奏时号口与身体靠得很近,身体会对声辐射产生衍射作用,而且演奏时号口的轴向往往是倾斜的,与演奏者身体的相对位置不对称。因此,在考虑圆号的指向性时,往往把演奏者和乐器作为一个统一的整体来考虑。

由于上述原因,圆号的指向性不像其他铜管乐器一样呈现轴对称形式。我们需要考虑水平面上的指向性、演奏者正前方的垂直平面、通过演奏者正侧向的垂直平面和通过喇叭口主轴方向的垂直平面的指向性。垂直平面上的 0°方向表示水平方向,其他方向则用相对水平方向的仰角来表示,90°代表正上方。在水平面上,当频率低于 100 Hz 时不呈现指向性,随着频率升高,演奏者左侧的声压级开始下降,当频率升高到 1 000 Hz 以上时,声辐射范围明显变窄,大约在右侧的 80°～130°范围,当频率继续升高时,声辐射方向集中在大约 140°的方向上;在穿过左侧和右侧的垂直平面上,同样地当频率低于 100 Hz 时声辐射没有指向性,随着频率升高声辐射逐渐向右侧集中,并在较高频率时保持在 0°～15°的范围;在穿过正前方和正后方的垂直平面上,当频率低于约 300 Hz 时不呈现指向性,之后随着频率升高,声辐射很快聚集到后方的一个较窄区域内。圆号的高频声辐射主要聚集在左侧后方,同时相当一部分高频能量向上方辐射。

因此,音乐厅演奏台上要设置反射板或音乐罩,将向后方、上方和侧向辐射的高频声反射到观众席,这样乐器的音乐表现力才能充分展现出来。

对于圆号的拾音,话筒一般放在后面喇叭口较好,放在前面会有按键声。

钢琴

钢琴的声音主要由位于底部的共鸣板向外辐射,琴弦也向外辐射高频声。声音经过琴盖和地面时产生反射,这些反射声和直达声在空间叠加产生干涉,形成了钢琴的指向性。由于钢琴的指向性和共鸣板的振动状态有很大关系,而共鸣板的振动状态不仅与频率有关,而且与激振位置有关,因此钢琴在不同音域有不同的指向性。

钢琴具有非常宽的频率范围,最低音只有 27.5 Hz,最高音的基频约为 4 100 Hz,谐波频率可以达到 10 kHz 左右,并且低于其所在基频信号 20 dB,所以,钢琴被认为是最难录的乐器之一。

我们这里不对钢琴的辐射及声学特性作更深的复杂的分析,有关它的拾音方式,根据音乐类型风格的不同,钢琴的拾音方式也很多,需要注意的是,在摆放话筒的时候,要选择适当类型的话筒,反复摆放对比试听,以得到相对满意的音色。我们通常会选用心形或全指向性的话筒进行拾音,钢琴琴板打开,即使是近距离拾音,话筒距离钢琴的距离最少也要保证 40 cm 以上。立式钢琴和三角钢琴话筒的摆放有所不同,但其高度一般在 2m 以上;录制钢琴对声场的要求比较高,在使用 AB 制或 XY 制拾音时需注意话筒与琴体的距离,通常可以在 2~4 m 的距离,因为需要考虑到在古典音乐录音中需要的自然混响的作用,有时候录音师在可以借助辅助话筒对钢琴拾音,调整各话筒的电平比例,达到更自然的效果。

在流行音乐的录音中,我们通常采用近距离拾音以便提高乐器音色的清晰度,而且在录音中可以做到有效地避免串音的产生。但这里的问题是,近距离拾音将会导致很多的声波信号偏离话筒的轴上范围(0°轴范围)从而导致声染色的现象产生,所以在近距离拾音时,全指向话筒应该是较为理想的选择。如果为了避免串音而不得不使用心形指向的话,应尽量选择轴外响应较为平滑的话筒以减少轴外声染色的发生,因为任何由话筒极坐标特性所引发的染色都很难通过调音台上的参数均衡进行处理。另外,虽然我们采用近距离拾音的方式,但话筒和钢琴之间的距离不能太近,因为乐器共鸣腔的大小以及琴弦的分布状况将导致我们过分强调钢琴某一特定部分的音色,所以在近距离的拾音过程中,无论采用何种方式,话筒和钢琴至少应保持 30 cm 以上的距离。

架子鼓

1. 底鼓

由于底鼓的声学特性在于低频成分多,输出声压级大,所以,在对其进行拾取的时候通常要求使用大膜片动圈麦克风,使用专用的拾取套鼓中的大鼓的话筒。比如说 Shure 专用的大鼓话筒 Beta56、EV 公司的 RE20,AKG 的 D12E 或 D112 等等。如图 5-4 底鼓的拾音可以有这样几个位置。

如果想要得到较重的槌音,突出底鼓在较高频率上的音色,我们可以将话筒放置于大鼓的侧面鼓槌敲击点的位置,如图5-4所示。

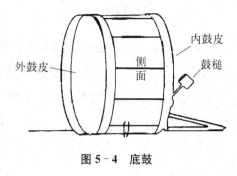

图5-4　底鼓

话筒偏离鼓槌敲击点,如果想要得到更多的鼓膜振动的声音使声音听起来厚重、饱满,可以将话筒放置于鼓的侧面鼓槌点的下方一点位置。

在实际工作中,很多录音师将鼓皮开洞,把话筒伸进鼓皮,用单只话筒可以同时兼顾鼓内和外鼓皮的振动。为了能够取得比较结实的音色,有时还会将外鼓皮摘掉并在鼓内加入棉被等物品,有时鼓手需配合录音师调整鼓皮的松紧,为能拾取到录音师需要的音色。将话筒设置于鼓内前后鼓皮之间可拾取到更多温暖、饱满的声音。

如果条件允许,目前也有很多录音师采用两只话筒对底鼓进行拾取,具体的拾音方式需要录音师在前期摆放话筒时反复听辨来对两只话筒信号的相位进行调整。

2. 军鼓

图5-5为小军鼓,在为小军鼓拾音时要通常使用比较结实的心形动圈话筒,如Shure SM57是常用的话筒。将话筒放置于鼓边位置,话筒指向鼓面中心位置,拾取到比较清脆的敲击声和鼓边泛音。如果是爵士鼓,有些时候除了在上鼓面放置话筒以外,在下鼓面也应同时架一只话筒,拾取弹簧振动的感觉,对上鼓面的声音进行补偿。

图5-5　小军鼓

图5-6　嗵嗵鼓

3. 嗵嗵鼓

如上图5-6,嗵嗵鼓的拾取方式可以采用单独拾取,即在每个嗵嗵鼓上架设点话筒,话筒放置于鼓皮上方,也可用一个话筒同时拾取两个嗵嗵鼓,话筒放置于两只鼓的连接处,但一只话筒同时拾取两个嗵嗵鼓,录音师无法对两个嗵嗵鼓的声像及各自音色分别进行较为有效的控制。在对嗵嗵鼓进行拾音时,为了突出其丰满度,我们常选用大膜片动圈话筒,或者直接使用套鼓中的专门录制嗵嗵鼓的话筒。

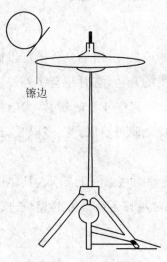

镲边

图5-7 立镲的拾音方式

有时为了提高声音的饱满度,可将嗵嗵鼓的下鼓面拆除,将话筒置于鼓内进行录制。但这种方式虽然会使音色缺乏打击感,但由于该种拾音方式可以有效避免串音的形成,所以常被用于现场扩声的技术中。

立镲和吊镲

如图5-7,在对立镲进行拾取时,比较理想的方式是将话筒从上向下指向立镲的外侧,这是因为立镲一张一合的运动将产生一定的气流输出,这种自上而下的方法可以尽量避免将话筒直接指向立镲的边缘,可以有效避免气流对于麦克风膜片的冲击,又可以避免拾取到过多鼓槌的敲击声,从而产生明亮、自然的音色和镲边泛音。

吊镲的拾音方式多种多样,其具体的方式主要根据不同的音乐类型而定。摇滚乐通常用单独点话筒技术对每个镲片指向外侧镲边距离0.5~1 m进行单独拾取;而爵士乐通常用一对话筒,利用立体声拾音技术如XY制来拾取整体鼓的音色等等。

架子鼓由于是一套组合乐器,各个组成部分的响度都较高,而且距离很近,所以在实际对套鼓的录音中,传声器的整体摆位是非常有技巧的,难度也是非常高的,所以能拾取出理想的声音并进行后期处理是很不容易的。在国外,有专门的只为录鼓的录音棚,他们对话筒的选择、摆位的要求都更加精确,甚至有专门的录音型鼓手,因为他更懂得怎样用力可以配合录音师录出更理想的效果。在录音棚中,声音的准确度、力度、要求鼓手基本功扎实,和表演的时候大为不同,总之,在话筒充分的条件下,最好底鼓一只在大鼓内、军鼓上方和底部各一只、在每一个嗵嗵鼓上方一只、头顶一对立体声话筒以及房间话筒立体声或单声道处理,如图 5 - 8;在话筒不是很够用的条件下,也要满足底鼓一只、军鼓一只以及头顶话筒一对;或者更少的话筒,应该安排给底鼓一只和头顶一对立体声对整体拾音。

图 5 - 8   套鼓录音的整体摆位

第六章

双声道立体声拾音技术

内容重点

在本章,需要掌握有关双声道录音的拾音方法,了解其拾音的原理以及常见的应用和使用的优缺点,学会针对不同的节目形式做不同的声音拾取方案。

主要内容:人工头立体声拾音技术原理、人工头拾音技术的优缺点;AB制拾音方法及其优劣、适用案例;XY制拾音技术又可称为强度差或声级差立体声,XY制采用上下重叠在一起的、两个特性一致的传声器,同轴放置在一个点上,介绍其使用形式及特点和应用情况;MS制也是强度差型立体声,它所使用的传声器与XY制相同,MS制两支传声器的方向性与XY制不同,讲述其拾音特点及注意事项;OSS制立体声拾音技术;无空间的全景电位器拾音技术等。

6-1 双声道立体声录音原理

立体声是一种具有方位感、空间感的声音信息,人们在日常生活过程中经常听见的周围空间的各种自然声,其实都是立体声,因此它们具有方位感和空间感。所谓方位感信息是有左右、前后、上下的不同方位变化的感觉信息,而空间感信息除应具有声音强弱变化之外,同时还应使从各方位信息声中含有适量近次反射声、延时声和混响声,从而产生具有空间变化的感觉。双声道立体声技术就是力图保持声源的空间特性进行记录和重放的技术。由于双声道立体声的局限性,不可能完全再现原声场,但是,随着这种录音技术和相关录还音设备的不断发展和完善,它所能记录到的立体声空间感、方位感信息,制作出的具有立体声录音音响艺术效果的节目已能适应当前人们的听音习惯和听觉审美要求。双声道立体声是根据人的双耳特性,人对声音方位感判别的基础上研究和开发出的。

人的头部是一个直径约 20 cm 的球体,因此,两耳之间的距离为 20 cm 左右,声波入射到两耳就会产生强度差、时间差、相位差及音色差等。由于声波频率的不同及人的头部对声波入射的遮挡、掩蔽作用,人的双耳效应的拾音定位机理可概括为下面四点:① 高频声定位靠强度差;② 低频声定位靠相位差;③ 中频声定位准确度较差,例如,人们对 3 000 Hz 左右的信号难以定位,如 BP 机声;④ 复合波即实际自然声信息和噪声则以强度、传入人耳的时间和音色三者的组合来定位。关于强度差,当声音经过头部时,对于面向、背向声源的耳朵而言,情况是不同的,对于后者头部起遮蔽作用,声源离正前方距离越远,则遮蔽作用越大。双耳间的强度差与频率有很大关系,在低频时,由于波长大于人头的直径,具有绕射作用,双耳收到的声源信号强度与位置无关,而在高频时,两耳间的强度差变大。

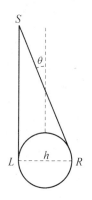

图 6-1 听觉时间差

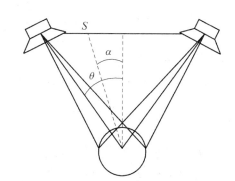

图 6-2 双声道立体声

关于时间差:
$$\Delta t = \frac{h}{c}\sin\theta$$

其中:h 为人头直径,c 为声速,θ 为声波入射角。

我们可以参考图 6-1、图 6-2,由声源到达两耳的直达声,由于两耳间有 20 cm

左右的间距,而存在着路程差,这就使其中一只耳朵先听见声音,任何一个不在中间面上的声源都是这样,两耳的间距是产生听觉时间差的根本原因。关于相位差,对于时间差来说,它本来与频率无关,只是反映了声音到达的先后,但是时间差与相位差是密切相关的。低频声波波长长,20 Hz 信号的波长是 17 m,200 Hz 信号的波长是 1.7 m,这样,当声波入射到两耳,由时间差而产生相位差;而高频声波波长短,如 10 kHz 时是 3.4 cm,20 kHz 时是 1.7 cm,因而时间差会造成很大的相位差,甚至超过 360°,即一个波长,这种相位差作为表达声音方位信息已无任何价值,因为无法分辨相位是超前还是置后,所以相位差定位只对低频声有用。关于音色差,由于强度差与频率有很大关系,音乐信号不是一个正弦形的纯音信号而是一个复合波,它包含着高次泛音的信号,所以对某个乐音,它的基音很可能由于频率过高而产生绕射,而高次泛音由于频率很高而被遮蔽,因而到达头部另一边耳朵的声音已不是原来的音色,这样,在两耳听闻之间便产生了音色差。双声道立体声系统正是利用了人的双耳对声音方位判定的这种机理,以两个通道记录与再现原始声场的录放音方法。立体声的录音模拟了原始声场的特点,通过左右通路不同强度与延时,有效地使双耳的听觉产生预定的强度差或时间差,实现了空间定位,从而产生方位感。声像是用两个或两个以上的电声换能系统进行立体声放音时听者对声源位置的印象,立体声声像大多数不在扬声器发声的位置,因此称为幻象声源。双声道立体声的声像定位规律可以用公式得到

$$\sin\alpha = \frac{L-R}{L+R}\sin\theta$$

其中:θ 为听闻角,α 为声源入射角。

当在低频时,计算较为准确,高频时,有一定误差,此公式是双通道声差的立体声正弦定律。

定律表明:

(1) 立体声信号必须是两个相关的同相信号;

(2) 幻象声源的变化是正弦关系的变化;

(3) 改变馈送的两扬声器和差商值,可改变幻象声源的方位角。

如果听者与两个扬声器的距离相等,这两个扬声器传输同一个信号,这时从两个扬声器到达听者左右耳的信号是一样的,即强度差为 0,听者会感到声场出现在两个扬声器连线的中点上,即声场在中央。如果在被辐射的信号间改变一个信号的强度或引进一个时间差,那么声像的位置就会改变,如果加大强度差,声像将朝着声音响的那

个方向的那个扬声器移动,如果大于 15 dB,就会感到完全来自较响的声源;如果强度差＝0,且改变时间差,则会感到声像朝着声音信号先响的地方移动。对声像的移动,强度差与时间差可起同样作用,它们之间的换算关系是 5 dB 的强度差相当于 1 ms 的时间差。如果两个扬声器的辐射是许多声级差(强度差)和时间差不同的相关信号,就会在听者前方出现声像群,立体声放音正是以声像群的形式力图重现原发声场。例如:音乐厅、剧场、录音棚等的实际声源的空间分布,从而使听者产生一种在声源前聆听的感觉。双声道立体声系统在拾音及录音过程中,在两声道信号里存储了适当的强度差、时间差、相位差和音色差的信号,从而在双扬声器重放过程中,取得高保真度的立体效果。双声道立体声系统因其放声设备较简单,成本低,容易被广大用户接受,因此流行广泛。双声道立体声节目的重放包括录制过程中的监听都要求听者在重放扬声器的正前方,听者到两只扬声器的距离形成的等腰三角形的定点的位置,尤其听者与扬声器间的夹角为 60°,左右扬声器与听者之间形成等边三角形的位置为最佳。如果向左或向右偏离这个位置,将得不到正确的声像方位感和音响平衡感,正是由于双声道立体声系统有其自己的规律,才能使重放声像出现在希望出现的方向上。根据这个原理,自从提出立体声原理以来,便出现了各种双声道立体声拾音制式和技术。

6－2 双声道立体声拾音技术

6－2－1 人工头立体声拾音技术原理及应用

人工头又叫假人头或仿真头,它是用木料或塑料制成,直径大约是 17～19 cm,制造厂家在制作这种人工头时,很注意对头型、耳廓、耳道等结构作准确的模拟。它的中间部分是隔开的,并在耳道内加一些声阻材料和结构,以遏制有害的声反射,在它的耳道末端耳膜处,分别装有两支无指向性、体积很小的电容传声器,将两者的输出分别作为立体声的左右声道信号,输入录音系统,如图 6－3。这种系统放音时要用高保真耳机收听,目前,用扬声器收听效果不佳,主要是由于经扬声器重放,将引入声道间有害的串音,而耳机能够确保每一声道只在一只耳朵重放。

图 6－3 人工头立体声拾音

人工头内两支传声器拾取信号间,既有强度差、时间差、相位差,又有音色差,应该和人们到乐队前听音所得到的方向信息基本一样。人工头实际上是仿声学在电声技术领域的一种应用,这种做法事实上等于把听音人转移到声源前面去听音了。采用人工头拾音方法录音,只能用一个人工头,不能使用辅助传声器,而人工头每个都是有名字的,不能通用。如果整个录放音系统是高保真的,室内声学条件较好,声源本身是平衡的,重放声像会非常清晰,各个位置的声像分割得十分清楚,给听音人很生动的临场感和真实感,深度感、透明感也很好,因此,人工头适合录大型的古典音乐,但它不适宜结合现代多声道录音技术工艺录流行音乐节目。人工头录音时放置的位置一般在乐队指挥的身后上方,为了左右声道更明确,有时在人工头前再放置一小块障板。由于聆听时需用耳机,虽然立体声效果很好,但有很大的不方便,所以目前应用人工头录音系统很少,有些国家目前正研究如何用双扬声器系统重放也能获得良好的效果。

人工头拾音技术的优缺点归纳如下:

优点:直接录制双声道立体声节目,技术设备简单,携带方便,录制信息是多方位多层次的,功耗很小,用经济的方式达到高质量的声音效果,听音区不受到严格限制,可以同时很多人听,对别人无干扰。

缺点:① 缺少头前方位感,得不到前方声音效果,声音都是头中的,永远出不来正前方的声音;② 由头中定位效应引起方向逆转,前侧面的声音听来感觉声音在后边,由仰角效应引起声音被夸张的提高现象,头部中间的一点偏移马上感觉声音离得很远;③ 只能用一个人工头,不能使用辅助传声器,当室内声学有缺陷,乐队布置得不好,以及本身的平衡性不佳等,都将在录音时被拾取;④ 重放必须用耳机不能与扬声器兼容,人工头录音耳机重放声源方位角±30°时,扬声器重放±20°,声源方位角±90°时,扬声器重放为±30°;⑤ 当听人工头立体声节目时,只能一个人欣赏,不能与他人进行交流,从微观上讲,不仅是耳朵,人的躯体也接受声音的辐射,在听人工头立体声时,仅是耳朵接受声音,因而听者感觉不习惯,人耳习惯于空气传输的声音,用耳机听会违背人耳听觉规律;⑥ 人头转动时,声音不随着变化,是僵死不动的使人不习惯;⑦ 人工头立体声录音高频部分跌落比较厉害,使声音发闷并有声染色。人工头录音技术是真正的立体声空间的录音过程,但是由于以上的一些明显的缺点而不能得到广泛的应用和实施。

6-2-2 AB 制拾音方法的优劣及适用案例

与室内空间有关的立体声的要求是室内声源条件比较好,重放在室内。

AB 制立体声拾音技术（A 是左声道，B 是右声道），见图 6-4。

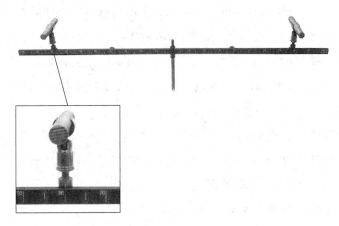

图 6-4　AB 制立体声拾音

AB 制主要以时间差为主要录音原理，因此可称作时间差或相位差立体声。AB 制立体声拾音技术是将两个性能完全相同的传声器，将它们布置成相距十几厘米至几米，使得传声器能拾取到反映临场感的各种信息，主要是时间差，还有强度差和音色差等。因传声器拉开的距离不等，又常常分为大 AB 制与小 AB 制，大 AB 制传声器间距为 1～3 m 左右，甚至更宽一些，小 AB 制传声器间距为 10～40 cm 左右。另外还有一些由 AB 制变化来的小 AB 制，比如法国采用的 ORTF 录音方式，采用两支心形指向性传声器，间距 17 cm，传声器主轴夹角 110°，构成了有一定角度关系的 AB 制拾音方式见图 6-5。

　　AB 制两支传声器间距的大小决定了时间差的强弱程度。大 AB 制基本上为时间差，小 AB 制不仅是时间差，还包括强度差。两支传声器的间距越小，时间差越弱，强度差越强，当间距很小时（例如 1.2 cm）时间差就可忽略不计，而这时声强差就变为主要的了，这时传声器的性质已经改变，已不是 AB 制，

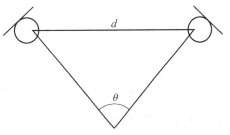

图 6-5　传声器间距与主轴夹角

而是 XY 制了。AB 制拾音技术的优点是：它对传声器的要求简单，直接录制出的双声道立体声节目温暖感好，在不理想的声学条件录音时，通过调整传声器的指向性、间距、夹角及与声源的距离等，可以提供给录音师以较大的灵活性。AB 制拾音技术的缺点是：声像容易偏离中心，即中心声像定位不稳，只要声源方向较偏离中心，声像方

向就会较大地偏离,而且随着两个拾声传声器间距的增大,这种声像偏离中心的现象越严重,因此,若希望声像的方向角与实际声源方向角能有较自然的对应,特别是中心部位的声像能较稳定,两个传声器的间距不可过大,一般取 17～20 cm 小间距录音。AB 制录音存在声像群的中间空洞现象,当重放 AB 制所录的音乐时,听众常会感到中间部位乐器的声像变弱和稀疏后退变远,或更多的乐器向左右扬声器方向密集,录制时传声器间距越大,这种声像群中空现象就越严重。

例如,在录音棚录 8 把小提琴,间距 2 m 左右,会出现中间空洞现象。这是因为在传声器前方的声源声压很强,声像实而近,而两支传声器之间的声源声压很弱,声像虚而远,两支传声器间距越大,这种差别就越明显,这时,中间声像渐疏,并向两侧压缩,定位不稳,甚至出现左右漂移现象,见图 6 - 6。

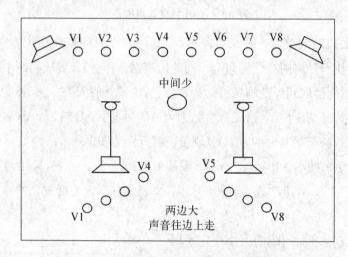

图 6 - 6　中间空洞现象

中间空洞现象的解决方法:

(1) 减小传声器的间距使其距离为 20～40 cm 左右;

(2) 在两支传声器之间增设一个传声器,将它拾取的信号平均分配到左右声道去。美国早期的立体声唱片,正是用这种方法录制的,取得了很好的效果。

AB 制技术所录的节目与单声道兼容性差,两声道的同一声信号之间存在着时间差与相位差,这样,用单声道重放时,信号被叠加起来,必然出现某些频率信号相互抵消和部分抵消的现象,致使重放音质变差。总之,用 AB 制录音录出的立体声效果很好,但容易把声音录宽,中间空洞;XY 制容易把声音录窄;MS 制容易将声音录到界外去;AB 制录交响乐效果较好。

小 AB 制的特例是法国广播电视组织广泛使用的 ORTF 制,它将两支传声器靠近了,在一定程度上弥补了以上缺点,小 AB 制如图 6-7。

如果传声器的间隔距离减小,声源到达两传声器的距离差也就小了,受时间差和相位差的影响也就小了,而声源入射到两传声器的角度不同,产生的强度差相应增大,这时,声像方位感和均匀度较好,但宽阔感稍差。相反,若传声器间距增大,声源到达两传声器的时间差也就相应增大,这时声像宽阔感较好,方位感和均匀度变差。传声器对的间隔越远,声源的立体声声像越宽,靠边缘的声源的声像常常被拉得更靠左或靠右,因此,中间声源的声像变得更宽,更为扩散,较难在空间定位、聚焦。

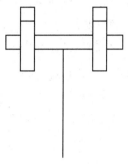

图 6-7 小 AB 制

在合唱或弦乐合奏的拾音中,增大传声器的间距,并且远离声源,以谋求整体的群感、融合感和空间感。例如,教会的音乐就是典型例子。

而拾取独奏、重奏乐器时,传声器的间隔要窄,以便更好地增强清晰度和明确方位。

AB 制录音,传声器的间距夹角与声源的距离应和它所要求的声像宽度相对应。在图 6-8 中,在 b 点拾音可获得占满基线宽度的声像;当加大传声器与声源的距离到 c 点,这时,声像宽度减小至扬声器内侧,若在此点拾音,仍要获得占满基线宽的声像,应减小两传声器的距离和减小两传声器间的夹角;当减小传声器与声源距离至 a 点,中间声像稀疏,后退,并向两侧压缩,声像占满扬声器基线宽度,但不均匀,出现中间空洞现象;若要获得重放时均匀的声像群,须减小传声器间距,加大传声器夹角;当加大传声器的间距,并随之减少传声器的夹角,会获得完全偏向两扬声器分布的声像,这时,两扬声器间声像分布的方位感很差均匀度很差,但可获得丰富的宽阔感;移近声源时,可以加强其附近声源的清晰度;远离声源时,可获得声源较好的群感。这样的大 AB 制传声器放置方法一方面可用于拾取厅堂的混响声,一方面在乐队前面,作为辅助的加强传声器时使用。

AB 制录音技术尽管有一定的缺欠,但仍然是目前较普遍使用的录音技术。由于它较多地保留了可产生临场感的信息,因此,作为双声道立体声放声时,可

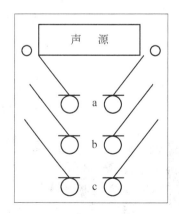

图 6-8 AB 制录音传声器间距夹角与声源的距离

以得到较满意的立体声效果。AB制拾音技术对传声器要求简单,使用方便,通过调整两个传声器的间距和夹角及它们与声源的距离和高度,可以很容易获得不同的声像宽度、密度和均匀度,因此,这种录音技术常常用于交响乐队的录音。AB制和下面要讲述的XY制,MS制和OSS制一起,在实际录音过程中,或单独使用,或根据要求组成混合制式使用,可以达到各种录音制式取长补短的互补作用,使录出的节目效果更好。

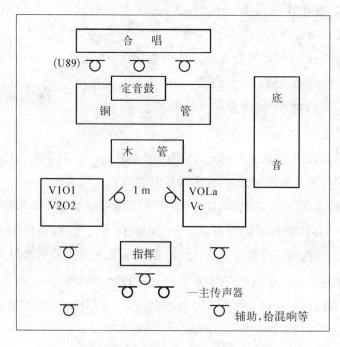

图6-9 AB制录音用于交响乐队录音

图6-9为使用AB制拾音方式为主要拾音方式的主辅传声器同期录制交响乐队的平面图示。

6-2-3 XY制立体声拾音技术原理及应用

XY制是以强度差为录制原理,因此又可称为强度差或声级差立体声。XY制采用上下重叠在一起的,两个特性一致的传声器,同轴放置在一个点上。声源的声波到达两个传声器没有路程差,因此不会产生时间差,而由于两传声器的主轴方

图6-10 XY制立体声拾音

向不同,声波到两传声器入射角度不同而产生不同的强度差,构成了强度差立体声。这种专用的立体声重合传声器对有很多定型产品,例如,Neumann SM69。

最早的 XY 制拾音方法是用立体声传声器采取 8 字形指向特性,主轴方向彼此成 90°角,也就是正交方式,所以借助于数学正交坐标的名称,称为 XY 制拾音技术。这两个传声器的输出信号分别送入两个声道,主轴向着左方 X 的传声器,其输出信号送到左声道,对着右方 Y 的传声器,输出送入右声道,因此 X 代表左立体声通道,Y 代表右立体声通道。随着 XY 制录音技术的发展,这种录音方式正从最初使用一对 8 字形指向性传声器正交拾取发展为一对心形指向传声器,并可根据实际录音需要,可在心形、8 字形中选择传声器,主轴夹角也可变换。通过选择传声器的方向性、主轴夹角,可获得不同的拾音特性和声像宽度,因此 XY 制立体声拾音技术应用很广泛。XY 制所使用的重合传声器若没有,也可使用两支电声性能完全相同的电容传声器,如 U87 或 U89,将其一支正放,一支侧放,头顶头紧排在一起,重合在一起使用,也能获得 XY 制立体声拾音的良好效果(如图 6-11)。

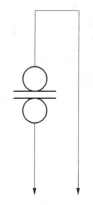

图 6-11　电声性能相同的电容传声器获得 XY 制立体声拾音效果

XY 制立体声拾音技术的特点可以归纳为这样几个方面:

(1) 由于它是一种强度差立体声拾音制式,不存在相位差、时间差,所以与单声道兼容性较好,不存在相位干涉现象。

(2) 两个传声器具有相同特性,因此方向性不受频率影响,声像定位精度准确。

(3) 两支传声器是上下重合在一起装配的,使用时只采用一个传声器架,选择适当位置调整好传声器夹角,就可以直接录制双声道立体声节目,因而,拾音方法简单,又没有 AB 制存在的缺陷,因此用于实况转播,音乐厅及录音棚内录音。

(4) XY 制录音拾音范围随传声器夹角变化而变化,考虑到全部声源要有恒定的辐射半径进入传声器,声源不能直线排列,应有个弧度,如果直线排列会出现中间声源被抬高的现象,如图 6-12。

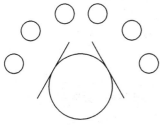

图 6-12　XY 制声源抬高现象

(5) XY 制组合传声器,改变两个传声器主轴夹角,可以改变拾音范围,减小主轴夹角,可以扩大拾音范围。

(6) XY 制录音,两支传声器对准的是两边的声源,因此处于中间的声源,其高频频率响应会受到影响,主要原因是两传声器膜片没有正对中间声源。

（7）XY 制录音要求两个通路的隔离非常好，不允许有任何不正常的串音。

（8）XY 制立体声录音重合传声器不能拾取较多的背向来的信号，例如，混响声，因此，兼容的单声道节目中，因缺少混响而显得较干。

（9）XY 制传声器最大拾音范围是以零点（传声器指向性的零点，即灵敏度最低的地方）来决定的，而不是以传声器主轴方向决定的。

当轴向夹角较小时，拾音范围的角度比较大，但横向拾音宽度较小，随轴向夹角增大，拾音范围的角度随着减小，而横向的拾音宽度相应增大，但角度过大时，虽然两个侧面的拾音灵敏度和距离增大，但中间部位的拾音灵敏度减小，同时高频频响变差，如图 6-13 所示。

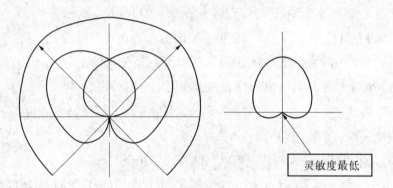

图 6-13　XY 制传声器的最大拾音范围

XY 制立体声传声器的轴向夹角与拾音范围及拾音特性的关系见图 6-14～图 6-18 的说明。

A. 心形指向性 90°夹角

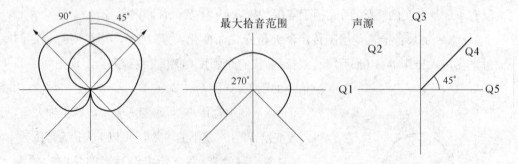

图 6-14　XY 制心形指向性 90°夹角的拾音范围及拾音特性的关系

如图 6-14，心形指向性轴向夹角 90°适合录小型节目，中间声像突出，重放时声

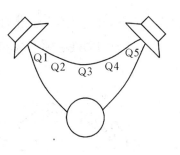

像不能占满整个基线宽度,声像在扬声器内侧中间部分可安放需要加强的声源,两边安排功率强的乐器,声源安排要有弧度,不能直线排列,要求室内声压条件比较好,所录制出的节目单声道兼容性好。心形90°夹角的最大拾音范围为270°,但实际使用时的拾音范围在180°以内及声源在 Q1~Q5 范围,尤其是放在 Q1~Q4 的位置,即声源在主轴夹角90°之内使用。

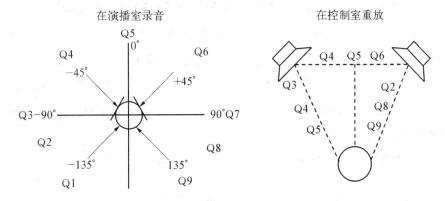

图 6 – 15　在演播室录音与在控制室重放的比较

B. 心形指向性主轴夹角 180°

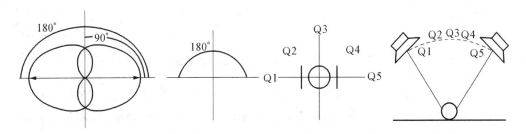

图 6 – 16　XY 制心形指向性 180°夹角的拾音范围及拾音特性的关系

如图 6 – 16,实际拾音范围 180°相当于无指向性传声器,拾音范围较宽,重放声像群可占满整个基线宽度,但中间声像有后退感。因中间声像偏离两传声器膜片方向较大,致使高频损失较大,中间声像可加辅助传声器,声源如等距离排列,得出的幻象声源 Q1 和 Q2,Q4 和 Q5 很紧,Q3 向后退。所以用此方法拾音要注意,把大功率乐器放于 Q3 位置,Q2 和 Q4 要向中间凑,此时得出的声像是半场,可用此方法录制一些小型节目,如,小合唱、独唱、小合奏等。若声源安排恰当,可获得均匀、清楚的声像,它要求演播室声学条件较好,人工混响不要加很多。

C. 心形指向性主轴夹角 120°

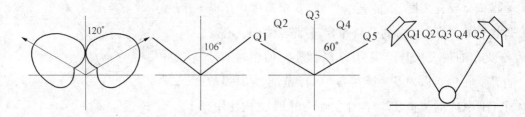

图 6-17   XY 制心形指向性 120°夹角的拾音范围及拾音特性的关系

如图 6-17,实际拾音范围是 106°,拾音范围较宽,重放声像群可占满整个基线宽度,声像均匀,适合录大型节目,如交响乐队,大型民族乐队及乐队伴奏的大合唱。轴向夹角在 110°~135°之间是录制大型节目的常用选择,尤以 120°夹角,使用最为普遍,轴向夹角过小,则得不到应有的声像宽度,夹角过大,处于中间部分的声源高频损失较大,声源的均匀度也将受到影响。

D. 8 字形指向性主轴夹角 90°

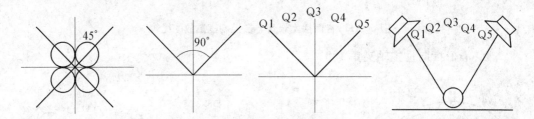

图 6-18   XY 制 8 字形指向性主轴 90°夹角的拾音范围及拾音特性的关系

如图 6-18,这是最早开发出 XY 制所采用的录音方式,也是目前常用到的一种录音方式。实际拾音范围 90°,可作出占满整个扬声器基线宽度的声像群,声像分布均匀、准确,移动声源无跳跃,可录大小合唱,离得近可录相声、曲艺等实况,背面可接收到观众掌声。传声器背面要远离硬的反射面,以免反射声进入反射区对声音进行干扰,传声器的左、右侧面不能安排声源,以免引起反相。主轴夹角若大于 90°,将使 8 字形的反向区串音增加,而使声像定位不清;8 字形主轴夹角越大,实际拾音范围就越窄;当夹角为 130°时,拾音范围是 67°,同时中间声像向后退,但是若声源本身很窄,又想占满整个扬声器基线宽度,可用此方法录制。

XY 制立体声传声器对轴向夹角的选择决定乐声源的宽度,但不能忽视的是传声器与声源的距离对声像宽度的影响。如图 6‒19 所示适应整个声像宽度是 a,传声器有效拾音角度与声源宽度,若将传声器与乐队距离加至 b 点,此时获得的声像将变窄。若录钢琴三重奏时,在 c 点可得到合适宽度,若减小传声器与声源距离至 d 点,声像将展宽而分散,因此立体声重合传声器的轴向夹角及到声源的距离之间的关系决定了立体声声像的宽度。在录音时,或者首先确定传声器主轴夹角,后根据声源的宽度及想获得的声像宽度,将传声器设置在合适的位置及宽度;或先将传声器位置确定,然后再根据声源宽度再决定采用传声器的轴向角度。究竟哪一项作为首先考虑的对象应视具体录音环境而定。

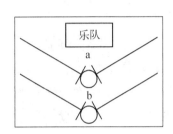 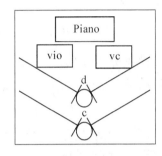 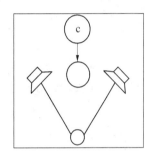

图 6‒19　传声器与声源的距离对声像宽度的影响

如果在较小的棚中录制较多人数的大型乐队演奏,此时传声器的摆放位置将是首先要考虑的,因为空间有限,传声器的位置无多少选择余地,此时须根据传声器位置及声源宽度来决定传声器主轴夹角,以使重放声像和录音音响达到要求。

重合传声器的摆放位置与录音环境的混响状况和录音音响的混响效果有直接关系,所以传声器位置应综合几方面的因素来定。声源宽度、传声器与声源间距、重合传声器指向角度存在着下面的近似关系式。

$$d \approx \frac{1}{2} L \cot\theta$$

如图 6‒20,其中,L 为声源宽度,d 为传声器至声源距离,θ 为重合传声器指向角,两传声器轴向夹角为 2θ。

图 6‒20　声源宽度、传声器与声源间距、重合传声器指向角度的关系

下面是一些常用 $\cot\theta$ 值:

$\cot 45° = 1$　　　$\cot 50° \approx 0.8$　　　$\cot 55° \approx 0.7$

$\cot 60° \approx 0.6$　　$\cot 65° \approx 0.5$　　$\cot 67.5° \approx 0.4$

录钢琴独奏,录到扬声器基线宽度 1/2 但小于 2/3,此时可选用 XY 制录音,传声器心形指向性 90°夹角。钢琴宽度 2.7 m,如图 6‑21 所示,$d \approx \frac{2.7}{2} \cot 45° \approx 1.4$ m。

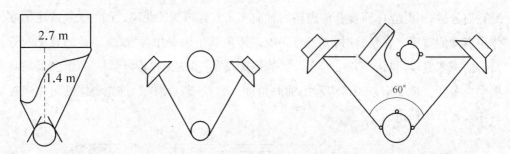

图 6‑21 使用 XY 制进行钢琴独奏录音

这种计算结果无论是声源距离还是指向角,只是一个参考数据,在实际录音中,应根据录音的声学环境及声源的实际情况作些必要调整以达到满意的效果。

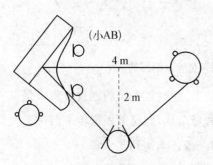

图 6‑22 使用 XY 制进行钢琴与独唱录音

录钢琴与独唱,使用 XY 制的好处是易控制,且膜片正对两声源。钢琴与演员的高度不同,可把演员垫高或在钢琴处加辅助传声器(小 AB 制)高低音各一个。在图 6‑22 中,使用 90°XY 制,$d \approx \frac{1}{2} 4 \cot 90° \approx 2$ m。

根据 XY 制立体声录音和传声器不同轴向夹角的拾音特性,录音时,声源多安排在传声器主轴夹角,指向的前方区域内(若在后方,也可拾音,声像也可到前方,使高频响应变差了)。若声源较宽,同时又要获得占满基线宽度的声像群,可采用心形指向性大于 90°的轴向夹角,一般选在 120°左右。若夹角过大,那么中间声像的高频会偏离膜片;若夹角过小,又挤到中间,可采用 8 字形指向性 90°夹角。若录制声源宽度较小,声像群要求在重放扬声器内侧基线宽度 2/3 以内,则应采用心形指向性 90°夹角;当传声器夹角固定,远离声源时,可获得比计算值为窄的声像群。靠近声源时,可获得比计算值为宽的声像群,但此时的声像变得稀疏而分散,如图 6‑23 所示。用立体声传声器时,对独唱或独奏进行拾音时,应注意到除钢琴,管风琴等体积较大的声源外,大多数发声按点声源考虑。当立体声传声器过分靠近声源时,会将本来应是一个点声源的声像变为一个点宽度,失去应有的自然真实感。

采用 XY 录音技术对交响乐队或大型民族管弦乐队拾音时来说,传声器一般放置在指挥身后距离 3～6 m 的范围内,传声器夹角在 110°～135°之间选择,整个乐队应在轴向夹角前方所包容的前方区域内。

传声器的高度一般在 3.5～4 m,并有一定的辅助话筒,由于民族乐器的发声位置较低,方向也不同,所以传声器对民族管弦乐队的拾音可适当降低些,一般在 2～3.5 m 之间选择。但由于民族乐器声音个性较强,声音的整体融合感较差,传声器高度过分降低会使声音变散,失去群感和融合度,这时可将传声器适当离乐队远些,可得到改善。

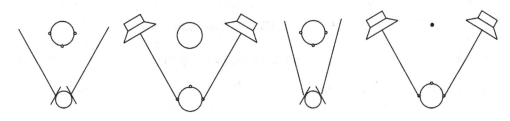

图 6-23　XY 制拾音距离与声像变化

XY 制立体声拾音技术可获得较好的立体声空间感。因其使用方便,与单声道兼容性也较好,因此这种录音制式在实际的立体声录音中应用非常广泛。XY 制轴向宽度与声源声像宽度有极大关系。

6-2-4　MS 制立体声拾音技术特点及应用

MS 制也是强度差型立体声,它所使用的传声器与 XY 制相同,采用重合式立体声传声器和用性能相同的、一致的两支电容话筒传声器一上一下,头顶头紧靠在一起。

MS 制两支传声器的方向性与 XY 制不同,即一支是心形或圆形,其他轴朝向正前方,称为 M 传声器,另一支采用 8 字形横置与 M 传声器轴向轴心重合并成 90°交角,其主轴对准左右两侧,被称为 S 传声器。M 可解释为中间 Middle 或单声道 Mono,S 可解释为两侧 Side 或立体声 Stereo。M 传声器的指向性虽然可以是心形或圆形,目前还是多采用心形指向性,因为它可有效地降低传声器背向的混响对声像清晰的干扰。

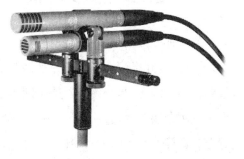

图 6-24　MS 制立体声拾音

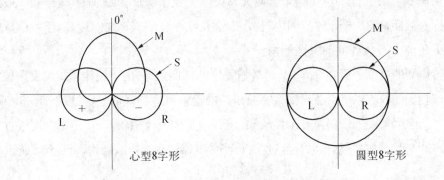

心型8字形　　　　　　　　　圆型8字形

图 6－25　心形与圆形 M 传声器组成的 MS 制

MS 制必须将两个传声器产生的信号进行和与差的变换,才能成为立体声的左右两声道信号。和差变换的方法可采用和差变压器或运算放大器组成的和差电路构成。

第一种合用和差变压器(如图 6－26)。将 M 传声器的输出信号和 S 传声器的输出分别接到和差变压器的输入端,其输出端就得到左右两端立体声信号。

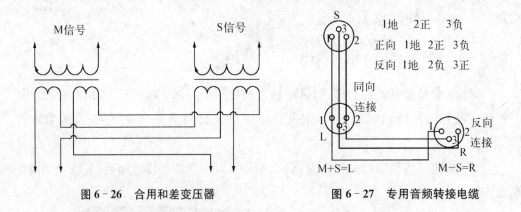

图 6－26　合用和差变压器　　　　**图 6－27　专用音频转接电缆**

第二种方法,制造一条专用的音频转接电缆(图 6－27),将 M 传声器的输出直接送入调音台,并将该通路声像移动器调到立体声声像位置的中间,将 S 传声器的输出接到音频电缆上,与 S 传声器输出同向连接的是左信号,反向连接的是右信号,将这一左一右两个接头分别接入调音台的两个通路,并将声像移动器调到相应的左和右的位置上。这样 MS 制两传声器的输出接入调音台后,占用了三个输入通道,一个是中间信号 M,两个是一边信号,分别为一左一右,然后在调音台上进行加减,便得到左右声道信号。MS 制立体声传声器的拾音范围和 S 传声器与 M 传声器的增益比例有关，并能与 XY 制选择不同轴向夹角时的拾音范围和特性相对应，因此 XY 制的一些声像

特点，如中间声像突出，单声道兼容性好等，MS 制也同样具有。MS 制相对于 XY 制和 AB 制来说是这三种录音制式中最好的，但若设置不当，会将声像录出界外，AB 制、XY 制则不会。

　　扬声器基线宽度以外的声像群称界外立体声，而 MS 制加大 S 制的立体声强度会录制成界外立体声。

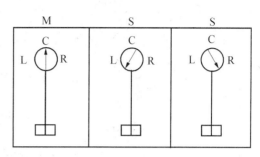

图 6 - 28　MS 制

　　S 传声器通路增益相对于 M 传声器通路减小 6 dB，即两者增益比为 1/2 时，等效于 XY 制传声器，心形 90°夹角时的特性，但它的最大拾音角度为 180°，超过 180°声源将造成界外立体声声像。

基线宽度　$\dfrac{S_{max}}{M_{max}} = \dfrac{0.5}{1} = 0.5$

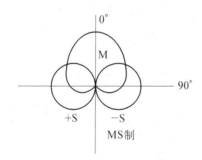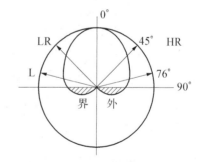

图 6 - 29　S 传声器通路增益与 M 传声器通路增益比为 1/2

　　S 传声器与 M 传声器增益通路相等，等效于 XY 制心形指向性主轴夹角 126°时特性，但它的最大拾音角度范围为 106°，超过 106°区域的声源将造成界外立体声声像，见上图 6 - 29。

　　S 传声器通路相对于 M 传声器增大 6 dB 时，即一倍，等效于 XY 制心形指向性 152°夹角时特性，但此时声像宽度为界外立体声，为获得占满基线扬声器宽度的声像，则有效拾音角度范围是 56°。

基线宽度 $\dfrac{S_{max}}{M_{max}} = \dfrac{1}{1} = 1$

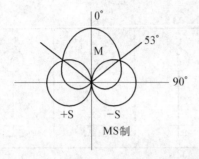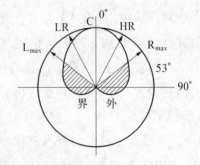

图 6-30 S 传声器通路增益与 M 传声器通路增益比为 1

基线宽度 $\dfrac{S_{max}}{M_{max}} = \dfrac{2}{1} = 2$

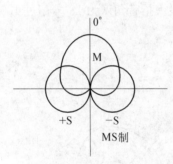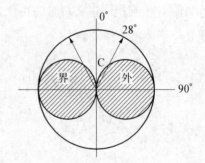

图 6-31 S 传声器通路增益与 M 传声器通路增益比为 2

如上图 6-30、6-31 所示，MS 制立体声录音改变拾音范围是通过改变 S 信号与 M 信号的增益比实现。一般 M 不变，在调音台上改变 S 的增益。立体声像的宽度一方面决定于 M 传声器的指向性（MS 制可用不同型号的话筒），另一方面也决定于 M、S 信号的电平关系，S/M 比例值越大，立体声像也就越宽。立体声空间感只有改变 S 信号的大小才会有明显的变化，当 S 加大，相对于 M 被缩小，此时，立体声空间感丰富，因此 S 信号电平应仔细调整，当 M 信号电平固定到某一位置后，如何选择 S 信号电平的大小，将是 MS 制立体声录音效果的关键。但 S 信号不能任意加大，加大后会出现界外立体声，这是 MS 制与 XY 制的区别（但一些特殊效果，如录掌声或流行音乐中的吉他或合成器可录成立体声界外）。XY 制录音是通过现场用机械方法一次性录音，一次性确定两传声器主轴夹角后得到一定的拾音范围和声像宽度并可直接获取左右声道信号，而 MS 制的拾音角度和声像宽度是通过电器方法改变 S 信号与 M 信号的增益比来实现其拾音角度,在录音控制室中可随时调整,直到最满意的声像宽度为止。

XY 制占两路,MS 制占三路。MS 制不能直接获取左右声道信号而必须将 S 信号与 M 信号进行和差变换才能得到。MS 制录音是针对 XY 制录音两传声器膜片不正对声源而出现的,选择 XY 制和 MS 制一定要考虑到传声器的指向性特性对频率的影响,要结合声源的分布来考虑。如声源高频较多在中间的话,用 MS 制合适;如声源高频较多分布两边,用 XY 制合适;对于正对的声源,作为立体声辅助传声器使用,MS 制较合适(如录钢琴),采用 MS 制录出的立体声节目可获得完美的自然真实感,准确的声像定位,因此,MS 制目前是广泛使用的一种录音技术。

传声器的使用应注意:当传声器的头朝上时,指向左方的是与 S 传声器同向的插头,输入调音台的左声道,与 S 反向连接的插头,输入调音台右声道。若此时把传声器头朝下垂吊使用,这时 S 传声器输入调音台的极性正好相反,需把两插头对调,极性才正确。所以应掌握的原则,不论传声器正放还是倒放,指向左方的永远是与 S 信号同向连接的插头,指向右边的永远是与 S 传声器反向的插头,XY 制录音传声器也有这两种方式,注意左右声道不要装反。

6 - 2 - 5　OSS 制立体声拾音技术

OSS 即 Optimal Stereo Signal,最佳立体声信号。

OSS 制录音技术由瑞士广播电台创立,采用两支无指向性电容传声器,间距 16 cm,固定在一支架上,将一直径为 30 cm 的两面附有声阻尼传声器的圆盘立插在两个传声器中间,可以隔开它们。

OSS 制传声器的布置方法是这样安排的:

(1) 由于双膜片电附和式传声器(如 U87)音质不够自然,因此为用小振膜的无指向性传声器。

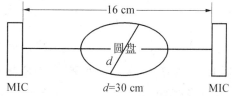

图 6 - 32　OSS 制立体声拾音

(2) 能产生符合听觉要求的时间差与声级差的立体声信号,因此传声器有 16 cm 间距产生时间差,至于声级差是通过直径 30 cm 并有声阻尼隔声圆盘的遮挡作用使声波入射到两传声器产生不同的频率响应获得准确的声级差。

OSS 技术拾取的方向信息的空间信息是由以下几个量组合而成。

(1) 150 Hz 以下的低频声信号,被两传声器同时拾取。

（2）随频率的提高，首先产生围绕圆形隔板的声绕射，频率再提高，两传声器的声隔离逐渐提高。拾取的电信号完全被分开。

（3）在整个传输通道直至重放扬声器，电信号是完全被分开的，通路也是被分开的，信号的混合只能在录音室通过布置传声器及重放时通过室内重放扬声器的声音混合才能完成。这样重放的立体声完全是声学的，没有电子成分，最后形成的立体声信号很复杂，但听起来是很准确的。

乍看来，OSS制音技术与人工头录音似乎相似，同样都采用无指向性传声器，间隔16 cm设置，中间又都是分开，但两者是完全不同的。人工头录音采用仿声学的方法，模拟人耳的听音方式，只能用耳机重放，而OSS技术是为扬声器重放提供最佳立体声信号。应用OSS制立体声录音的节目，不仅可获得音响平衡，且可正确重放乐队的宽度与深度（扬声器基线后面的声音叫深度），见图6-33。

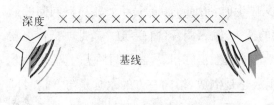

图 6-33 基线

但是OSS制录音使用辅助传声器时，会破坏OSS的录音音响效果，它所获得的空间感由于混入辅助传声器所拾取的声音而受干扰甚至大部分被破坏。因为OSS制技术是利用声音传播的时间产生的立体声印象的，但从乐器到辅助传声器的声音传播时间小于该乐器到主传声器的时间，因此，辅助传声器的声音就会从均匀的声像中脱离出来。如果把辅助传声器的电信号通过延时器，使它得到正确的传输时间，即乐器声到主传声器所需时间，这样便可清除由辅助传声器引起的时差。因此OSS制录音采用辅助传声器时，应使用延时器，每一辅助传声器混合到主通路时分别加一定的延时量，这样才不会破坏OSS制拾取的非常好的立体声信号。每个辅助传声器加0～20 ms的延时量，单个辅助传声器按距离除以声速进行延时更好，如辅助传声器电平不太高，所有的辅助传声器可用同样的延时时间。这样在使用较多辅助传声器时，经过延时处理后，录音仍能保持OSS制录音技术良好的空间特性和深度感。这种辅助传声器拾取到的声信号经过延时再混合到主通路的方式称为可控延时技术，即控制延时时间，简称为CTD（Control Time Delay），它是为辅助传声器模拟延迟声音传播时间而设置的系统。

OSS制录音布置的传声器是无方向的，在声学条件良好的房间里，它有很大的优点，但在混响时间很长的房间里，录音混响成分太多。由于隔声圆盘的原因，又不能使用指向性传声器,这时可在隔声圆盘后方再加一大隔板,传声器的方向此时多成半球形,见图 6-34。

OSS 制录音适合录制古典音乐,特别是大型交响乐队的演奏,能够获得非常好的自然深度感和真实感,在满足包括立体声实况转播和电视实况转播等特殊要求方面也取得相当成功的经验。

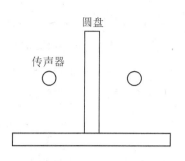

图 6-34　混响时间长的房间内的 OSS 制录音布置

但 OSS 制录音技术在使用辅助传声器时,是与可控延时技术(CTD)结合使用的,即在辅助传声器通路需接入高质量的延时器,经过延时后的信号再与主通路信号混合,才能达到 OSS 制录音应有的效果,所以这种录音制式的使用比 AB 制、XY 制、MS 制稍复杂些。目前的录音技术往往只涉及处理信号的强度,因此调音台设有音量调节器及左至右的可平滑移动的声像定位器等,把各个传声器拾取的不同强度的信号混合,用声像定位器在一个传声器的信号按强度分配到两个立体声通道中。但是只要声源有前后的排列,重放声像就应具有深度感,但在一般录音中,往往不能充分体现,这在大型交响乐队座席安排上表现尤为突出。假如在调音台每个输入单元装置 0～20 ms 的延时调节器,就相当于模拟 7 m 的传输距离,情况即可好转。OSS 制录音技术,与可控延时技术的结合使用正是处于这种设想,而实际录音也获得较好的宽度与深度感。OSS 主传声器可单独使用也可与辅助传声器一起使用,辅助传声器的电平应比 OSS 主传声器小 20 dB 以下,在该技术中,主传声器必须占明显主导地位,当 OSS 主传声器单独使用时,也就不存在与可控延时技术结合应用的问题了,这样 OSS 传声器的使用就简单多了。

6-2-6　无空间的全景电位器拾音技术

Panoramic Potentiometer 简称 Panpot 或 Pan,它又称声像电位器或声像移动器,是由两个严格同轴转动的电位器组成。凡现代化立体声调音台无论大小,在每个通道中都设有这种全景电位器。采用这种拾音技术录音时是将传声器送来的一个单声道信号如一个伴奏乐器、一个独唱、一个乐器组的音频信号借助于声像移动器按一定强度人为分配到左右声道中,用这种方法使每一个由传声器拾取的单声道信号加入到立体声声像群的一个特定的位置上去,从而形成一个完整的立体声音乐信号。采用此种方法声道间只有强度差,无时间差和相位差,因此,用此方法制出的立体声音乐信号重放时,所有声像位置都是人为定出的,与录音时乐器或演唱者的实际位置无关。乐队的声像群是由录音师通过调音台的全景电位器设置的,因此这种录音方式称为全景电位器拾音技术。声像移动器还可在前面讲的几种拾音制式中作为辅助传声器与主传声器进行声像平衡的一种手段。如录钢琴伴奏独唱,前两个 AB 制声像中间偏左、后,独唱在中间偏右。我们可用图 6 - 35、图 6 - 36 来表示这种录音方法。

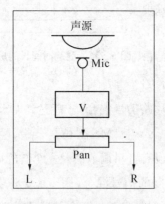

图 6 - 35　全景电位器拾音

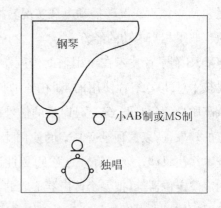

图 6 - 36　钢琴伴奏下的独唱

　　这样录出的效果与立体声录音比,声音清晰但缺乏融合感和空间感,必须使用人工混响器营造出一定的空间融合感。利用全景电位器的立体声拾音技术因其声像群是非自然状态,是由录音师设置出的,所以安排声像时应注意左右声道音量平衡。此种技术可用于录制小型音乐节目,如独唱(独奏)、小合唱(奏),虽可得到清晰声像,但整体感、融合感、空间感较差。它不适于录交响乐、大合唱、大型民乐合奏等曲目,一方面得不到应有的整体感,另一方面对于座席安排的前后深度感也无法体现。这种录音技术因为可以分隔录音,即各声源可在同一空间也可不在一起录音,因此适于录轻音乐、流行音乐或直接录制成双声道立体声工艺进行后期有较大加工余地的录音,一般用于缩混或流行音乐。

第七章
双声道立体声节目的制作工艺

内容重点

　　双声道立体声节目的制作工艺可分成同期直接录制双声道立体声工艺和多轨录音两种形式,而同期直接录制双声道节目工艺最重要的关键在于拾音方法,我们可以用主辅传声器的拾音方式和多传声器拾音的方式;在这一章中,我们会详细地阐述这两种拾音方式的具体做法、步骤和优劣;多轨录音的方式又有两种形式:一是同期多轨录音,另一个是分期多轨录音。在这一章中,我们针对这些工艺方法给大家展现一个比较详细的制作过程,从前期到后期混录,会使用很多比较有代表性的案例来配合讲授,力求大家可以有一个比较感性的认识,我们也可以通过实验来实践这个过程。

7-1　同期直接录制双声道立体声工艺

7-1-1　概述

　　这是一种将传声器拾取的声音信号经调音台控制后送入双声道立体声录音机直接录制成节目母带的工艺,它要求全部声源需在同一时间内进行录音,因此又称为同期录音。同期录音直接录制双声道立体声工艺适合录古典乐、民族乐、戏曲、歌剧、曲艺等节奏、速度、力度变化比较多的艺术形式,此种录音工艺有利于艺术家对音乐作品的再度创作和表现,它能保持艺术节目自身的自然融合感和艺术上的完美。如指挥对艺术作品的细微处理都可充分体现,速度、力度、节奏的变化对比比较自然,便于演员、演奏员与指挥之间的合作与交流。对于独唱独奏节目,演员对艺术作品的处理有较大余地,因此这种录音工艺能够适应表演者的创作习惯,可以表达乐队本身及同演员之间在音响上的自然交融和空间感。它比较节约录制时间,因此对录音棚或音乐厅占用时间较短。立体声同期录音工艺在录制过程中使用声音的辅助加工处理较少,和多轨录音相比,录音师对设备的操作和使用要简单容易些,但同期录音对表演者和录音师来说难度是比较大的,乐队本身各乐器之间的平衡关系,演唱与乐队等声源的比例关系,一经录好就成定型,没有再调整的可能,对于演员和各乐器的声像安排,宽度、层次、深度的处理等在录成后也无再改变的余地,因为是同期录音,所以要求全体演员和乐队在场,这是一个由指挥乐队、演员、录音师组成一个整体的共同的工作过程,其中任何一个环节出现错误,全体都要跟着补录这一段,录音师要在有限的时间里做好各方面准备,从传声器的设置、布线、调试调音台各相应传声器通路,乐队或演员分声部试音,到调整各声源的音质质量和平衡关系及整体混响效果等,都必须在录音现场作出正确的判断和处理,一经录成后几乎没有后期再加工的可能性。同期直接录制双声道立体声工艺在录制过程中,对一个作品来说只能一次性完成,对作品的技术与艺术处理也必须同期进行,如果演奏中出现错误则需全体同时补录,然后通过后期剪接制成完整的立体声节目母带,但后期除对已录制完成的节目进行剪接外,没有对节目进行单独声源补录、声部平衡、声像及音质再次调整变化的可能性,因此这正是同期录音工艺与多轨录音工艺最根本的区别。根据所录节目的艺术特点和录音场所的声学条件,这种录音工艺可采用主辅传声器技术和多传声器技术两种录制方法。

7-1-2 主辅传声器拾音技术及后期混音技巧

用一对传声器拾取重要声信号,并把此录音音响基本确定,同时借助于低电平的辅助传声器改善录音效果,这种录音方法称为主辅传声器拾音技术。在此种录音技术中,主传声器采用什么制式就称为"××制式录音"。由于强度差立体声录音如 XY 制、MS 制更易于体现精确的方位定位感,时间差立体声录音如 AB 制较易表现更为完整的空间感,通常就将此两种拾音制式配合使用,因此,目前主辅传声器录音技术一般都是混合制式,当主传声器采用一种制式后,辅助传声器往往采用另一种制式,互补应用。辅助传声器可用立体声传声器或单个传声器拾音,通常放置在距某些需加强的声部很近的位置,它所拾取的声源的声像位置通过调音台的声像移动器的分配,应与主传声器中该声源的声像相吻合,不应模糊和改变它的位置,以免声像定位不稳或不清晰。

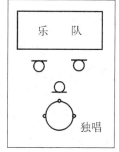

图 7 - 1　互为混响
　　　　　传声器

主传声器与辅助加强传声器的电平关系,必须以主传声器为主,辅助传声器的电平应该弱于它在主传声器中相应的电平,原则上主传声器的输出电平应大于所有辅助传声器的总和。由于辅助传声器都设置在距声源较近的位置上,如果辅助传声器设置较多,当声音信号很强时,辅助传声器的输出总和有可能超过主传声器,但最好不要超过 3 dB。在正常信号范围,辅助传声器的输出应始终控制在主传声器电平之下,主传声器担任主录任务,录音的整体音响,如空间感、深度感和音响的平衡等是由主传声器决定的,辅助传声器仅仅是用以弥补声源各部分电平的不足,或改善某些声源的清晰度和稳定声像的作用。如果辅助加强传声器的电平大于主传声器,则主传声器的作用就退主为辅,以至于类似混响传声器,于是音响就会有很大的改变,打破了主传声器拾音的自然平衡状态,出现深度与层次混乱,使声音缺乏自然融合感和深度感,立体声整体感与声源各声部的清晰度之间,往往是矛盾的,整体感很好时,各声部清晰度会稍差,而清晰度很好时,就会觉得声音较散,缺乏整体音响的融合感,这里既有主传声器的放置问题,又有两者的电平比例关系问题。对于古典音乐、民乐合奏、合唱等强调整体感的艺术形式,录音时应充分体现它们自然平衡的整体音响特色,同时也应有一定的清晰度和色彩。

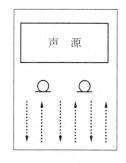

图 7 - 2　混响传声器

采用主辅传声器的拾音技术的同期立体声录音是一种与空间有关的录音工艺,它要求室内声学条件较好,不同的艺术形式应选择不同的适应它们声学要求的录音场地,比如,交响乐、合唱、歌剧、戏曲等应选择声学条件较好的大型录音棚、音乐厅或剧场录制,小型节目如室内乐、独唱、独奏、小合奏、小合唱等可在中型录音棚或厅堂录制。由于同期录音中对于整体音响和录音场地的特点都能充分地反映出来,因此,房间应足够大,留有周旋的余地,这不仅对于各种乐器的音乐的发挥有利,同时也给设置传声器带来方便,理想的录音场地要求声音清晰,扩散均匀,混响时间适当,混响频率曲线平直,无颤动回声和死寂点。一个声学条件好的录音场地,对声源来说会起到美化作用,容易获得较好的录音音响效果,但是录音师时常会遇到在某些声学条件不尽如人意的条件下进行同期的立体声录音的情况,这时,一方面要在有限的条件下改变声源的位置或传声器的位置寻找到录音音响能够改善的方式和方法,另一方面,借助于人工延时混响器等声音辅助加工处理设备进行补偿。但是在自然条件较好的录音棚或厅堂中,进行立体声同期录音,应尽量利用自然混响,把人工混响作为辅助手段适当运用。好的自然混响条件下录制出的节目,立体声空间感、自然融合感是人工混响难以做到的。尽管自然混响利用起来不如人工混响那么简单,主传声器的位置或者混响传声器位置都要仔细选择,才能得到好的音响效果,当使用混响传声器来拾取自然混响声时,可采用一对无向的传声器大 AB 放置在声场中,或者用心形传声器背对声源拾取,也可以采用在传声器的设置中利用传声器的方向性互为混响传声器参见图 7-1、图 7-2。

当利用混响器来弥补自然混响不足时,应注意:在主传声器、辅助传声器和混响传声器中,都应适量地混入人工混响,但混入的比例是不同的,在混响传声器通路中,加入人工混响应大些,主传声器通路与辅助传声器通路也应有适量的人工混响,而主传声器又稍多于辅助加强传声器,人工混响的引入应适量。如果混响较大将会失去自然真实感并产生声染色使音质变差。在主辅传声器的同期录音工艺中,主传声器不论采用哪种拾音制式,都能获得良好的立体声效果。尽管它们有各自的长处与不足,在用各个辅助加强传声器的混合制式使用中将得到互相弥补和矫正,就录大型交响乐节目而言,国外使用 AB 制较多。不论采用哪种拾音制式,都应注意各种制式的自身的拾音特点。比如采用 AB 制时,应采取有效措施弥补中心空洞区的损失;在使用 XY 制时,应注意夹角的调整与实际拾音范围的关系;在使用 MS 制录音时,M 信号与 S 信号的调整将影响重放声像宽度的变化。

主传声器应放在声源的比例平衡之处,录制大型管弦乐队一般是在指挥的后上方,也可根据声源自然平衡中实际存在的问题对传声器进行调整。左右移动主要解决声源横向平衡的比例,高俯或仰俯的移动主要解决纵向的平衡比例。

主传声器应放置在声场中直达声与反射声的比例合适之处,这对于完全使用自然混响的录音来说特别重要。一般设置距离可以录音棚的混响半径为参考依据,并可在混响半径±0.5～1 m 左右的范围内进行调整,是否合适,应以主观判断为准。

在传声器距离拉远或左右移动后,会引起立体声声像宽度等各方面的变化,主传声器与声源的距离关系决定着深度感的层次,声源到达传声器距离不同,自然延迟时间也就不一样,而不同的延迟时间就出现了声源的不同深度层次。这种深度层次是十分自然真实的,但应注意传声器与声源最远部分的距离不得超出 17 m,因为 17 m 的距离可以产生 50 ms 的延时,即距主传声器最远处的辅助传声器与主传声器收到的该声源将有 50 ms 的延时而产生双音。

图 7-3 表示一个在大厅中乐队的剖面图。不同的传声器位置用 A-D 标出,传声器 A 放在交响乐队的前区,从 A 点到达乐队的前区和后区的距离比很大,因而前后深度被夸大,处于后区的乐器显得更远,但 A 点是指挥所站之处,由于传声器高度较低,传声器拾取的乐队声信号有很强的深度感和各声部的清晰度,但整体感和

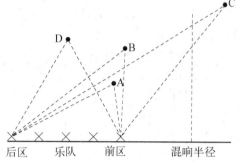

图 7-3 大厅中的乐队剖面图

群体感不足,在指挥身后上方的 B 点处拾音,可以获得理想的深度感和前后区乐器间良好的声级平衡,能够得到弦乐较好的群体感和乐队音响的整体感。在混响半径外的 C 点拾音,乐队前后区的深度比相对减小,深度感减小,整体感和混响空间加大,但乐队的清晰度也随之减小。在 D 点处拾音不会有前后区的深度感,因为传声器正好位于乐队中区上方,到前后区的距离相等。总之,在主辅传声器拾音技术中,录音作品音效果的各种信息主要是依靠主传声器拾取的,因此主传声器应放置在能获得满意声音的位置上,在这个位置上拾音能最大限度地保留声音信号的自然真实的整体感、空间感和深度感。

如果只用这一对传声器,就已经获得良好的录音效果而不需另加辅助传声器,这种录音方式又可称为单点式录音。在主传声器的选择上,因为它距离声源较远,为了获得良好的频率响应与足够的电平,以选取具有较高灵敏度的电容传声器为宜,动圈式传声器不宜做立体声传声器使用。

当使用一对主传声器还不能完全满足录音音响要求,为求得更好的清晰度或者使自然平衡不佳的声源获得更好的平衡,就需要增设若干辅助加强传声器,辅助加强传声器数量则根据实际需要而定,可以在每个声源组甚至每个声源设置传声器,也可为了某一个特定的效果声专门设置传声器。为了获得弦乐较好的群体感和声像宽度,弦乐群的辅助传声器或者采用两支传声器拾音,这样可使声像群给人以不成一点的

感觉。

在任何的情况下,辅助传声器拾取的都只是局部的声音,它在主辅传声器技术中,仅仅起到次要的辅助作用,但其信号是作为主传声器拾取到总信号的一种补充,辅助传声器通常放在需要补偿的声源附近,还是将其电平保持在很低的水平内,这点尤为重要,因为破坏了传声器的主从关系,将会给立体声声像造成很大的损坏。

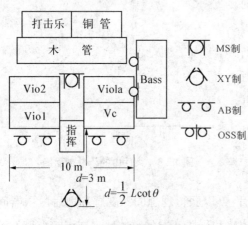

图 7-4　主辅传声器拾音

采用主辅传声器拾音技术的同期立体声录音工艺流程可概括如下。

(1) 根据声源座席位置设置主传声器及其辅助传声器位置,并连接传声器电缆至调音台道路。

(2) 调整调音台上各传声器输入通路输入口增益及声像方位,辅助传声器的声像应与该声源在主传声器的声像统一。

(3) 试音。声源分声部试音:通过监听音箱重放出的声音判断传声器的型号、位置等选择是否合适。如果使用人工混响器,则调整各通道混响比例,全部声源整体拾音,首先调整主传声器的电平,达到标准输出电平时,听整体音响效果有无缺欠,立体声空间感、整体感及声像宽度是否适合以确定主传声器的位置是否需要调整,然后根据需要将需要加强的声源的辅助传声器电平适当提升,通路调音台各道路的哑音开关(on 或 mute 或通路号),对比只用主传声器和只用辅助传声器,应确认主传声器的输出电平应大于各辅助传声器的输出电平的总和。请乐队在曲中有全奏的段落试音,根据录音机或调音台上的电平表的指示,确定调音台上立体声总输出衰减器的位置,避免录音电平过荷失真,请乐队试奏录音一段,并请指挥听录制过后的音乐和整体效果。

(4) 录音。录音过程中如发现某一声部较弱时,首先应检查其他声部的辅助传声器电平是否推得较高了,适当减弱其他声部的电平等于相对提高了本声部,否则容易形成辅助传声器电平越推越高,最终会在不知不觉中喧宾夺主,减弱了主传声器的电平而退到辅助的地位,使立体声整体感、空间感受到损害。当受环境或条件所限,录音只能用耳机监听时,应注意与扬声器监听的差别,用耳机监听得不到正确的声像,用扬

声器监听,声像在正前方区域,而用耳机监听,声像是在头中,甚至是头后,而没有正前
方声像。如右图7-5所示。录音过程
中,如演奏出现错误,应在出错处往前退
几小节开始进行补录,以便于找到合适的
剪辑点,调音台上的音量衰减器的位置在
补录前后应该一致,以避免剪接处出现音
量变化而感到接点的存在。

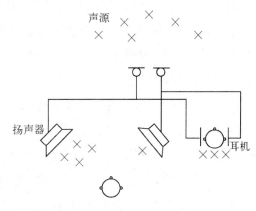

图 7-5 扬声器监听与耳机监听的比较

(5) 剪接。通过对录制完成的节目
素材经过编辑和剪接才能得到完整的立
体声节目母带。

对于音乐上剪接点的选择可归结为:
① 在强音头,如顿音、打击乐、颗粒性较强的弹拨乐之前为宜,不应在弱音头剪接,因
为在这种位置上不易找到正确的剪接点。② 在变节奏、乐曲快慢转换和节拍变更之
处剪接,不应在节奏变化较多、快慢无常处剪接,在这种位置上,接点前后的两段音乐
会不自然。③ 在休止处、停顿或演唱的气口处剪接,剪接点要选在紧接着休止后出现
的音头,不应在长音中剪接,在乐曲的持续音中剪接,易听出接点。

在声学上,接点位置前后两次,录音电平应一致,而且是在同一时间,同一环境下
录制的两遍节目,日后在进行补录的段落,由于演员、乐队的演奏感觉,传声器的布置,
录音师的音响平衡感觉都会与前次的录音不同,在剪接处也易区分出两次录音的
区别。

在技术上,接点应准确无误,音符应完整无缺。

不过,目前多数的剪接工作都是在电脑上完成,通过看波形剪接,非常方便准确,
时间上也可以把握得比较好。图7-4为使用主辅传声器方式同期录制管弦乐队的平
面拾音示意图。

采用主辅传声器拾音技术的同期立体声录音工艺,是同期立体声录音的主要形
式,在分轨录音技术日益发展和广泛应用的今天,这种录音技术也在不断发展和改
善,它的存在发展是和艺术歌曲、传统器乐作品和大型音乐作品的存在分不开。同
期立体声录音工艺对录音师来说,就像演员在音乐会现场进行的演唱或演奏,每次
都会不一样,都是唯一和不可重复的艺术创造,录音师对音乐作品的录制是在现场
一次性完成的,对作品的表现风格、音色调整、声部平衡等一系列艺术和技术处理

都必须在录音现场作出正确的判断,一经录成,也就没有日后再加工调整和补录的可能性,这点对录音师来说,难度较大,但是与后期能够有加工调整余地的分轨录音相比,录制失误的可能性也较大,录音师进行的每次同期录音,它的录音作品既存在成功与完美,又可能出现失误与遗憾,这点正是这种录音工艺的难点,也是它具有挑战性和魅力的所在。

为了减少录音节目的失误和遗憾,就要求录音师应具有较好的音乐感觉和素养,对各种艺术形式的准确把握和在各种环境下对不同声源录音的经验积累。

下面是一个很早就应用的实况录音的例子,很多书上对此次转播都有较详细的介绍,虽然时间已经过去很久了,但是在当时还是个非常成功的探索,这里我们再拿出来给大家分析,这是一个经典的同期录音的例子。

瑞士 Basel 广播电台在 Basel 音乐大厅通过广播与电视现场直播 Basel 广播交响乐团实况。整个转播要求:

(1) 为电视观众提供与图像有关的单声道伴音;

(2) 为立体声广播听众提供高保真的立体声音乐会实况;

(3) 为同时收听立体声广播的电视观众提供高质量的立体声效果的同时,又能看到与声音有关的画面,因为在这种情况下,电视观众往往将电视机放在立体声音响两扬声器的中间位置,它的要求是既要好的立体声音乐的效果,又要立体声与画面统一。

为此,Basel 广播电台采用以 OSS 制为主传声器,同时结合控制延时技术 CTD (Control Time Delay) 的主辅传声器的同期立体声工艺,采用三路传送方法,双声道立体声为广播听众,另一单声道为电视观众提供电视伴音,并根据哈斯效益(声音先入为主)运用了延时技术以改变放声效果。

如图 7-6 所示,主传声器采用了 OSS 制用于拾取音乐会音乐演出的总效果,放置在距弦乐第一排 3 m 的地方,指挥身后,传声器高度 2.2 m。采用 OSS 制获得的声像不但自然而且深度感比其他任何立体声系统要好。辅助传声器则放置在电视转播中与画面有关即有特写镜头的乐器或乐器组附近,然后利用可控延时技术产生三个时间上被分隔的声音。

(1) 在电视中,与画面有关的若干辅助传声器的声音,每个在电视屏幕上时常出现的乐器,在声学上定位要与图像一致,电视中出现某乐器的特写镜头时,能单独听到它的声音,而不是远处传来的声音。

(2) 主传声器拾取的声音用于立体声广播,但它延迟 10 ms。

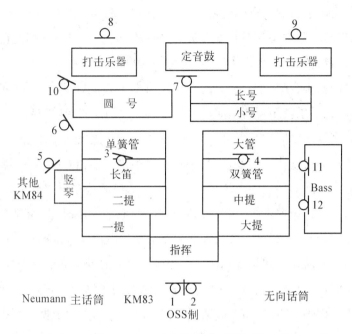

图 7－6 Basel 广播交响乐团实例

(3) 电视伴音通道中的声音是由电视伴音与立体声广播的声音组合起来的,再延迟 10 ms 用于电视,这样,在 1～3 之间总的延时为 30 ms。在听感上不会觉察到总的声音与特写的声音先后,因为电视观众有观看伴音图像的习惯,即要求声音与画面统一的习惯,所以不会觉察到总的声音与特写声音之间的延时,而当电视屏幕上不时出现的某乐器或乐器组的特写镜头时,最先到达的辅助传声器的声音在声学上的定位引起了与图像一致的作用(哈斯效应)。收到立体声广播的听众不必放弃通常的声响,主传声器与辅助传声器之间的延迟相当于被加强的乐器声音传播到主传声器所需时间,因此不会影响立体声广播的效果,对于同时使用立体声设备的观众而言,当出现特写镜头时,声音被电视中的扬声器定位,因为它比立体声广播的声音提前 10 ms 到达,而电视转播的单通路的总的声音因其最后到达,所以在立体声声像中不起定位作用,在这种转播条件下,电视中的伴音是被分别混合的。

7－1－3 多传声器拾音技术及应用范围

这是一种采用多个传声器拾音,但传声器之间没有主次之分的同期立体声录音技术。在这种技术中,传声器放在单个乐器或乐器组附近,由于采用多点拾音,而且传声器的位置可随录制节目的特点而变换,就录音音响而言,可以获得较好的清晰度和色彩,甚至可以得到乐器中一些平时不大听到的音质,但由于传声器都是在各声源附近拾音,因此在录音音响上缺少整体感、空间感与深度感。这种录音工艺适合录制小型节目如独唱、独奏、小合唱、小合奏、轻音乐曲、爵士乐等,也可用于录制那些音响效果比较特殊的,不论是乐队布置还是演奏都是打破常规的现代音乐作品。

采用多传声器录制同期双声道立体声录音的流程与主辅传声器拾音的方式相似,因为没有主传声器对整体音响效果的把握,所以多传声器拾音技术中,整体音响平衡是靠调整各点的传声器通道的声音平衡。如果全部声源是在同一空间进行录音,相邻声源会通过对方的传声器串音,在调整某一声源的电平大小时,其相邻声源的电平大小也会有所变化,因此调音台上各传声器通路的全景电位器(Panpot)所设置的立体声声像方位应与声源所在空间位置相似。当受到某些声压级高的乐器的影响和串音难以使音响平衡时,可以采用隔声屏风,将声源适当遮挡或隔离,将会得到改善。隔声屏风一般设计为一面强吸声面,另一面为反射面,在使用中,能够根据不同乐器的音色要求进行调整,有的在中部开有一个两层或三层玻璃的观察窗,以便看到指挥和演员之间的交流。

图7-7展示的是同期采用多传声器拾音的京剧的录音。其中板鼓的作用相当于指挥,和其它演奏员、演唱者协调交流。

在图7-8中我们可以看到采用多传声器录制爵士乐的拾音特点:

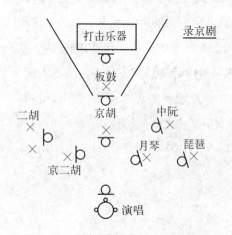

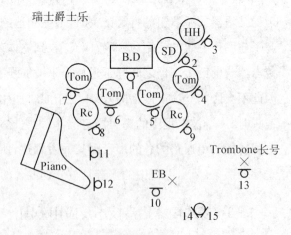

图7-7 多传声器拾音实例——京剧

图7-8 多传声器拾音实例——瑞士爵士乐

注:板鼓相当于指挥,京胡非常重要,
　他们与演员、演奏员之间有交流。

(1) 打击乐每件用一支传声器,共 9 支传声器;

(2) 为避免相互之间串音,钢琴采用在低频有指向性的两支传声器;

(3) 用 SM69 立体声传声器心形 120°夹角拾取观众掌声;

(4) 立体声声像:钢琴在左略宽,电贝司在中间,长号在右;

(5) 混响器用了两台,一台用于钢琴,一台用于产生空间混响。

7-2　多轨录音工艺

这是一种将若干声源的声信号分别或同期拾取,记录在多轨设备的不同声轨后,再制作合成为一个双声道立体声或多声道节目的工艺。

多轨录音工艺具有以下特点:

(1) 这种工艺由两部分工作组成:前期录音和后期制作合成(缩混 Mixdown),这点是其与同期录音的最主要区别。

(2) 由于把一个复杂的录音过程分为两段做,给录音师、演员以极大方便与灵活性。

(3) 节目声部间的比例和平衡易于调整、控制,有利于艺术再加工。

(4) 制作形式多样,按前期录制和素材可合成为单声道或双声道立体声节目,也可根据特殊需要制作出四、五、六等声道的多声道节目。

(5) 在音响上能够获得多样化的不同于在剧场或音乐厅中所听到的空间效果。

(6) 录音棚应用时间较长。

(7) 为了制作出的节目有更好的艺术效果,充分发挥节目制作中所使用的各种电声设备的潜力和特色,要求录音师能对这些随电声及数字设备发展而日益更新、完善的声音加工处理设备有较深了解及丰富使用经验。

7-3　多轨录音工艺的返送监听与模拟监听

1. 返送监听(给演员听)

此工艺中,因可将声源进行现场分隔或分期录制,这样给演员的艺术合作造成困难,因为演员间互相听不见、看不到就无法统一而默契地进行演出,解决视觉问题办法是通过隔声屏风的观察窗,也可用闭路电视。

解决听觉问题,主要是返送监听(feedback),演员通过此方法从耳机中可听到自己和同期其他人的演唱、演奏信号以及重放的信号。此系统也是演员之间或与录音师、监制人的联络工具,此系统为演员在半、全封闭的空间中提供了正常工作所需一切听觉信息。在此工艺中提供给演员高质量的返送监听声音非常重要,无准确监听,演员艺术水平难以正常发挥,因此返送给演员的监听应具备:

(1) 具有很好的传真特性。通过返送监听系统,不能使音色音质受到损失,让演员听到的声音真实自然,有利于他的艺术创作和对自己声音的调整完整。

(2) 返送应具有一定的选择性。给演员一定的选听自由,演员可以选择自己十分需要听到的声音,关掉不想听到的声音,根据自己听觉需要,调整各部分音响信号的比例,有利于演员与其他声部的合作。比如,分期多轨,录独唱或吉他 Solo 时,应该把已经录好的所有乐队的声部调整平衡,演员需要在良好的乐队平衡监听环境下,完成自己的艺术创作,有利于艺术水平的发挥。但是,录弦乐时则需要保留节奏及小节报号声轨的声音,需将其他已经录制完成的声轨返送适当减小,甚至有些声部要完全关掉,这样才利于弦乐演奏员的演奏。

在多轨录音工艺中,只要在录制工程中,将声源分隔或分期进行,给演员的返送监听就成为录制程序中一个重要的不可忽视的环节,因为它直接影响了录音能否正常进行,以及录音的效率和艺术质量。

2. 模拟监听

在一般情况下,多轨录音拾取的声信号基本是直接声,没有或有很少的混响声,这样便于后期的音质加工处理,但在录制过程中,为适合人们的听音习惯,不论是控制室监听,还是给演员的返送监听,都通过调音台独立的监听母线模拟出良好的音响效果进行监听,如声像位置,混响加工,各声道的电平调整,平衡控制等等,这种调整因为是在与录音系统分开的、单独设置的监听通路中进行的,不会对录音系统产生直接影响,但若监听调整不当,使听音失去准确性,致使录音过程中调音判断失误,就会对录音产生直接影响,因此,模拟监听的调整应当注意以下几点:

(1) 声像设置应既符合听音习惯,又有利于监听。

(2) 音量的比例应按平衡调好,分期录音时,也将所录的信号电平调大些,以利于判断,在同期不进行隔离的录音中,各声轨的监听电位器调整到的位置应相同,这时,通过调音台调整送至多轨录音机各轨的电平比例与监听中听到的比例是相同的。

（3）混响加工应注意清晰度，以不干扰监听的准确性为原则。

7-4　多轨录音声轨分布的一般规律

多轨录音声轨分布具有下列一般规律：

（1）若是使用多轨录音机，一般习惯于将录音机的边轨如24轨中的1或24轨应作为信号提示轨，或者低音打击乐轨使用，把演唱、弦乐等安排到中间轨。

（2）同一乐器组或在配器中结合紧密的声源的声轨应安排在一起或靠近，在能够编组进行自动控制的调音台更加应注意此点，比如像电贝司、低音鼓就需要紧靠一起。

（3）给声源分配声轨时，应考虑到后期的加工制作，为那些需要加工的声源安排单独声轨，不应与其他声部混录在一起，比如录流行音乐中的弦乐部分。但有小提琴、中提琴和大提琴这三种乐器时，小提琴和中提琴按比例调好后，可合并在同一轨上录，而大提琴则需单独占一轨以便于后期的调整。录制合成器时，每一种音色或效果应占用一轨，并在分轨记录单中注明每一轨的音色，在声轨不够用时，也应尽量避免在同一声轨的不同位置上设置多种不同音色变化，来代替不够的声轨数。

（4）在声轨不够分配的情况下，可将一部分声源直接录成双轨立体声，这样节省下来的声轨可以录其他声源，还可以采用将已经录制完的声轨在同步状态下将一部分声源预先缩混成双轨立体声，比如小提琴弦乐加倍后一般占4轨，如果先缩混成双轨立体声，就可节约2轨，其他声部也可采用这种办法。

7-5　多轨录音工艺的前期录音与后期制作

1. 前期录音

多轨录音的前期录音阶段，就是对音响素材的分类与记录过程，由于节目的艺术形式、录制条件和要求不同，就形成了前期录音的不同方式，基本录制方式可分为同期录音与分期录音，但有时也把这两种组合起来运用。

在同期录音方式中，又可根据声源的特性和艺术作品的特点采用开放的不隔离的自然融合状态的录音和适当封闭与隔离的录音方法。开放状态下的录音拾取的声信号声道间串音较大,后期加工制作余地较小,但声音的自然融合感、整体感较好;适当封闭与隔离,即分期录音,拾取的声信号串音较小,甚至完全没有串音,后期制作的加工余地较大,声音清晰,色彩丰富,颗粒感强,自然融合感、整体感较差,但这种音响效果往往正是轻音乐和流行乐录音所需求的。分期录音信号间的分离度最好,完全避免了信号间的串音。对于同期录音,要想加大信号间的隔离度,首先必须将声源分隔成若干个相对独立部分,因为只有声源各部分良好的分隔,才能使拾取与记录声源各部分的信号获得独立性。分隔的原则:因声源各部分在音乐织体中的功能与在音响设计中的地位的不同而有所不同,并可以根据录音的不同形式与后期制作中的需要和可能的条件进行不同的分隔。对声源可以细分成若干小组和个体,也可以只粗分成几大部分,如对小型管弦乐队或常规的轻音乐队弦乐的分隔可以粗分为低音和中、高音两个组,也可细分为第一提琴、第二提琴、中提琴、大提琴与倍大提琴各划为一个组,在不封闭的同期录音中分隔较粗,在半封闭、全封闭和分期录音中分隔较细。声源分隔后传声器拾取的声信号经调音台通路的调整与分配送入各轨录音机相应声轨进行录音。对于同期录音,各声轨的录音是同时进行的,对于分期录音,各声轨是分批或逐个完成的。流行音乐的前期录音,一些声源往往需要借助一些辅助设备,对声音经过加工处理后,再进行录音,如激励、压缩、均衡等,但每种设备的使用,以使声源达到要求为目的,不应引入额外的失真,前期录音应尽量使本底声达到完美,后期制作才能有好基础,不能完全寄希望于后期,前期有欠缺、粗劣的录音,后期无论如何也制作不出好的音响效果。

2. 后期制作

这是音响素材的加工成形阶段,根据不同音响设计的要求,将声源各部分的声音信号分别进行加工与处理,其工序和方法和利用立体声录音的调音技术相同,大致包括音质加工,各部分与整体信号的延时与混响处理,声像的安排,电平的调整与平衡以及各种人工特殊音响效果的使用,最后合成一个单声道或者双声道立体声节目,也可根据特殊需要制作出多声道立体声节目。多轨录音的两个阶段工艺过程中前期录音是将声源分隔成若干个单声道与立体声信号,用多轨录音设备的不同声轨进行记录,而后期制作是将这些信号依据一定的音响设计而合成在一起,再现了原始声源的全貌,因此,多轨录音的工艺特点是:先分后合,两步成形,不是录音与制作同时完成,这点正是它与同期立体声录音工艺的主要区别。

7-6 多轨录音工艺制作方法

7-6-1 同期多轨节目录制及后期混音

1. 同期多轨录音的特点

这是一种全部声源需要同一时间进行的多轨录音方式,这种工艺中可以采用在双声道立体声同期录音中所使用的主辅传声器或多传声器拾音技术,它的调音方法也与同期立体声录音有相似之处,所不同的是声部平衡调整好之后,将各传声器拾取的声信号经调音台分配到多轨录音机的不同声轨上进行录音,在后期制作合成为双声道立体声节目。对于交响乐、歌剧、戏曲及民乐合奏,节奏、速度、力度变化比较多的一种形式,可采用主辅传声器拾音技术录制,声源间不作隔离或不影响整体音响的前提下,稍作遮挡与隔离处理的拾音,仍保留有同期立体声录音音响效果的各种特点,如整体感、深度感等。由于不能避免各声道间的串音干扰,后期制作余地较小,不宜做大的电平提升、音质加工及声像的调动,声像只能以前期录音时的声源实际位置为依据,不能任意调整和变化。对于轻音乐、爵士乐及一些流行音乐等艺术形式,既要保留同期录音的一些特色又要后期有较大的加工余地和自由度,有时需要将声源适当隔离或完全封闭起来,采用多传声器拾音技术进行同期多轨录音。图7-9为同期多轨节目录制的简单示意图。

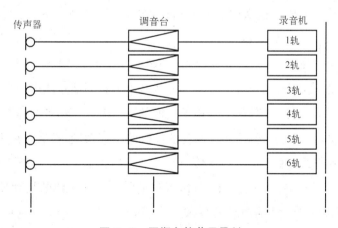

传声器　　　　　　　调音台　　　　　录音机

| 1轨 |
| 2轨 |
| 3轨 |
| 4轨 |
| 5轨 |
| 6轨 |

图7-9 同期多轨节目录制

将声源隔离的拾音方法有三种:① 使用低灵敏度、心形指向传声器超近距离拾音;② 使用隔声屏风;③ 使用隔音小房间。这三种方法可单独使用,也可互相配合使用。声源间的隔声量越大,相互间的串音就越小,后期制作加工的余地也就越大,这时,为使演员能够看到指挥,听到互相间的演奏,能够进行交流,隔声屏风应有观察窗,并将各声轨信号按一定比例混合,用耳机返送给指挥和演员监听。

同期多轨录音的工艺能够较好地保持作品的音乐性与艺术性,保持了音乐作品演奏的自然规律,便于演奏员之间的配合与交流,有利于音乐作品情感的发挥和表现,它展现在人们面前的是鲜活的、有生命力的音乐与音响效果。

随着时代的发展,听众欣赏要求的变化,特别是适应今天青年听众的欣赏要求,国外在流行音乐、电影音乐甚至古典音乐的录制上,较多地采用了同期多轨录音工艺,甚至将过去的用隔音室、屏风等将声源隔离以谋求改善清晰度的方法改为将各种乐器包括电声乐器在内的不进行隔离,同期现场拾音,以取得现场的真实感和增加艺术感染力。

2. 同期多轨录音工艺流程

前期录音阶段可分为 7 个步骤:

(1) 根据所录节目的艺术特点,即现有条件设置传声器,并决定是否将声源分隔成若干部分,进行录音。

(2) 多轨录音机所有声轨设置在同步录音准备状态,各声轨录音准备就绪。

(3) 在调音台上,确定各传声器通路所要进入多轨录音机录音的声轨号,逐一调试各传声器的通路,并注明各声轨。

(4) 调整模拟监听和返送监听,若声源室在声隔离的情况下录音,应该将返送耳机给每个演员连接配置好。

(5) 演员分声部试音,然后全体试音,调整音响平衡,对于交响乐、歌剧、戏曲、民乐合奏等艺术形式,试音与调音的程序和方法基本上和同期立体声录音工艺相似。只是同期多轨录音工艺中,立体声主传声器拾取的双声道信号和各个辅助传声器拾取的需要加强的声部的声信号分别送入多轨录音机的不同声轨进行录音,后期制作录音时,再将辅助传声器拾取的信号与主传声器信号进行混合,而成为完整平衡的双声道立体声信号。对于轻音乐和流行乐节目,当知道所要录的东西数量和种类后,便可根据一些具体情况安置一些隔声屏风,以防止一些较强的乐器声进入到那些用来收录一些较弱乐器的传声器中,隔声屏风和传声器的放置位置决定于录音监制人所要求的音响效果。如果它们放得很靠近乐器,就会得到良好的分离的实的声音,传声器和隔声屏风离乐器越远,乐器声相互渗透就越多,于是声音就越自然、松弛而活跃。特别响的乐器和高音量放音的电声乐器可用隔声屏风围起来或单独的小房间录音,也可用毛毯或其他柔软吸声材料将放大器、音箱和传声器罩起来(如图 7 - 10、图 7 - 11)。罩的时候应注意,不要把传声器和放大器之间的声拾取通道挡住,将较弱的乐器安置在隔声室内,也能使隔离得到改善,也可采用毛毯遮盖的方法,比如钢琴,用短杆顶住钢琴盖,将传声器放在钢琴里面,然后用毛毯把它们盖上。流行乐的调音与试音应首先从节奏部分的乐器开始,然后依次为和声部分、色彩部和人声部。节奏部分包括架子鼓、电贝司、电吉他,和声部分有弦乐、合成器的低音、长音、和声背景等。色彩部分包括铜管、木管、小打击乐器及合成器的效果音色。人声包括独唱、伴唱、合唱等。具体的调音顺序大致依次为:低音鼓、小鼓、立钗、嗵嗵鼓、吊钗、电贝司、节奏吉他、合成器低音、长音与和声部分、钢琴、铜管、木管、小打击乐器、独唱、伴唱、合唱。在调音过程中,应结合声音的辅助加工处理设备使用,如调鼓时,要用到均衡器,有时要用到噪声门;调整独唱或铜管时,要用到均衡器、压缩限幅器等。这些设备正确地、合理地使用将会明显改善在流行音乐录音中一些声源的音响效果。在调音过程中,应始终注意进入多轨录音机的录音电平不可过高或过低,应控制在额定的允许范围内,过高的录音电平产生的信号过荷失真,将是在后期制作中无法去掉的,会严重影响节目质量,尤其是数字多轨录音机更应该注意控制输入电平不可过高。

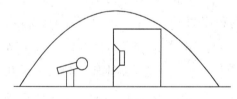 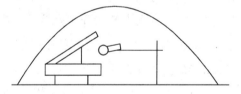

图 7 - 10　用吸声材料罩电声乐器　　　　图 7 - 11　用吸声材料罩高音量乐器

(6) 试录。当各声部的试音和整体的平衡以及各声轨的录音电平调整好之后,需要演员和乐队专门进行试录。一方面,在实录时,可以记一下乐曲中最强的段落的电平,另一方面,由于演奏者进行逐个试录时,尽管录音师会提醒他们用较响的声音演奏,但是,当与他人一起演奏时,他们几乎总是奏得比别人更响些,于是就要改变传声器通路输入口的增益、录音电平或压缩限幅器的拐点。重放试录的段落,请节目监制人、指挥或演奏员审听,这时的审听是经过模拟监听系统将各声部稍作加工处理的混合信号,根据试音节目的音响、平衡等提出的修改意见,重新调整后即可进行正式录音。

（7）正式录音。在录音过程中,应及时正确地指出演员在演奏中出现的问题或杂音,尽量避免演员在演奏一大段过后才指出他们演奏中的问题或杂音,再重新回来补录一大段,这样会增加演员的疲劳,影响演奏的情绪。录音过程中,应对整体的音响效果有准确的把握,时刻监测录音电平不可过荷。

后期制作合成阶段可分为 4 个步骤:

（1）将多轨录音系统选择在还音状态,并通过调音台的开关转换,使多轨录音系统各声轨的信号返回到调音台各相应声道的线路输入端,并进入立体声输出母线。

（2）在放音过程中,先分声部对声源的音质、电平、混响、声像方位等进行调整,最后按不同的平衡比例混合成双声道立体声节目。

（3）对于不进行声隔离的同期多轨录音节目,因为声道间串音较大,声道间的调整与变化幅度不宜过大,缩混只是前期录音工作的延伸,两段工作的调音方式和同期录音大致相似。

（4）对于进行一定声隔离的轻音乐节目,特别是流行音乐节目,缩混时对声源的加工与处理首先应以调架子鼓的音色开始,根据节目的配器和录音分轨记录,各声源逐个进行调整后,依次加入到整体的音响效果中,调整过程中应注意,对声音辅助加工处理设备的使用,如均衡器、延时混响器、压缩器、激励器等。当一个声部都到满意的音响效果后,再往下调其他声部,所有声部混合在一起后,有些已调好的声部可能要重新校正,直到声音达到满意为止,调音的程序如下：从节奏部分开始,低音鼓、小鼓、立钗、嗵嗵鼓、吊钗、电贝司(注意电贝司与低音鼓的音色应融合在一起)、节奏吉他、合成器低音或长音、钢琴、弦乐,然后是色彩型乐器,如钟琴、铜管、民乐和Solo 吉他;最后调独唱、伴唱和合唱,在调整和缩混的演练过程中,应记下乐曲中哪些声部的那些部分要对音量电位器进行推拉调整,以便在正式混录时提前有所准备。在调音的过程中,应使用小型对比监听音箱与主监听音箱进行比较,甚至完全以小监听为依据,用以模拟家用听音环境下的音响效果,使制作出的节目能在家庭音响中较好地重放。

3. 多传声器拾音案例

（1）图 7-12 为使用多传声器拾音方式同期多轨录制京剧的前期拾音平面图,由此,我们可以对一般民乐队的座席位置及拾音安排有初步的认识和了解。

（2）图 7-13 为使用多传声器拾音方式同期多轨录制独唱音乐会现场拾音平面图。

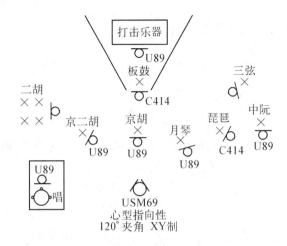

图 7-12　多传声器拾音案例——京剧

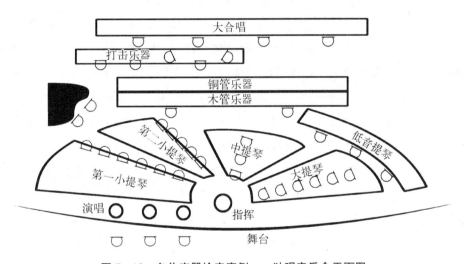

图 7-13　多传声器拾音案例——独唱音乐会平面图

图 7-13 为 2007 年 10 月在上海大剧院现场录音的卡雷拉斯独唱音乐会的录音平面图。采用的就是用多传声器的方法多点录音来进行现场录音的。一提、二提、中提、倍大提琴、钢琴、管乐组、演唱者都是采用小振膜的电容话筒;大提琴、打击乐和合唱采用大振膜的电容话筒,组成了由 30 多个传声器录音的多传声器多轨录音。用这种方法录制出的声音是比较干的,多点叠加在一起的点声源,这对录音师来讲,后期制作是个很大的挑战,录音师的音乐感觉直接决定了作品的录音质量,音乐的大小、深度、平衡和整个的艺术把握,录音师起了相当大的作用。用这种方式录音,相对较少受到现场声学条件的影响,给后期制作很大的创作空间。

7-6-2 分期多轨节目录制及后期混音

这是将声源分成一些不同的录音部分,然后以先后顺序逐一进行同步录音的方法,如果条件具备,多轨录音应以同期录音为主,分期录音可以作为同期录音的一种补充手段,但是当条件不够充分,或在一定音响设计需要的条件下,分期录音就成为主要形式。比如:由于各种条件限制,有时根本无法组织一只规模足够的乐队;组成乐队的各部分因故不能同时录音或有些乐器、乐器组在实际演奏时难以满足总体效果的要求,需要在不影响其他乐器的情况下,对其进行单独的加工处理或由于乐队队员演奏、合奏水平有限,演唱水平欠佳及节目制作资金有限等制约,或对制作出的节目音响效果及声道安排有特殊要求,这时的节目录音就应采用分期多轨录音工艺来完成。

1. 分期多轨录音的特点

分期多轨录音工艺节目制作灵活多样,不受时间与空间的控制,可以用较少的人员通过加倍的方法录出大乐队、大合唱的音响效果。由于录音是分期进行的,声隔离得到保证,节目的清晰度很高,通过录音师的后期制作,声源的音色可以得到充分美化,各声部之间达到较好的平衡,可以人为地制作出多层空间的丰富的立体声效果。在录音过程中,可随时对单个声源进行逐段的补录与修改,方便地得到一条理想的声轨信号。由于分期多轨录音首先需要在一个声轨录出乐队的节奏信号,然后各个声源以此为参照进行分期多轨的同步录音,不论演奏者或演唱者均不能根据乐曲的情绪发展和变化再改变演奏速度,而演奏的力度变化也是在后期制作时由录音师在调音台推拉出的,而不是随着乐曲的情绪变化由演奏者自发奏出的,由于演唱、演奏者之间没有互相的情感交流和配合,因此这种录音工艺相对其他录音方式相比音乐表现力较差,节奏死板,力度变化缺乏自然真实感,这种录音方式不利于音乐作品与听众在情感上的交流,使音乐缺乏感情和艺术感染力。

这种录音工艺占用录音棚的时间较长,使用的设备较多,它可以用于录制节奏固定、速度、力度变化不大的短小的节目,如流行音乐、部分轻音乐和舞曲等。对于那些节奏、速度、力度变化较多的艺术作品,如交响乐、民乐合奏、合唱、歌剧、戏曲等难以胜任,而且在流行音乐、爵士乐、摇滚乐等艺术形式中,有时为了达到与听众的交流,增强作品的现场感、冲击力和感染力,往往也不采取分期多轨方式而是采用活的、有生命力的同期多轨或两者结合的录音方式,但同期多轨录音方式不论对演奏者还是对录音师来说,技术水平要求较高,难度也较大。

2. 分期多轨录音工艺流程

前期录音环节

分期多轨录音大多数情况下是在强吸声的录音棚中进行的,传声器以较近距离拾取声源的直达声信号,各声源的录音顺序很重要,如果安排不当,易给录音和演员的表演造成一定困难,合理的分期录音顺序如下:

(1) 录信号轨。它是乐曲的指挥性信号,早先的做法是录制信号轨,包括参考节奏与报小节号两部分,节奏声轨可用电子节拍器录,也可用电子合成器中专门输出节奏声信号录音用,现在的音频工作站都有此项功能预存在电脑中。在录音之前,应首先看乐曲的总谱,配器是否较满,如声轨有余量,节奏声与报号声可分开录在两个声轨上,便于录制其他声部给演员返送监听时的调整,如果声轨不够用,则将两者声比例调好以后,录在一条声轨上,报号声可串于压缩器录制使用,以获得音量平均的报号声信号,不至于忽大忽小,节奏及报号声一般选择录在录音机的边轨上。

(2) 录制节奏乐器。有了节奏乐器就有了乐曲的基本节奏型与骨架。在流行乐音乐中,有了节奏乐器、打击乐器的骨架,以后再录制和声、旋律与色彩乐器时才有依据。节奏乐器主要指架子鼓、电贝司、电吉他,首先应录制架子鼓,然后是电贝司与电吉他,也可以是这几件乐器同期录音,但应从调架子鼓的音色开始,调音顺序与同期多轨录音相同。先将每件乐器音质调好后,再混合起来听音响效果,微调各种乐器的音色,都达到满意时即可进行录音,如果声轨够用,每件乐器进入一个声轨录音,如果不够用则嘡嘡鼓可变成两轨立体声(这样就省了两轨),甚至吊钗也可混合其中(又省了两轨),但此时各件乐器的比例和音色一定要调好,因为后期制作时无法再单独调整了。调整鼓的音色,应使用调音台的均衡器,如均衡点不够用时,可在通路中插入1/3倍频程、31 段外接式均衡器使用,有时为了减小乐器之间的串音,或增加力度等,还需要插入噪声门或激励器来改善音质,同期进行的合成音色的录音,目前多数情况下是演奏者进棚之前已经编好了 MIDI,而不是在录音棚中现场弹奏的,所以,在这种情况录音时,节奏信号、报号声、MIDI 同步信号及打击乐器,其他音效是同期录制的,除节奏和报号声外,MIDI 连接的电子乐器有多少个单独输出就可以同时录制多少轨信号。各路信号输出进入调音台线路输入插口进行录音。当第一遍同期多轨音频信号及同步信号录制完成后,把各轨录音准备状态开关关闭,而将下面要录的声轨打开,由录音机重放出同步信号声轨的同步还音信号,经调音台线路输出插口接入 MIDI 连接的电子乐器中,进行同步的其他声轨的录制。录制同步信号的声轨,应选择录音机上较好的、没有失真或没有问题的声轨使用,因为同步不稳或失落,会影响到下一步同步录音工作。

(3)录制固定音高乐器。从音准上为乐曲的录音树立了音乐的标准,这样,在后面录制的乐器,音高才有依据,特别是后面录制弦乐器时,可以时刻以此为参照。因为弦乐器在演奏时容易产生音准漂移问题,而且弦乐器定音也可以此为参照。固定音高的乐器,如钢琴、电子合成器。对于电子合成器的录音往往是演奏者进棚之前已经编好了 MIDI,录音时与信号轨、节奏乐器通过同步信号同期分几步录制就可以了。钢琴一般是录成两轨的,用两支传声器来录。如果声轨不够用时,可将钢琴的两个声道调整好之后合并在一轨上录。

(4)录制弦乐器、管乐器及色彩性乐器。弦乐器的录音往往需要加倍,即同样的旋律演奏两遍,分别记录在不同的声轨上,以制造出演奏人数增加一倍的群感效果。必要时,会加更多倍,使弦乐器听起来更加丰满。弦乐器应用两支传声器,立体声方式录制,应注意立体声录音时的声像宽度与均匀度。如果有大提琴声部,应占用单独声轨与小提琴同期录制,铜管乐器一般采用小号和长号较多。如果声轨不够,可以在小号和长号调好比例和音质以后合并在一轨录制,然后加倍。声轨够用时,小号、长号各占一轨,然后加倍。不论哪一种方法,小号和长号应各用一个传声器拾音,各占调音台一个通路进行调音,录音应使用压缩限幅器,但压缩量与压缩比等调整应适当,不可过大,以免使铜管的音色和表现力受到影响。当有小号 Solo 时,应单独录在一轨上,便于后期制作调整。录制各种乐器特别是音量较小或参加人数较多的乐器,比如古琴、弦乐等,应注意给演员的返送监听中参考节奏声和报号声不可过大,以免通过传声器拾取串入正在录音的声轨中,所以录过一段后,应注意回放,审听有无此现象,便于及时发现与调整。

(5)录制人声:包括独唱、伴唱合唱等。录独唱、伴唱时应采用压缩限幅器,但调整应适当,压缩量、压缩比不可过大,过大则会产生失真和不自然的音色。录音时,对于某些音节或词句容易出现喷话筒音,可让演员唱到此处时较偏离开传声器一些,或将传声器高度,角度稍作改变。录合唱时,应采用两支传声器立体声方式录制,然后加倍,可得到人数较多的、具有立体声空间感的效果。对于某些演员,听经双耳立体声返送不习惯而给听单耳返送监听,用另一耳听自己的演唱或演奏,可采用单耳耳机,或将双耳耳机中一只翻转朝外,并将这只耳机音量完全关掉,使演员能够用这只耳听自己的演唱或演奏。

（6）演员的演奏或演唱出现错误，可随意进行切入和跳出的补录。但应注意切入和跳出点应准确无误，音符和词句应完整，不能有缺头断尾和双音的现象出现。当补录时，应让演员跟着前次的录音演奏和演唱，到达接点位置，由录音师切入录音，这样演员的演唱和演奏才能在情景上、力度上与前面的录音连贯，不会出现变化。

（7）如果已定的音高不适合演员的演唱，可采用录音机变速或变调的方法来适应演员的音高，但变化的范围是有限的。对于模拟式录音机，变调是通过改变录音机速度来实现的，如果变化幅度较大时，已录定的声轨的频率响应将会受到影响，重放的演奏速度也会随之变化。如果是数字录音，变调可直接出现。当改变录音机的速度或音高时，应记录变化到的位置，以便后期制作时参考。当变调录音完成后，录音机应及时复原，以免影响后面录音的节目质量。各轨录音的内容应在录音时标记清楚，声轨中的杂音发现后也应注明其所在的位置，便于后期制作时加以处理。录音过程中，杂音有时很容易觉察到，有时则不易发现，而且在以后录其他轨时才听到杂音的存在，如录弦乐，串入的报号及节奏信号声或因使用金属折叠坐椅时由于演奏时身体晃动引起椅子杂音等。

后期制作环节

分期多轨录音的节目后期制作工序与同期多轨录音相似。录音机各声轨处在还音状态，经调音台开关转换，各声轨信号经线路输入至调音台各相应声道并进入立体声输出母线，调输入增益、均衡、声像方向及混响等，使声音达到满意效果。

缩混时，应用小型近场监听音箱和大监听音箱对比，以获得准确的适合家庭重放的声部平衡和频率平衡。如果节目要缩混成四声道、五声道、七声道等立体声节目，录音棚应设置或临时设置相应的多声道监听系统，缩混只有在准确的多声道监听环境下才能进行。没有准确的立体声监听，就得不到正确的声像设置和各声道节目电平的平衡。

第八章
影视剧录音技巧简介

内容重点

    影视剧的录音与前面我们所讲的语言、音乐录音在着重点上有着很大的不同,有关电影、电视剧的录音本教材不做重点介绍,这里除了简单的概念之外,更多的是实践得出的结论。所以,这里只是参考通常情况下,将常见的处理方法给予借鉴总结。内容主要包括:影视剧同期录音的技巧、后期配音过程及要注意的问题、音响效果录音技巧,包括:在电影和电视剧录音中,主要的两种用来进行音响效果录音的方法:一种是在录音棚中,录制用人工手段所模拟的各式各样物体发出的动作声音,通常这种录音方法叫做录制动效;另外一种就是直接在生活环境中,录制各种各样真实的现实声音,通常这种录音方法叫做录制资料音响、最后是影视剧音乐录音。

8-1 影视剧同期录音

1. 影视剧同期录音的技巧

同期录音是指在拍摄画面的同时进行录音,声画完全同步。目前这种工艺在我国电影、电视剧声音制作领域被广泛使用。在这个过程中,同期录音师需要完成的主要工作有：录制现场同期声、静场声、现场补录、环境音响和资料音响。

首先，同期录音中的"同期"是要在画面拍摄的同时，对演员表演的语言声音进行录音。用同期录音的方法，可以使演员的语言声音与画面内容保持同步状态。因此具有演员表演形象和语言情绪统一、真实、语气语调自然等优点。

根据同期录音的工作特点，同期录音需要的设备有：传声器、话筒竿、调音台、录音机、电缆插头和耳机、磁带电池及其他物品；同期录音组成员有录音师、话筒员一个或多个，负责举竿、另有布线员负责排线工作，话筒员和布线员同为录音助理。

在实际同期录音工作中，通常是录音师与录音助理搭配，录音师负责指挥和总的设备控制，录音助理负责声音拾取，俗称举竿。基本上，在工作时应该遵循这样几个原则，即：语言声音优先于音响声音录制、画内声音优先于画外声音的录制。录音助理工作时要面向演员和摄影机(见图8-1)。

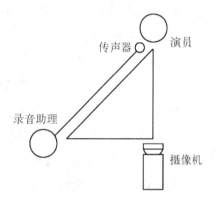

图 8-1　录音助理面向演员和摄像机

我们按照这个原则，可以将拍摄现场的语言声和音响声、画内声和画外声有重点地录制下来，供后期制作时参考使用。其实在同期录音时，话筒拾取声音位置的选择是一门比较专业的学问，并且在随着使用同期声录音的作品的不断增多，这也成为了录音行业的一个庞大的市场，我们这里只就典型的录音技巧进行描述，不作更具体的解释了。

在同期录音中，录音师会遇到两种不同类型的录音环境：封闭空间和非封闭空间，也就是通常讲的"室内空间与室外空间"。

2. 有关封闭空间、非封闭空间的同期录音

根据声学原理，封闭空间的体积大小可以通过声音在墙体的反射量来测定，因此我们可以通过声音混响量的多少来描述封闭空间的声学特征。

我们在一个空间体积大小不变、空荡无物的房间中说话时的感觉，和在摆满了物品的房间说话的感觉是完全不相同的。所以，我们在进行封闭空间的同期录音时，要根据分镜头剧本的艺术要求有区别地对待和反映出房间以及角色语言的声学特征来。

当拍摄现场的环境声学特性达不到我们在声音设计时提出的要求时，就需要尽可能的拾取干净的声音，在后期的录音制作时再通过有关的设备以及处理技巧，来满足

和达到我们在声音设计中对语言环境所提出的声学要求。总之,就是要使同期录音的语言声音与分镜头剧本中对语言表演的艺术要求相一致,使观众不管是听上去还是看上去都觉得真实可信。

决定同期录音声音的真实感的要素很多,能让观众有身临其境的感觉,必须特别注意以下几个主要的因素——声音的距离感、环境空间感、运动感以及方位感。下面我们就这几个主要因素作简单的阐述:

距离感:是指人耳对声音远近距离的感觉,又可通俗的称为远近感。在拍摄画面的同时,前景物体或者人在画面中可能会不断运动,画面的远近距离也可能不断切换。声音的距离和前景物品的镜头距离应当吻合,若是画面给出主题人物一个特写,而拾音设备却安放在十米开外,这样就会显得画面和声音失衡,给观众非常虚假的感觉。影片声音的距离感与话筒和音源的距离、声强变化、直达声与反射声比例的变化以及音色的变化有关。设置话筒与声音主体的距离与观众、听众感受声音的距离是相应的,在做同期录音的时候应该时时刻刻调整话筒的位置,与画面以及景的变化相结合,创造出与画面相呼应的声音距离感。声音信号在传播途中是会受到很多因素干扰的,并且有的声音信号也会转化为其他形式的能量,因而到达话筒的时候也会有相应的衰减,理论上是距离越远,衰减就越严重。一般在同期录音的时候通过调整电平能够调整声音的强度,从而达到改变声音距离的目的——提高电平以减小距离,降低电平则增大距离。

直达声和反射声的比例直接影响到声源的清晰度,同样直达声和反射声的比例也会影响到声音的距离。一般来说,在封闭或者半封闭的环境中,距离近的发生物体形成的直达声大于反射声,而距离较远的物体直达声小于反射声。由于人耳对声音的心理及生理的感受特点,我们也可以利用一些辅助设备,通过调整频率、混响等手段营造出距离感。

环境空间感:我们生活在一定的空间环境中,不论是封闭或是非封闭空间,我们所处的每一个特定的环境有其环境的声场特性,观众可以通过声音的声场感受,也就是空间感来大致分辨这些环境。声音的空间感是由声源所处环境的声音特性决定的。影视作品中人物所处的声音环境,也是由环境音响来构成的。生活中有很多不同的环境——僻静的田园、喧闹的机场、充满杀气的战场、充满奇幻色彩的太空等等,不同的环境有它们各自的特点,为了保持影片的真实性,我们必须创造出真实的环境音响,这些连续不断的音响必须延续在整个影片中,以保持整个影片的真实感。

运动感：指声源在观众感受上的相位和声源位置的变化，这个是由于音源的音色和音量大小的变化引起的，同样我们在现实生活中能够感受到：任何物体，譬如一辆汽笛长鸣的汽车从你的面前掠过，你会感到笛声声音大小会发生变化，音调也会发生变化，如果物体运动越迅速，这样的变化就越明显，这种变化我们称为"多普勒效应"。在"声音的物理属性"中有过详细的讲解，多普勒效应是应用在影视声画结合技术上最多的一个现象，我们要了解这一特性，才能把握好声音处理的技巧，从而做出更加真实的声音效果。同样声音运动感还有其他的表现方式：如果在多普勒效应不是很明显的时候（物体相对运动速度慢的时候），可以通过演员的语言的不同来区分画面是处在运动还是静止中，我们知道，人在运动环境中说话的语音语调是完全不同的。同样如果是镜头运动，可以通过环境声的变化来表现运动，你可以采用环境声的类型变化以及音量的大小，譬如摄像机是在一辆车上，经过闹市的时候是喧闹的环境声，而一旦驶出城镇，喧闹声会变小，同时自然声增多。

方位感：人的耳朵能够分辨出音源处于何种方位，可以通过一定的相位差、强度差和时间差来区分声音的方位。如果是立体声拾音，或者多声道拾音，声音的相位也值得重视，如果摄像机在旋转，各个音源的位置也要发生相对的变化。

3. 选择同期录音的传声器

在选择和使用同期录音的传声器类型方面通常我们建议在封闭空间中使用心形指向的动圈传声器或心形的电容传声器进行录音。

有些录音师为了保持演员在封闭空间和非封闭空间的音色统一，往往将强指向传声器设置在封闭空间拾取同期语言声。由于强指向传声器的拾音特性，使得它除了拾取演员语言的直达声以外，还拾取了大量经过墙壁反射的声音，反而使声音出现一些怪异的音色。而心形指向的动圈传声器因为它的拾音灵敏度要较心形电容传声器和强指向电容传声器为低，所以在同期录音时，除非封闭空间十分狭小，一般来讲，它所拾取的声音主要是演员语言表演的直达声很少拾取反射声。所以它受封闭空间的声学环境特性的影响就比电容传声器要小。同样道理，心形电容传声器在封闭空间的拾音也要比强指向的电容传声器拾音的音色要好。

在封闭空间进行同期语言录音时，传声器的设置位置十分重要。传声器的位置如不合适，将会使所拾取的语言音色大相径庭。这是因为前面我们推荐使用的传声器的指向不是心形就是强指向性的缘故。这类传声器的指向如偏离轴向一定距离，就会造成声音电平的急速衰减，同时声音的音色也受到极大的影响。

　　一般在使用中,如果演员是固定不动的,可以根据拍摄景别的不同,将传声器的指向朝向演员的嘴部上方,并且注意不要让传声器出现在画面里"穿帮"。

　　如果演员是独自一人,可以使用立式传声器架;如果演员是两人,而传声器只有一个,就需要录音助理手持传声器竿,根据两人的语言交流顺序,依次转动传声器竿,将传声器的指向分别地朝向他们中的一个人。注意:千万不要在演员的讲话过程中转动传声器竿。否则观众会很清楚地分辨出语言音色的变化;如果演员是两人,而传声器有两个,就只需录音助理将两支传声器分别指向他们即可;如果演员是多人,就需要两支以上的传声器,根据演员的语言顺序,由录音助理分别地指向他们中的说话者。如果演员的动作比较大,我们可以使用领夹式话筒,俗称"小蜜蜂"。

　　在非封闭空间中,选择和使用同期录音的传声器时,通常我们建议使用强指向传声器进行语言录音。由于强指向传声器的拾音特性,使得它在轴向一定范围内的灵敏度很高,所以强指向传声器可以比动圈传声器更方便地拾取到远处演员表演的语言声音。而且,强指向传声器轴向一定范围以外的拾音灵敏度很低,这样,就使得语言声音的电平大大超过了轴向范围以外所拾取的无用声音信号的电平,突出了语言声音。

　　在非封闭空间进行同期语言录音时,由于使用了强指向传声器,这样就使得传声器的位置设置变得十分重要。如果传声器的位置稍不合适,偏离了演员的嘴部,就会使所拾取的语言音色变得很差。这是由于强指向传声器的指向若偏离轴向一定的距离,就会造成声音急速衰减所造成的,所以录音助理的举竿姿势一定要合理。

　　熟悉话筒特性的录音师应该知道心形话筒和强指向性话筒的特性,就是如果音源偏离主轴一定的距离,就会造成声音信号电平骤减,严重影响音色质量。因此录音话筒的摆放位置相当重要。一般来说,话筒应该在演员的上方而且指向演员的嘴,如果是两个人而话筒只有一只的时候则应该在话筒间进行话筒竿的转动,但是切忌在说话的时候进行转动,这样会导致演员语言音色的变化,听起来相当不自然。如此的摆位方法要注意话筒以及话筒竿不要进入画面,以免闹笑话。如果演员进行长时间运动,则可以使用领夹话筒,也就是我们通常所说的"小蜜蜂",但是注意在运动中不要让身体以及外物和话筒剧烈碰撞,并且要注意话筒的隐蔽,不要暴露在画面中。

　　一般来说,同期录音时我们强调一个调音台一个录音师操作,因为每个录音师的习惯不同,监听电平不同。同时,在录音的时候可能会遇到很嘈杂的环境或者其他的复杂环境,我们推荐在前期录音的时候不加任何效果,以便后期进行更为复杂的效果调试,一旦在前期加上了效果,后期觉得不合适的话去掉是很难的事情。一般来说,按照多数录音师的经验,调音台电平在录音时调到 70% 的位置比较合适,可以使信噪比达到最理想状态,新录音师总喜欢把电平调到很大,以满足自己监听的心理需求,然而这样往往会超过标准录音电平,使声音处在失真状态,这在长期的锻炼中应该加以注意。

同期录音因为是一次性录音,在录音前对各部门以及各设备都要进行精心的调试,尽量控制来自外界的环境噪音,比如:摄影机的马达声、摄影机轨道的移动声等。如果需要,可多采用后期配音的方法,以免影响语言录制质量。同时尽量在录音的时候仔细,不要出现诸如防风罩脱落之类的事故,这样容易影响演员以及其他部门的情绪。同时,应在摄影机外加装隔音罩,以免摄影机、摄像机运转的声音的录入。

一般来讲,电视作品的同期录音要比电影作品的同期录音相对简单容易。这是因为在拍摄电视作品时,声音和画面可以记录在同一条录像带的不同磁迹上,所以不存在声画是否同步的问题。另外,电视同期录音所需的设备也比较简单。电影一般是采用双系统进行同期录音的,语言录制在单独的模拟式或数字式录音机上;而电视一般是采用单系统进行同期录音的,语言和画面一起,被同时录制到录像机上。

8-2 后期配音的技巧概要

后期配音指的是:在完成了对画面的剪辑工作之后,由屏幕上播放画面,根据画面上的语言口型位置再进行演员配音的录音工艺,它也包括了对同期录音的影片进行后期补录语言的过程。

后期配音的应用很广,例如有些影片因为某些技术原因或其他原因或是出于影片本身的艺术需要,无法进行同期录音或同期录音的技术和艺术质量不能令人满意时,都可以采用后期配音工艺来完成语言的录音工作。

后期配音工作一般都在专用的语言录音棚中进行的。一般来讲,语言录音棚的体积较小,混响时间大约在 0.4 s 左右。为力求声音真实,应选择具有强吸音能力的语言录音棚,或者说声音比较"干"的语言录音棚。如果一定要在声场条件并不令人满意的棚中进行配音,这时录音师应该尽量设法改善声场条件,比如在录音棚的墙壁、地面、天花板加装一些吸音材料,尽力减少棚的混响时间和混响量。

由于影片中的语言有室内语言和室外语言对白,具有明显的空间特色,因此,选择语言录音棚的基本原则是后期配音的空间感必须与同期录制的语言或是影片中的语言环境的空间感相一致。另外，后期配音的语言与同期录音的语言要保持一致性，传声器是个很重要的因素。一般来说，各种传声器的灵敏度和频率特性都是不同的，因此，在后期进行同期声音的补录时最好使用与同期录音时一样的传声器。在语言录音棚中也要根据影片的要求，适当地变换传声器的位置，使语言在音色、音量、距离感和空间感等方面尽量统一。如果影片的语言完全使用后期配音工艺来录制，那么选择传声器的原则是根据画面场景的需要，使用不同的传声器来录音处理。

解说、旁白和内心独白之类的语言，一般即使在采用同期录音工艺的影片中，也都需要在后期配音时进行补录。一般为了区别同期语言，可以将解说词、旁白和内心独白等后期配音的语言单独录在一条声带上。解说词或旁白的配音多由受过专业语言训练的、擅长语言表演技巧的演员承担，其音量平稳，音色纯正。所以一般采取心形的电容传声器或动圈传声器进行近距离的拾音。内心独白的配音除了全部后期配音的影片外，则主要由同期影片里的剧中角色自己担任。

一般在这种录音方式中，采取心形的电容传声器或动圈传声器进行近距离的拾音，无需做距离感和空间感的处理。但也有个别情况，需要内心独白带有空间特色，通常可以使用效果器来实现。

配群声是指为影片中处于背景位置的群众演员配音。一般在文学剧本上是没有这些群众演员的具体的语言的。在同期录音的拍摄过程中，为了能突出主要角色的语言，经常让处于背景状态下的群众演员光动嘴而不出声，这样主要演员可以从容地进行表演。但在最后进行混录之前，必须给背景的群众演员表演加上群声。否则，从视觉上看画面十分真实，但从听觉上就十分虚假。所以对这种有群众演员的场面，一定要配上群声，可以现场配也可以后期配。

虽然后期配音有某些方便之处，但从艺术创作的角度来说，后期配音仍存在许多的问题，主要的问题集中在：① 口型对不准，也就是演员配音的语言声音与画面口型配合不准，我们只能通过剪辑技巧，对所配语言进行前后位置的调整。② 配音和表演不吻合——由于大部分后期配音的影片，都是需要配音演员进行配音，而不是画面上演员自己进行配音，配音演员虽然专业、技巧高、速度快、口型也能对准，但无论是国产片还是外国片，观众听到的总是这几个人的声音，让观众总是停留在配音演员声音的重复问题上，使观众对电影投入程度的降低，不利于表演的演员和观众交流。

8-3 音响效果录音技巧

在电影和电视剧录音中,除音乐和语言对白之外,还有很重要的一部分声音内容,就是音响效果,有自然环境中的真实的声音,如:风声、雨声等,要录制这种声音,我们称为"录制资料音响";还有一种是在录音棚中,用人工的手段模拟制作各种物体发出的各种动作的声音,我们称为"录制动效"。

不论是录制动效或是资料音响,如果没有丰富的经验或者扎实的录音基本功都很难录制到满意的声音,所以要懂得有关声音处理的技巧和拥有拾音的经验是能否做好的关键。

动作音响又叫做动效。很多影视制作单位均设有专门录制音响的录音棚,这种棚又被称为"动效棚"。影视作品中的动效录音主要有两种:一种是给同期录音的影视作品补录动效音响,主要是补配同期录音时画面上遗漏的人或物体的动作音响;另外一种是给后期配音的影视作品录制全部的动效音响。在动效棚中录制动效,实际上就是用人工的方法模拟影片中的人或各种各样物体所发出的声音。所以在动效棚中通常备有各种类型的发声物体,如各式各样的地面、门、窗及水池等日常生活中常用的设施,以便为影片出现的各种动作配动效。

人们称录制动效这项工作为动效拟音,完成这些声音模拟任务的人员叫"拟音师"或者音响效果师。

拟音师是录音师在声音艺术创作工作中最亲密的合作伙伴。他们在影视拟音工作中积累了很丰富的拟音经验,有一套独特的个人技巧来模拟银幕上各种动作的声音。比如,往烧热的电熨斗上倒冷水可以模拟在炽热的油锅里炒菜的声音;轻轻地挤压乱成一团的废旧磁带,可以模仿草地上走路的声音;而用手捏装满面粉的塑料袋,可以发出在雪地上走路的声音;录动效的过程就是录音师与拟音师共同创造新声音的过程,就是相互协调、互补优势的过程。拟音师运用丰富的拟音经验,使用各种音响道具,一边看着银幕上的画面内容、一边对准物体的位置,创造出逼真的、令人叹服的音响;而录音师则正确地设置合适的传声器,并进行适当的调音均衡处理,来录制这些音响声音。

在动效录音中,通常有经验的录音师会将监听功率放大器的声级定在较低的位置上,其目的是保证听感上的真实,还要使录音电平和噪声电平之间有一个足够的较高的信噪比,因此,一般录音师在录完音响之后,会马上再用加大监听声级的方法来检查所录制音响声音的信噪比,这样反复对比、揣摩得到满意的声音效果。

在很多时候,尤其是做电视节目,我们没有条件去专门录制音响效果,我们使用的更多的是由专业的拟音师和录音师制作好的音响效果库。而且,随着技术的发展,数字采样器和音频工作站的广泛应用,大量的声音素材、声音效果库应运而生,可以满足我们对于声音音响素材的渴求,这大大提高了录音师的工作效率,并且效果器的效果繁多,也给我们带来了很多新的想象,许多变形的、新的声音被合成、创作出来。不仅仅是电视节目,越来越多的电影的效果也从大量的效果库中调用,给录音工作人员带来了很大的便利。

但是,效果库的声音素材也有一些局限,比如:大家购买的都是同样的效果库,声音素材都是相同的,没有特殊性,所以,现在很多后期处理的录音师,将效果库中调用的素材经过自己的处理,如:做均衡等处理,得到自己更为满意的音响效果。

下面讲解录音师常用的资料音响录音技巧。

大多数录音师都愿意自己亲自去大自然中采录各种各样的资料音响,录制现实生活中的真实音响。

通常在参与同期影片录音时,录音师会在拍摄空闲时间内独自录制一些他们认为有保留价值或平常难得一听的各种资料音响,比如,在农村拍摄时,不管自己正在拍摄的影片是否需要这些资料音响声音,他们都会去录制一些诸如猪叫、鸡叫、狗吠、马嘶、碾米、驴拉磨等农村所特有的资料音响,以备需要时能派上用场。尽管录音师录制各种各样的资料音响最后未必都能用得上,但也给自己的生活体验带来了全新的艺术感受;在城市拍摄时,他们也应该录制一些城市所特有的资料音响。作为一个专业的影视录音师,应该随时随地地了解和掌握周边生活环境的声音信息,尽一切可能将它们录制和保留下来,就像保护世界濒临灭绝的动物那样,去抢救性地录制一些具有珍贵意义的资料音响,积累资料,为未来影视声音的艺术创作提前做好准备。

录音师在自然环境中录制各种各样的资料音响,需要有一对立体声电容传声器,配有海绵、毛衣和塑料防风罩,以应付可能到来的大风天气。立体声传声器主要用来拾取大部分展示环境的资料音响,如风声,真实的雨声,雷声,潺潺流动的小溪,江河大海,山林中的鸟鸣,繁忙的交通要道等等。当然录音师还需要备一支动圈传声器,可以用来拾取一些高声级的资料音响:如轮船、飞机、火车的发动机轰鸣声,开山放炮声,以及运动比赛场上的大声喊叫声等等。如果有可能,最好再备上一支强指向的电容传声器,用来拾取一些低声级的资料音响:如秋天的虫鸣声,极远处的声音以及一些需要放大的声音(安静环境下的滴水声音)等等。

在录音过程中,一台便携式的调音台是必不可少的。它除了能提供电容传声器的电源支持外,还可以在录制过程中将一些干扰声音滤掉,或者对一些高声级的声音进行简单的压缩限制,以保护调音台的前置放大器不受动态过荷的影响等等。我们还要使用数字便携式录音机来录制各种资料音响,一般有便携 DAT 录音机或者便携数字硬盘录音机。

另外,录音师需要有一副专业的高质量的监听耳机。它可以帮助录音师判断所录资料音响质量的好坏程度,以便录音师能及时进行补录。一般来讲,监听耳机应该选用频率范围宽窄、动态范围大的、阻抗高的耳机,同时耳机的罩壳应该是全封闭型的,这样在监听时,就不会出现外部声音串音的现象。

高质量的传声器电缆也会对录音的质量有所影响。一般应该准备多种规格的传声器电缆,以备各种条件下使用。

8－4　影视剧音乐录音概述

影视作品中的音乐,根据来源主要有两大类:一类为原创音乐,它是由作曲家专门为影视作品创作和编配的,另外一类则是从现成的音乐作品中选择来的音乐,它又被称之为资料音乐。

原创音乐的创作过程一般时间比较长,作曲者在影片的筹备阶段就投入了工作。他首先应研究电影文学剧本和分镜头剧本,然后与导演、录音师共同商讨影片音乐的风格样式、音乐布局和高潮的设置、音乐与语言和音响在影片中如何有机地结合等问题。在影片拍摄期间,作曲者还要根据影片剧本中所展示的生活场景去体验生活,收集各种音乐创作素材。

在影片的后期制作阶段,作曲者要反复观看工作样片,并经常与导演和录音师交换创作意图,在此过程中逐渐完善创作构思。当画面基本剪好之后,作曲者就可以到剪辑室准确地量出需要配乐的画面段落的长度,再折算成音乐时间的长短,然后就可以根据这一长度要求开始正式的音乐写作了。影视音乐与其他形式的音乐的区别之一,就在于影视音乐受画面内容与长度的制约,作曲者为影片配乐的重任就是必须按照规定的画面段落谱写出时间精确的乐曲或歌曲。

相对于原创音乐的创作和录音过程,资料音乐的录音工作就比较简单。只要录音师根据画面内容的要求,对资料音乐进行声音设计之后,就可以进行选择和编辑工作了。

需要在这里说明的是上面所指的音乐"同期录音"与电影的"同期录音"是两种不同的概念,有关音乐录音的技巧我们在上一章中已经有详细的阐述,这里就不再过多的解释了。

第九章

多声道拾音与录音

内容重点

在制作多声道节目(我们这里主要指标准的 5.1 声道)之前,首先应该考虑的是,需要营造一种怎样的环境以及环境的大小,怎样灵活地运用传声器的声音的远近变化、重叠以及拾音摆位技巧,可以录出十分自然的声场。假如效果处理,例如人工延时或混响,可以改善听起来不甚满意之处或补偿录音中的一些缺陷。在最终混录时,声源素材可以被独立的录制,包含或者不包含空间信息,位于声道节目的声场中的某一位置。精心地运用传声器、效果处理以及混音技巧,可以让听众几乎在任何位置都可以获得理想的效果。我们这里比较详细地介绍了多种现今开发的比较流行的多声道传声器拾音方法的原理及工作效果。

9-1 多声道拾音技术

前面,我们围绕着双声道立体声拾音及录音制作技术作了大量的阐述,实际上,多声道录音技术的许多观点和工作方法都是建立在双声道立体声技术的基础之上的,其中,多声道环绕声的拾音技术是十分重要的,多声道拾音比双声道的拾音制式更强调三维自然声学环境的拾取,也就是说,听众在听节目的过程中,不仅要欣赏声源的表现,同时也应欣赏录音环境的体现。所以,多声道环绕声录音多用于古典音乐的录音,因为这类节目通常表现的声源所处的声场环境在节目表现过程中与声源本身具有同等的重要地位。以前,我们在做多声道的节目时,多数是采用多点拾音的方法,在后期加工处理成多声道的录音作品,随着拾音技术的不断发展,现在已形成了多种的多声道的拾音技术,并可以同期地制作成多声道作品,也就是利用不同话筒的摆放方式直接拾取一个适用于多声道系统返送的节目,再配合其他一些技术,构成了完整的多声道拾录技术。那么我们本章的主要内容就是介绍基于立体声拾音技术之上的多声道拾音方式。

9-1-1 五声道一体式阵列

我们先来谈谈有关5.1声道的概念。5.1多声道音频技术最初是为了电影领域的应用而开发的,相关的标准已经校准完毕,目前,用于电视及音乐录音的五声道的节目制作录、还音的技术、声轨分配的方法还在积极的深入探索研究之中。

1. 5.1声道(3-2)立体声

如图9-1,这是一个依照ITU-R BS.775标准进行排列的5.1声道环绕立体声系统,在图中我们注意到,没有LFE声道的存在,也就是说,无论5.1声道环绕立体声系统之中LFE的存在与否,我们都把这样一种3-2环绕立体声系统,称之为5.1声道环绕立体声系统。

在5.1环绕立体声格式中,环绕声道是由两个扬声器进行重放的立体声信号,同时与前置三个声道结合形成以前置为主的还音模式。

从图中我们可以看到这种5.1声道标准同时定义了扬声器位置、听音距离以及视频系统中屏幕高度之间的关系(详细请参考ITU-R BS.775标准)。

标准同时规定了左右扬声器之间的

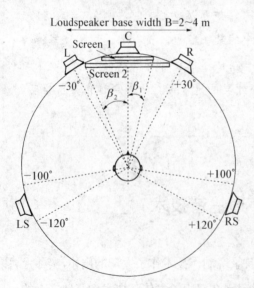

图9-1 5.1环绕立体声扬声器的排列标准

夹角为±30°,这样就使得左右扬声器与双声道立体声系统兼容。中置扬声器与前置扬声器 L、R 之间的夹角设置为±45°。环绕扬声器和中置扬声器之间的角度为±110°。同时 ITU 标准允许增加辅助环绕扬声器,并且两只辅助扬声器的夹角应在±60°和±150°之间。在实际布置时,环绕扬声器和前置扬声器在品牌、型号上应尽可能保持一致。

2. 5.1 声道中的 LFE 声道

在 5.1 声道立体声中,LFE 声道是一个可有可无的声道,与主声道不同的是,LFE 声道只传送低音信息(<120 Hz),并且对其他声轨还音的定位没有直接的影响。它的目的是为了补充节目中的低音内容,或者可以说是为了减少其他声道在低音部分的负担。

LFE 声道不等同于超重低音扬声器,LFE 声道携带了额外的低音信息,而超重低音扬声器输出是用来表现低音信息的。

LFE 声道可以作为对主声道低频输出的补充,也可以单独使用 LFE 声道来输出全部低音信息,这样可以有效减少前方三个主要声道的负担。LFE 声道在制作时它的声压级要比任何前置声道高 10 dB,即使在所有前置声道低音完全加载时,LFE 声道也可以将低音的声压级提高 6 个 dB。

LFE 声道输出可以设置为将所有 6 个声道的低音信息选择在通过超重低音扬声器输出。这种特殊的、将低音信息混合后通过超重低音扬声器来表现的方法称为低音管理(图 9 - 2),举个例子,比方说前方中置扬声器的低音输出能力有限,那 LFE 声道就可以包含前方中置扬声器的低音信息同时输出。

五声道主传声器技术的特点是传声器之间的距离较近,利用信号间的时间差和声级差的相互作用来进行声像定位。通常是将临近的两支传声器视为一对组合,覆盖特定的拾音范围。该范围内的声源被其他传声器拾取的信号,则尽可能的低一些,或者有较大的延时,尽量避免其对该范围内声源

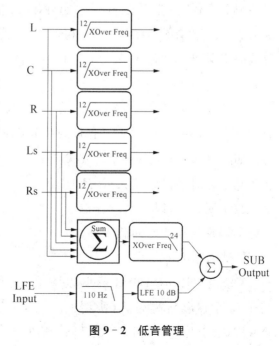

图 9 - 2　低音管理

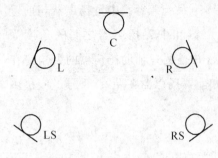

图 9-3　话筒的五点阵列图

的声像定位造成影响。图 9-3 为这种技术的传声器设置示意图,中间传声器一般相对于左、右传声器的位置靠前一些,起到加强中间声源的作用。传声器之间的距离和轴向夹角的调整,则是根据所谓的"Williams 曲线",即传声器组合特定的有效拾音角和传声器之间的距离、轴向夹角之间的关系曲线。研究证明,听音人两侧和后方声像定位所需的时间差是不同于前方声像定位的,因此应根据需要做适当的调整。

在该五点阵列中,任何一对相邻的传声器均可形成独立的立体声对,覆盖一定空间范围,并在两个声道之间形成幻象声源。在五点阵列中,应注意保证话筒彼此之间的距离和指向角度以确保信号在各自声道之间具有一定程度的时间差和振幅差,并在最大限度内保持各通路信号的相对独立性。根据不同的指向性和不同的拾音角度,传声器之间的距离一般可设定在 10 cm 到 15 cm 之间不等。其实在该拾音方式中,话筒的指向性通常为心形或超心形,以便声道之间的电平差可以通过较为适中的话筒间距以及角度来取得,同时整个阵列所占的空间范围并不会很大,完全可以通过将其安放在一个金属架上来完成录音任务。另外,阵列中各传声器使用心形指向可以提高临界距离值,从而更有效地控制直达声和环境信号之间的比例。这一技术的详细理论后来被威廉姆斯和雷杜提出,之后莫拉和雅克将其用于商业,命名为 TSRS(True Space Recording System)。

经过进一步的研究以及对于话筒摆放方位和距离的多次试验,最后确定了一些选优的方案。威廉姆斯和雷杜将他们的整个话筒摆放称为 Critical Links。其中较好的方式如图 9-4。但是这种拾音方式由于其拾音时话筒距离太近,延时和衰减不明显,所以录制声音在重放时常表现为声音空间感不强,声音不够清晰等缺点。

1998 年,Hermann 和 Henkels 以三个前置心形话筒编队(所谓的 INA-3)加上两个同样指向性的话筒

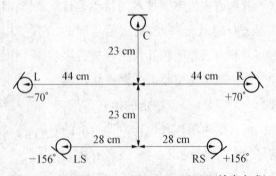

图 9-4　True Space Recording System(TSRS 拾音方式)

来拾取听众身后的环绕声场,这样组成了现在我们所说的 INA-5,也叫"理想心形阵列-5"(Ideal Cardioid Array,如图 9-5)。

　　INA-5 共使用 5 个心形话筒来拾取 360°的环绕声声场,SPL 公司的 Brauner 将其用于商业,研制出 ASM5 系统,如图 9-6。

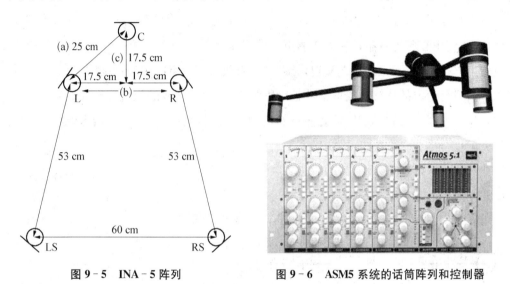

图 9-5　INA-5 阵列　　　　　图 9-6　ASM5 系统的话筒阵列和控制器

　　INA-5 系统的优点是可以改变话筒的录音角度。

　　以上论述的技术中,比较突出的问题是覆盖特定范围的传声器组合(比如 L-C 或者 C-R)之间的串扰问题。很多观点认为,这些串扰大多仅仅有 1~2 ms 的延时,并且声道隔离度一般小于 6 dB,因此在整个传声器设置中,应当尽可能地衰减这种串扰,否则将会产生多重的声像源,影响到声像定位的质量,并且会造成声染色。而且,当混合成双声道立体声时,还将会产生多重梳状滤波器效应。目前的这些观点,有很多都存在一定的争议,但是很多问题,如预测声像的位置以及多重信号的影响是个比较复杂的问题,目前的研究还不是很充分,还需要深入的探讨和主观测试以及更多更有利的理论实践证明。

9-1-2　分体式阵列拾音方式

1. 深田树拾音制式

　　分体式拾音技术主要是通过运用两组话筒对于声场拾音来完成的,前方拾取主要的声音,使用双声道立体声的基本拾音方式来实现,例如 DECCA 树 ORTF 拾音方式。而环绕声声场的拾取,在与主拾音话筒组离开一段距离的地方,一般在 1~2 m 处摆放多只话筒拾取。

深田树 Fakada Tree 就是具有代表性的一种分体式多声道拾音方式。

深田树在理论上主要以 DECCA 树(使用三个全指向性话筒的 DECCA 树拾音制式被广泛运用于电影工业中,见图 9-8)为根据,使用心形传声器而非全指向传声器来拾音,使用心形传声器是为了能够更好地控制在前方的声道所拾取的混响量,全指向传声器拾取左右环绕声,在交响乐录音中,有效表现出空间感和包围感,使厅堂的效果丰满。而后方的环绕声拾取话筒被设置为心形,它们摆放的位置视声场临界距离而定,以其为界将两话筒分开,需要注意的是,这两个环绕话筒的摆放要做到前后声场的最大限度分离。

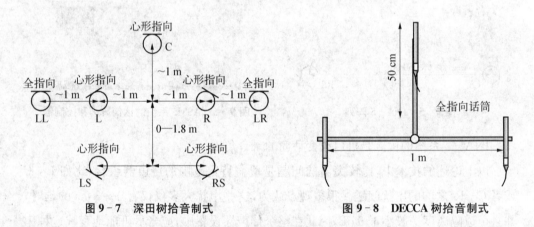

图 9-7　深田树拾音制式　　　　　　图 9-8　DECCA 树拾音制式

这种拾音方法和 DECCA 树的区别在于,其频率响应没有 DECCA 树灵敏,因为 DECCA 树使用三个全指向话筒,但是它们所得到的声源定位是一样的。

2. 滨崎树环绕声拾音方式

NHK(日本广播公司)的 Kimio Hamasaki 拾音方式(见图 9-9)类似于双声道立体声拾音中的 ORTF 方式,不过在拾取左右声道时,两个话筒使用障碍板进行分隔。使用一只朝向前方的心形话筒拾取中置声道中的声音。Kimio Hamasaki 拾音方式中,对于环绕声的补充拾取通常采用 8 字形话筒,两两相距 1 m,主要拾取大量的反射声,然后将这些声音分别融入环绕声道中。

Schoeps OCT 和 IRT 结合的拾音制式

世界著名话筒生产厂商 Schoeps 公司发展了一种适用于多声道拾音的话筒架构

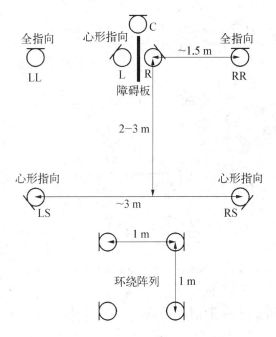

图 9－9　Kimio Hamasaki 拾音方式

方式"OCT"（Optimum Cardioid Triangle"最佳心形三角"）拾音制式，如图9－10。左右声道采用两个超心形话筒拾取，前置使用心形话筒。但是这样拾取的左右声道会损失不少低频信息，因为超心形话筒指向性过强，对于低频信号拾取不灵敏。

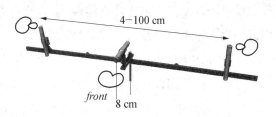

图 9－10　Optimum Cardioid Triangle 拾音制式

　　因此我们选择 IRT 来拾取环境声场，然后将拾取的声音信息传入左右声道以及左右环绕声道，但是不将其送入中置声道。图 9－11 为 Schoeps OCT 和 IRT 结合的拾音制式，环绕声拾取话筒一般选择心形和全指向话筒，这样有利于拾取比较多的低音信息，弥补超心形话筒对于低频拾取的不足。

　　需要注意的是，采用分体式方法拾音时，应当处理好前后声音信号的比例关系。一般情况下，主要用于拾取环绕声道信号的传声器之间的距离较大时，后面重放的声音信号不会显得特别突出。适当的衰减环绕声道信号的高频成分，有助于重放的声场更加自然。加入适当的延时处理，可以提高声音信号的融合感，但是具体的延时和补偿参数，应该结合实际的情况，以主观评价为准。

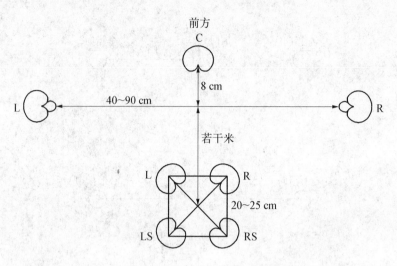

图 9‐11　Schoeps OCT 和 IRT 结合的拾音制式

9‐1‐3　一些特殊的多声道拾音方式

在多声道拾音中,也研发出了多种比较特殊的拾音方式,比如双 M/S 方式,虚拟人耳技术等,但是这些技术无一例外地都通过一个特殊的软件或者硬件的多声道处理输出设备来输出多声道环绕立体声,这些拾音方式大大简化了后期制作的步骤,使多声道环绕立体声拾音及后期混缩趋于简单。

1. 双 MS 技术

这种方法采用四只传声器组成两对 M/S 立体声传声器。一对用于拾取前方的声源信号,中间声道的信号也取自前面的 M 传声器。另一对拾取后面的环绕声信号,后面的 M/S 立体声传声器一般设置在厅堂的混响半径或者稍微远一点的位置上。这种方式的优点是可以利用 MS 立体声传声器的特点,通过改变 M/S 传声器之间的相对灵敏度,来改变重放信号的声像宽度。在这种拾音方式中我们可以将前、后 M/S 传声器重合设置,在这种情况下,前、后 M/S 传声器可以共用一只 8 字形传声器(如图 9‐12,双 MS 技术原理),分别为前、后 MS 传声器提供 S 信号(见图 9‐13):Schopes 公司的双 MS 系统是用 Schoeps 传声器组成的重合式"Double MS"拾音方式。采用这种方式时,往往要对环绕声道信号做适当的延时。Schopes 公司开发的双 M/S 系统,在配上防风罩及矩阵化之后,能够更为方便的使用,并且可以随时重放。

图 9－12　双 M/S 技术原理图

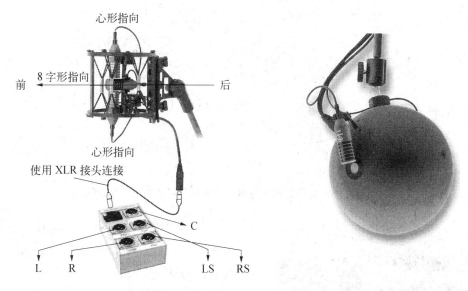

图 9－13　Schoeps 公司的双 M/S 系统　　　**图 9－14　Schoeps 标准的环绕声话筒**

2. 虚拟人耳技术

Schopes KFM 360 人工头球形话筒加上两个 CCM8L 8 字形话筒构成了目前 Schopes 标准的环绕声话筒（如图 9－14）。其中 180 mm 直径的 KFM 360 配有左右两个压强式（全指向）传声器（CCM2S），录音角度可达到 120°，采用 KFM 360 进行环绕立体声录音必须通过两只外置 8 字形话筒（CCM8L）得到。这两支 8 字形话筒依靠一套可拆卸卡销式话筒架（SGC—KFM）固定，并且可将其位置调节在原全指向话筒之下。录音时这两只话筒 0°轴指向声场前方拾取直达声，而 180°轴指向声场的后面，拾取环绕信号。球体两端的 8 字形和全指向传声器可以粗略地看成两个背对背的 M/S 阵列，KFM 360 通过与这两只 M/S 传声器配合可以得出四个声道的环绕立体声信号。其中前置声道的信号通过两个全指向话筒和各自相应的8字指向话筒信号的和得出,而环绕声道的信号则是通过全指向话筒和各自相应的8字指向话筒信号的差得出(例如位于左边的CCM2S和左边的CCM8L的信号和形成左前信号L,而它们的差信号则形成左环绕信号LS),并且KFM 360的尺寸为在两侧的话筒提供了近似ORTF制式的间距。这个加减处理的结果导致了朝前和朝后的四个"虚拟话筒"(见图9-15),这些"虚拟传声器"的指向可以在全方向、心形、8字形的范围内任意调整,并且在高频区域内指向性更偏向声场的两侧。

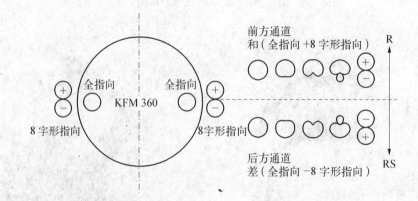

图9-15 加减处理的结果导致了朝前和朝后的四个"虚拟话筒"

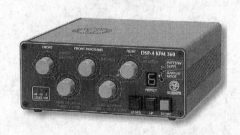

图9-16 DSP-4 KFM 360数字处理器

由四个虚拟话筒拾取的信号分别为L、R、LS、RS,可存储在任意多声道信号存储系统中,或通过DSP-4 KFM 360数字处理器(图9-16)得出中置声道信号C,以及附加低频信号通路(70 Hz以下)。

虚拟传声器的前后指向性均可以相对进行独立调整,并且可以相互独立地选择朝前和朝后"虚拟话筒"对的指向图形。处理器同时提供模拟和数字的话筒输入接口,并具备增益调整、内置压感话筒的高频补偿电路以及8字话筒的低频提升等功能。该处理器所具备的矩阵功能,可以在数字领域内对M/S制的录音节目进行后期制作。

3. SoundField 系统

SoundField技术依据所有的声音可以通过四个基础元素表现这一原则,这所有的四个元素的集合被命名为 B 格式(见图 9-17)。

B 格式是对一个声学事件的三维描述,参照物都是虚拟的"单点源"。这三维是:从前到后(X),从左到右(Y),从上到下(Z)。B 格式将这三个维度分别作为独立的输出,此外还有一个参照点源称作 W,总共 4 个通道。B 格式信号与 M/S 立体声信号有非常相似的地方,并由三个彼此垂直的 8 字指向(X 轴、Y 轴、Z 轴)信号和一个全指向的 W 信号组成。其中 X、Y、W 还原平面声场内的信号,而 Z 则负责声场高度的信息。另外,X 相当于 MS 中的 M 信号对准声场前方,Y 代表 MS 中的 S 信号指向声场两侧,并且 X、Y、Z 信号的增益相对于 W 信号(0 dB)来说均为+3 dB,以便使来自声场各处的信号具有相同的声能反应。

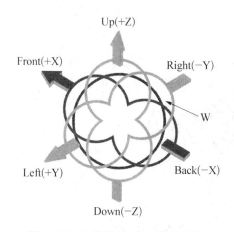

图 9-17　B 格式(四个元素的集合)

图 9-18　SoundField 话筒的振膜排列图

SoundField 是世界上唯一使用 B 格式的话筒生产厂家,由于 SoundField 的振膜排列(图 9-18)抓取的是同一"中心点"三维的声音,从而消除了传统"多个话筒特定组合方式"所导致的声像移位的问题。在 B 格式中,一旦此点声源被确定,其他所有的输出变量都可以从这个"中心点"获得,如单声道、立体声、S、5.1、6.1 等。因此,使用 SoundField 话筒完成的环绕声录制可转换成立体声,或从立体声转换成单声道,而不会产生传统的"多个话筒特定组合方式"时常遇到的相位消除和高频差异等问题,最后都能获得精确的环绕声像定位,无论上变换(从立体声到环绕声)还是下变换(从环绕声到立体声或单声道)都能保持精准一致的声像。

单独的 SoundField 可以当作以下任何一个话筒来使用:录音室级别的单声道电容话筒,可以是全指向性、心形、超心形或 8 字形或任何制式;立体声电容话筒,指向性

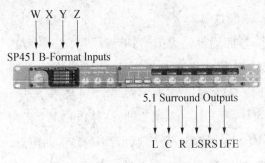

图 9 - 19 SP451 环绕声处理器

可以调整为立体声全指向性、立体声心形、立体声超心形、立体声 8 字形；M/S 立体声电容话筒；环绕声话筒。与 SP451 环绕声处理器（见图 9 - 19）或 Surround Zone 软件插件（见图 9 - 20）配合使用，SoundField 话筒可以产生 5.1、6.1、7.1 或任何扩展格式的环绕声。

图 9 - 20 Surround Zone 软件插件

使用 SoundField 系统来进行环绕声录音时一般情况下只有 1 支话筒需要定位，在 5.1 环绕声系统中需要对 5 支话筒进行定位，所以在录音室或外景地都节省了大量的时间，很多有经验的录音师在录音开始之前都要花很长时间对话筒进行精确的定位，不断地调整位置以使振膜固有的误差最小化，但是使用 SoundField 误差已不成问题，安装也十分容易。

SoundField 系统没有传统的录音技术中常有的"空洞"或中央"堆积"等缺陷，SoundField 拾音技术所提供的成像在整个拾音区都很平滑而完整，无需繁琐的二次混音，直接将声音放入混音中，还可以在不改变声像中心或声像宽度的前提下对声源进行音色修改，SoundField 的音色是人的主观评价，所有的话筒都是如此，只有完成录音小样后才能给出最后的答案，但 SoundField 产品的设计目的就是要生产出一款款尽可能准确的话筒，没有频率响应的起伏，在远距离拾音时听起来很平滑、自然，而在近距离拾音时又很"温暖"。

可以这样说,在完成相同工作的条件下,SoundField 低于其他环绕声录音技术的总成本,而且相对简单易用。

9-2 多声道节目后期制作

9-2-1 校准

在制作和监听 5.1 声道的节目的时候,监听系统的设定以及校准是非常重要的,只有这样,在最终用户做解码和还音的时候才可以听到正确的声音。在监听回路中,使用数字编码器和解码器,可以快速地监测到用户端在不同监听环境听到的同一个节目的效果。

适当的校准音频监听系统对于确保能够准确地编码和解码是至关重要的。正确的校准要求使用声级计和实施分析仪来测定全部 6 条声道的还音电平(dB)特性和有关的数据。我们可以利用声级计和粉红噪声发生器,将系统还音电平设置到特定的参考电平上。

一般来说,我们可以用三种方式调整监听系统的还音电平:分别是调整功放的增益微调、调音台的编组输出电平、解码器的输出电平微调控制。

最好的选择是调节功放的增益控制器来设置适当的还音电平,这种方式可以保持解码器和调音台间最佳的信噪特性。使用调音台编组输出或者解码器的输出电平控制来调整还音电平,都可能会损失节目的信噪比。

粉红噪声的读数使用 VU 表来读取。如果将"0 VU"的粉红噪声电平作为参考电平("0 VU"相当于数字录音媒体的-20 Dbfs),即粉红噪声将被设定到调音台仪表或仪表显示器的 0 VU 上,声压级也就相应固定下来。

对于电影混录系统,设定为参考电平值的粉红噪声参考电平将对前方(左、中、右)每个声道产生 85 dB 的声压级电平。对于电视录音系统,参考电平值的粉红噪声对 5 个主声道产生的声压级设置从 79 dB 到 82 dB。电视广播的参考电平低一些,是因为节目是提供给平均聆听电平更低的消费类产品使用的(其典型值为 70~75 dB)。此外,不仅要考虑混合电平,还要考虑到同一节目在家庭典型聆听电平、环境中的效果。

对于音乐录音,每个扬声器声道的声压级设定值应该相同(与电视录音相同)。没有适合于音乐录音的实际标准参考电平,有的录音师喜欢比其他类型的节目混合得更响亮一些,有些喜欢稍微轻柔些,只要是声道间的电平是正确的,总体电平的大小就显得不那么重要了。另外,如果是在小的空间(例如转播车)为电视或音乐混音时,一般应将环绕声声道的设定值低于前面声道 2 dB。实践已经表明,这种设置通过调音台所制作的声音,适合在家庭中或距离非常近的环境中使用。

9-2-2 多声道节目的混音

由于比立体声节目多出了中央声道、左右环绕声道以及低频效果声道,5.1 声道节目的混音比起传统的立体声节目混音更加有挑战性和更加有想法,混音是个可简可繁的工作,也是门艺术,除了部分规律外,更是个性化的创作工作,如何将声轨进行合理的分配,需要结合不同类型的节目和对音乐有相当的感受和分析能力,需要录音师的长期探索研究,这里我们只将一些技术上的混音要点进行规律性介绍,而对具体的艺术上的处理不做阐述。

在立体声节目的制作中,要获中央声像的定位只能通过一种方式,即通过等量的左右声道的信号获得一个虚拟的中置定位;而在多声道系统中,可以使用以下三种方式:① 和立体声节目一样生成虚拟的中央声像;② 使用独立的中置声道;③ 按比例地使用全部三个前方声道。

上述三种方法各有利弊。

第一个方法:自立体声技术应用以来,虚拟的中央声像的定位非常好,但是它的主要缺点就是聆听点必须位于左右扬声器的正中,但实际上,这在家里面是很难做到,而在汽车里面几乎是不可能的。第二个缺点就是由于互相抵消效应,虚拟的声像的音色和直接来自扬声器的信号的音色有所不同。

第二个方法:使用独立的中置扬声器,可以获得固定的中央声像定位而不用考虑聆听位置,但是会出现声像过窄的问题,甚至让人感觉成单声道。为了防止声像过窄,从中央声道输送一部分信号至左右声道中可以稍微改善。

第三个方法:在前方三只扬声器间分配中央声像,可以控制空间范围的宽度和深度。虚拟的中央声像可以通过独立的中置声道中的信号得到增强,或者中央声道的信号也可以通过左右声道信号得到增强。但多声道携载相同的信号也会产生更多的负面效果。

不过中央声像信号始终是立体声节目制作中的一部分,而环绕声声道代表了一个全新的声音元素。在电影制作领域,使用立体声的环绕声已经成为一项标准,而在音乐、多媒体制作和电视广播领域还属于探索阶段。环绕声声道的应用无疑会超过传统立体声节目的深度感和空间感。

LFE 声道是独立的专门用于承载低频信号的声道,是由录音师在混录时制作出来的。

这个信号是通过低频管理器生成的,所有的杜比数字解码器都具有这一功能。通过低频管理器,重低音信号中可以包含来自任何声道或声道组合中的低频信号,通常在小扬声器中的低频信号会被重新指向次低音扬声器还音,如果没有次低音扬声器,低频(包括 LFE 声道)信号会转向从其他扬声器还音,通常是主扬声器。

实际上,和电影不同,在很多的音乐作品中,不太需要 LFE 声道,除非你想故意地增强效果。所以,LFE 声道的作用仅仅是为了增强特殊的效果,例如,在柴可夫斯基的《1812 序曲》中使用的炮声;使用 LFE 声道,管弦乐队可以使用普通的电平录音,而一些特殊的高电平的低频信号,例如炮声,单独使用 LFE 声道。

使用 LFE 声道的一个好处是,它可以携载小型立体声扬声器系统无法处理的高电平的低频信号,例如爆炸效果。由于杜比数字格式下的处理放弃了 LFE 声道的信息,这些低频信号将不会对小型的扬声器系统造成麻烦。由主声道携载的遗留下来的低频信号,在使用格式下转聆听的时候将会保持其本来的面貌。

无论如何,在立体声基础上的带有环绕声及低音系统的多声道节目的制作,可以描述音乐厅的环境以及房间反射、加强震撼力等等,可以显著地影响听众的听感,使之获得身临其境的感受;但是在音乐作品中,如何创造性地将和声、乐器或者效果置于多声道中丰富它的表现力,合理地分配声道与观众欣赏的关系,是一个非常需要动脑筋的技巧性很强的工作,不可以一味地滥用,否则会适得其反。

9-2-3 格式上下转换

由于杜比环绕包含的是单声道环绕声信息,且由 LFE 声道携载的低频信息也会在转换过程中被忽视,5.1 声道混音节目中的立体声环绕声信息也会被合并,所以我们要将其电平降低,变为与杜比环绕兼容。当 5.1 声道混音完成时,应该经常与杜比环绕的混音作比较,要注意以下发生的情况,避免在格式转换时发生变化。

在混音节目中,素材的声像及其定位会发生变化。由于 5.1 声道的混音是分立的,因此对声音素材的定位要比通过杜比环绕矩阵的素材定位简单;在 5.1 声道节目的混音中将不会出现中置声道增强的现象,左右声道中的单声道信号依然会在原来的位置上,而不会出现在中置声道上;由于现在由 5 个全频带声道代替了两个杜比环绕声道,所以 5.1 声道的节目可能会增加听觉动态范围;在 5.1 声道节目中,环绕声声道为全频带,不像杜比环绕的环绕声道一样带宽受限;另外,现在的环绕声声道是立体声而不是单声道。

1. 格式下转(与立体声的兼容性状况)

我们制作出多声道作品经常需要进行立体声方式的还音,可以用以下三种方法实现立体声方式的还音:

(1)利用原始多轨素材重新混录一版立体声版本。

(2)从多声道混音结果再生成立体声版本。这种方法集中了所有 5.1 声道版本节目混录的优点,可以让录音师很快地完成立体声版本的混录,同时灵活地处理在立体声版本中原始多声道版本各声道的平衡比例关系。

(3)通过解码器生成。这种方式并不能生成一个独立的混音节目,在这种情况下,解码器输出的立体声信号格式下转信号是由一些预先设定好的参数决定的,在使用时,解码器将在格式下转期间运用动态范围控制功能,以防止过载,所有的格式下转和动态范围控制的结果都可以在录音室进行预演,调整范围和结果都可以预先修改。

2. 格式上转

格式上转是指从原始声道中制作出来的新的音频信息声道的过程。例如,将立体声作品转换成 5.1 声道版本的节目。

当需要将立体声版本的节目转换成多声道时,最明显并且是最好的解决方法就是重新混音,如果原始多轨素材可以获得独立的声音素材,就可以直接混录一版 5.1 多声道节目。如果没有多轨素材,那么可以借助信号时间差或是相位的关系,得到多轨的信息。注意,同相的素材输入到中间声道,非同相素材输入进环绕声道。在上转的过程中,一定要注意并不是所有的立体声节目都适合转成多声道节目,比如:一部老的黑白电影用 5.1 声道声音听起来并不合适,采用单声道声音听起来较好,所以不可因为时髦而盲目乱用。

3. 关于用户系统的考虑

制作多声道音频节目时最重要的一点,是关注如何使多声道节目在最终用户家中进行优质的还音。

大家都知道,在制作立体声节目时,需要考虑单声道还音系统的兼容性。更进一步地说,必须考虑我们的多声道节目如何能在立体声、单声道、杜比定向逻辑以及 5.1 多声道音频还音系统中还音。另外,在动态范围设定中,还必须特别注意给予听众可以接受的有效选项。专业解码器是在检查处理中的关键工具,它能够简单、快速地模拟所有可能的听音系统设定。模拟出家庭、汽车中或是小收音机中的小扬声器的还音效果,为了在录音室快速和简单地检查其兼容性,另外安装一套小型消费者风格的环绕声系统来模仿小型的家用环境是有必要的。

最后,我们还要提及有关多声道节目交付母版的格式。目前,交付母版格式应该坚持用大家公认的标准——杜比数字编码。

适用于杜比数字编码最常见的格式为通用的使用 Hi-8 的模块化多轨数字录音机,也有适用数字音频工作站或者开盘数字多轨录音带或者其他形式。

无论使用什么,要确保其为正确的杜比数字编码,按 ITU-R 推荐书中多声道声音录音参数描绘的那样实行声轨分配,即 1、2、3 声轨始终分别记录左、右和中置声道的内容;LFE 占用声轨 4,LS 对应声轨 5,RS 对应声轨 6。同时,在进行杜比数字的编码时,时间码要保证与数字编辑系统(Pro Tools 或 MIDI 音序器等)同步,也要保证与画面正确匹配,对于实现音频和视频的真正同步有非常重要的意义。

第十章

母带处理技术

内容重点

　　母带处理技术是缩混后继续处理节目的一项独立的技术，母带制作和混音一样有一定的基本要素，分别包括输出电平调整、频率平衡、信号动态处理、节目编辑以及最终效果的添加。这几点也可以直接综合理解成母带制作后的唱片应该具有在失真前的最大电平输出以获得最大的响度，充分的频率平衡，以及对于录音效果处理、各种编辑功能的充分使用。了解母带技术设备的发展和相关处理设备。

　　1948年，自Ampex推出磁带录音机之后，录音的载体成了磁带，对于磁带输出的信号进行二次调整后压盘处理，从这时起第一次形成了关于母带制作的概念。

　　母带处理是在录音师对整个节目做好了混音并输出至立体声或是多声道节目后，在唱片批量生产之前的一个环节，是音频编辑流程中的最后一个步骤，通过对立体声信号加以修饰、整理，使乐曲之间具有比较合适的过渡时间和基本一致的平均电平，从而使音乐听起来更加具有感染力。如果没有经过母带处理的唱片我们只能称之为样片，经过母带处理之后的作品经过了整体的评价，加入了更合理的均衡压缩或其他效果，使音乐听起来衔接更舒服，丰满、响度够量，音乐之间过渡更自然，从而达到商业上发行的要求。

10-1 认识母带处理技术

母带制作和混音一样有一定的基本要素,分别包括输出电平调整、频率平衡、信号动态处理、节目编辑以及最终效果的添加。这五点也可以直接综合理解成母带制作后的唱片应该具有在失真前的最大电平输出以获得最大的响度,充分的频率平衡,以及对于录音效果处理、各种编辑功能的充分使用。

在母带制作过程中主要还是对压限器的使用,这是解决响度问题的一个有效手段。与混音阶段压限器使用方法有所不同的是,在母带制作中,为了使设备效果尽可能集中在所要处理的信号范围内,更多使用的是分频段压缩,来突出在两声道节目中某一频段的音色,以避免整体压缩所带来的声场纵深的破坏。母带制作过程中也有对混响等效果的处理,实际上,混响的使用大多在录音师工作阶段完成,如果没有特殊需要就没有加大量混响处理的必要。

母带制作特点决定了母带制作设备的特殊性,下面就对目前在国际范围内常用的一些母带制作工具方法作简单的介绍。

对于母带处理所使用的工具来说,无论是数字还是模拟设备,首要追求的是其应该有最佳的音质效果和对所处理信号的最大记忆功能。对于最佳音质表现来说,无论是监听或是在信号通路中的任一环节,要求信号处理设备对信号本身有最小的负效果,包括本底噪声以及任何非线性失真的存在。母带制作师在处理上基本通过这样几个设备流程:压缩器、均衡器、限制器、调音台、数模、模数转换器等,将录音师已混录好的节目在这几个高质量的处理设备上经过信号处理后,得到的效果往往让我们感觉到的明显的美化作用。

所以,所谓的母带处理工具并不是一种全新的效果器,而是几种效果器的组合,当然,这里所说的组合也不是简单的效果器的堆凑,是指具有统一的处理风格、质量精准的多功能处理器。

母带处理技术要求设备相当的精准,这在数字设备上不存在任何问题,但在今天的母带制作流程中仍然在使用很多的模拟设备,这些设备上的母带模式的特点要求设备对于信号的增益控制精确到 1 dB,同时具有较少的控制组成部分,以方便母带工程师的工作需要,所以,能够胜任的这些设备的价格也是相当的高。

例如,图 10-1a 中的 GML 9500 母带均衡器以及图 10-1b 中的 Avalon AD2077 母带均衡器。其中 GML 9500 为双声道参数均衡器,共有 5 段均衡,每段均衡共有 24 个频点,在每个频点上可精确到 0.5 dB 的提升或衰减处理;AD2077 除了可以在极为精确的频率点上进行 0.5 dB、1 dB、2 dB 的精确调节外,它在均衡工作状态下的本底噪声可达到 −94 dB,峰值储备为 30 dB,并且 THD 和 IMD 失真率均低于 0.5%。

a. GML 9500 母带均衡器　　　　　　b. Avalon AD2077 母带均衡器

图 10-1　两种母带均衡器

当然,除了以上介绍的精准的模拟母带处理器之外,还有算法优秀的软件母带处理器,音频工作站中有专门的用来进行母带处理的软件,有独立运行的软件,也有作为插件效果器插入工作站的 Master 通道中进行处理使用的,我们将在下节中详细介绍。

10-2　母带处理设备的使用和发展

现在的母带处理过程可能会涉及需要在模拟与数字之间的转换处理。尽管处理设备精度很高,但我们还是要尽量避免这样的转换,因为 A/D 或 D/A 转换,同样会对信号有损失并降低信号的保真度。

所以,无论是在数字领域还是在模拟领域,目前国际上的众多主要母带处理工作室所使用的信号传输系统大多为 Z-Systems 的数字等化器,该等化器从其基本功能上来说等于数字信号路由器,并通过旋钮来实现数字设备之间的信号传输以及跳线工作,我们也可以称之为数字音频信号跳线盘,并同时可以容放大器、路由器、信号格式转换器以及声道转换器于一身,如图 10-2 中的 Z-64.64r 和 z-16.16系统。

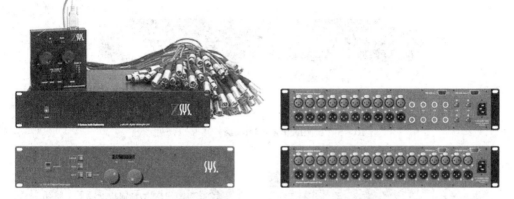

图 10-2　Z-16.16 和 z-64.64r 系统

　　下面我们将展示一些主要的母带工作室中常见的各种母带处理设备及比较经济的软件的母带处理器,并作简单的介绍。

图 10-3　模拟转换器 AD 122～96 MK II（Lavry Engineering）

　　主要特点包括支持 96 kHz,88.2 kHz,48 kHz 以及 44.1 kHz 的频率转换;将输入的模拟信号转为 24bit 数字信号;-127 dB 的本底噪声以及 0.000 05% THD+N 的失真率。

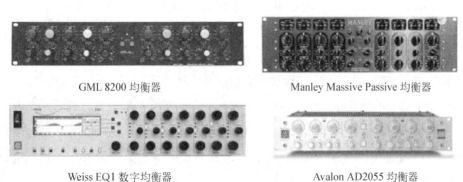

GML 8200 均衡器　　　　　　　　Manley Massive Passive 均衡器

Weiss EQ1 数字均衡器　　　　　　Avalon AD2055 均衡器

图 10-4　目前母带处理中常见的几种模拟及数字均衡器

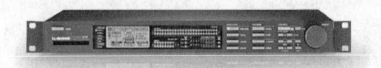

图 10 - 5　Tc Electronic Finalizer 96 k 母带处理器

Manley Vari-Mu. 压缩器

Junger d02 限制器

Waves L2 限制器

图 10 - 6　目前母带处理中常见的几种模拟及数字压限器

　　母带处理中所使用的调音台和在录音或混音中所使用的调音台有很大的区别,由于在母带处理工作中,录音节目在绝大多数情况下要求使用周边设备进行处理,因此,母带处理调音台基本上可以看成是一种信号直通线路加上一个简单的增益设置。一般母带处理调音台只有两路信号输入(最多四路输入,以便工作人员使用手动完成节目之间的交替淡化处理)。由于母带处理市场相对较小,因此目前只有少数厂家生产这种调音台,例如 Manley Labs、Weiss 以及 Crookwood。同时 SPL(Sound Performance Lab)开发的多通道母带处理调音台 MMC 1 更适用于对 SACD 以及 DVD - A 的母盘处理(图 10 - 7 所示为 MMC 1 调音台)。

　　使用 VU 还是峰值表方面,尽管目前很多母带处理人员使用精确的数字峰值表来对信号进行衡量,但在母带工作室中仍须配备传统的 VU 表。VU 表可以提供比峰值表更为精确的响度指示,并且更接近于我们人耳的听觉特性表现,例如,一个响度很低的语音信号可以产生一个非常高的峰值电平,因此,该信号在峰值表上看起来虽然具有较大的响度,但事实并非如此。目前,使用较多的表头品牌为 Dorrough、Mytek、Logitek 以及 RTW。

　　消嘶器在母带处理过程中也是必不可少的设备,其主要功能在于限制信号中的高

图 10 - 7　MMC 1 调音台

频成分总量。消嘶器不同于振幅压缩器,它是以频率为依据的压缩器,换句话说,只有过量高频成分出现在信号通路中时消嘶器才会启动。图 10 - 8 为目前较为流行的 Weiss DS1 消嘶器。

图 10 - 8　Weiss DS1 消嘶器

在今天,数字音频工作站已经成为母带制作的核心,并可以使母带处理工作中的一些环节,例如编辑、节目排序等工作变得更加简单易行。

我们介绍几个用于母带处理的软件,比如:由德国著名音乐软件厂商 Steinberg 研发的著名母带处理软件 WaveLab。其特有的多轨蒙太奇(Multitrack Montage)功能,便是专为母带处理而设计,并且内置有 CD 刻录功能,可以使所有的母带处理与相关工作一次性完成,目前最高版本为 5.0。

另外有 IK Multimedia 公司出品的 T - Racks 是一款专门用于母带处理的软件,这款软件所提供的功能均是专门为母带处理定制的:虚拟电子管均衡器、压缩器、多段限制器以及淡变处理器,并支持 24 bit 的量化深度。但是它不支持波形图示化编

图 10－9　Wave Lab5

辑，而这也正是独特之处——模拟机架式硬件母带处理效果器的工作方式。可以在 PC 中使用也可以运行于 MAC 中。早期的 T－RACKS 只是一款独立运行的音频处理软件，现在也可以作为插件在被宿主软件调用，使用起来非常方便。

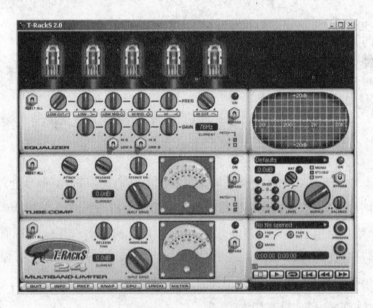

图 10－10　T－RACKS

　　由 iZotope 公司出品的 Ozone(俗称：臭氧)是目前 PC 上功能最全面、使用方法最复杂的母带处理软件，如图 10－11。

图 10 - 11 iZotope Ozone

臭氧,即 Ozone,是运行在 DX 平台上的综合式音频效果插件,目前最新版本为 3.0,它是以 DX 插件形式工作在音频工作站宿主软件中,具有参量均衡、混响、音量最大化、多段激励、多段均衡、多段动态处理、多段立体声声像扩展等功能,足以满足母带处理当中的所有要求。图 10 - 12 为其混响界面。

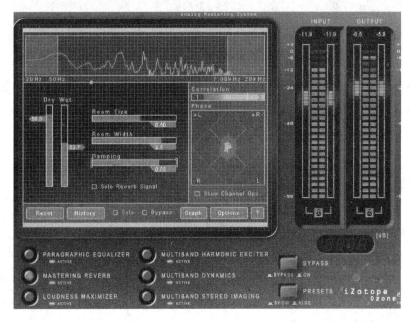

图 10 - 12 Ozone DX 母带处理效果器

图 10 - 13　Ozone Filter Graph 界面

下面,对 Ozone 的几大基本功能分别简要介绍。

(1) 均衡。Ozone 默认是 10 段均衡,可任意定制频段数量、范围和频点。增益、衰减、Q 值等和同类软插件的操作大同小异,特色在于拖动频点时,该点自动变成瞄准镜的中心点,具体的参量随鼠标移动而显示,双击可使其动画式复位。还有一个参量设置的窗口,点 Options 即可,其他效果同理,即某个效果的设置可以在多个窗口共同完成。如图 10 - 14 所示。

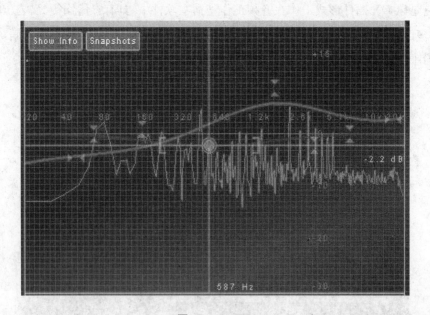

图 10 - 14　FQ

(2) 混响。Ozone 混响器有直观的高、低频混响声带通滤波,干、湿比例调整,可以自由设置空间的大小、宽广及衰减度。所有设置,鼠标拖拉/手工输入具体数值均可。这个混响器声音尤其是残余音比较自然和温暖,声场表现也很好,是为数不多的带实时响应的声场扩散图示的混响器。见图 10 - 15。

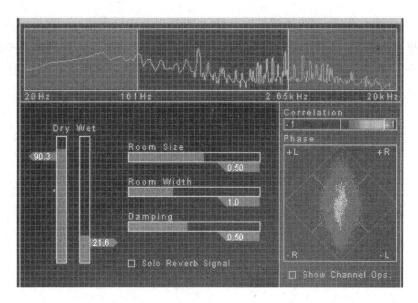

图 10‑15　Ozone Mastering Reverb 界面

（3）最大化音量及抖动处理（电平标准化）。

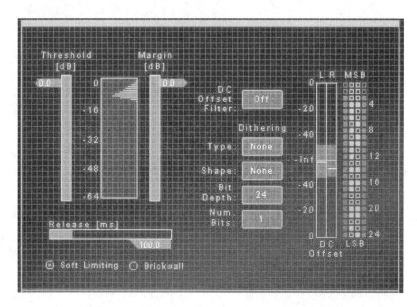

图 10‑16　Loudness Maximizer/Dither Processor 界面

在对母带工程师的工作以及所使用的工具有所了解后，我们就清楚了哪些是混音师在母带处理前应做的工作，哪些是混音时需要注意的问题，不论是用硬件处理或是软件处理，在录音混音时都要注意：比如说，要避免均衡处理过量；保留一些电平余量,给母带师留有余地;避免压缩过量、对节目衰减以及相位变化的问题等。因为这些问题如果没有做好,也就是我们在前期把一些东西做坏了,那么不管母带处理师有多么精准的设备,在母带处理中也无法补偿到原来的程度。

第十一章

计算机音频工作站

内容重点

目前主流的音频工作站系统在音乐、录音、音频处理方面都做得非常出色,虽然开发的公司不同,但是在设计思路和使用上都有着很多相同的地方,我们这里不能一一介绍其特点和使用,只以应用范围最广的Digidesign 公司的 Pro Tools 音频工作站系统为例,让大家了解音频工作站的工作思路和流程。

11-1　音频工作站概述

进入数字化时代以后,数字音频技术特别是计算机非线性数字音频工作站已被引入影视、音乐节目的声音艺术创作之中。早期,它们通过输入模拟或数字的音频信号,借助计算机的控制,最终完成信号采集、节目编辑和声音混合等录音技术制作和艺术加工处理过程。当时的计算机音频工作站是一种可以用于声音节目的后期编辑,也可以用于实时录音,并集调音、记录和信号处理等三大功能为一体的数字音频信号录制系统。目前,电脑和录音工作紧密结合,已形成了从音乐制作编曲、录音、音频处理、母带处理合而为一的强大的工作站系统,而且由于计算机的空前发展,录音制品的交换也变得方便起来。现在的计算机非线性数字音频工作站按其主机类型,可分为以下两大类。

1. 以苹果机为主机的音频工作站

这类计算机音频工作站采用 Mac OS 操作系统进行操作,软件程序在 Mac OS 平台上运行如图 11-1 所示。

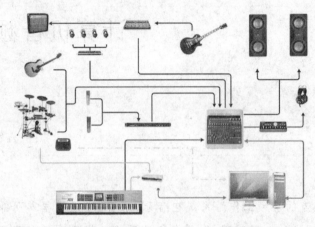

图 11-1 以苹果机为核心的音频工作站

这类音频工作站的稳定性、扩展性能好,功能强大齐全。可对音频信号的包络、波形进行各种调整和编辑;可对声音信号进行各种特效加工;内置调音台;具有上百条声轨;能同步锁定视频设备;并有取消和复原等功能。它还配置了丰富的音响资料库、多频段实时均衡器(EQ)、声音压缩/扩展器及移调、变速、倒放和自动对白替换等各种录音工具。具有灵活的外部设备控制系统,能与其他厂家生产的数字调音台进行数字对接以及连接高速网络等功能,使用与操作极为方便。随着技术的发展普及,价格也由以前的比较昂贵变成逐渐可以被中小音乐制作人个人拥有。与其配备的工作站以 Logic 和 Pro Tools 为代表。

2. 以 PC 机为主机的音频工作站

这类计算机音频工作站运行在 Windows 的平台上。它的主机由于相对价格低廉,同时性能不断改进,加上专业声卡驱动技术的进步和发展以及 VST 等插件技术的迅速成熟和繁荣,现在不但能用在准专业领域,由于它在很多专业音乐制作方面有着显著的优势,它的用户在不断壮大,现已成为和苹果机平分天下的格局,以 Steinberg 公司的 Cubase 音频工作站为代表,Pro Tools 也同样可以在 PC 中运行。以 PC 为核心的音频工作站的工作模式如图 11-2所示。

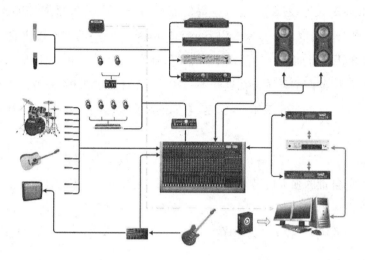

图 11 - 2　以 PC 为核心的音频工作站

不论哪种系统,他们在结构和功能上都有着基本相似的特点,只是在数据处理上有着些许的差别。计算机音频工作站的硬件结构部分包括计算机主机设备和其他特殊的音频处理设备。基本可分为主机、存储设备、接口设备以及其他设备四大部分。而音频工作站的功能则依据各自主机的设计不尽相同。但是一般都应该具备能与外部视音频设备同步锁定、DSP 处理、多种编辑手段等主要功能。

11 - 2　主流音频工作站配置及处理能力

目前市场上流行的音频工作站系统,按照应用的广泛程度来看,有这样几个系统:Steinberg 公司的 Nenudo、Cubase 音频工作站(两个系统一个公司开发,极为接近);Cakewalk 公司的 Sonar 音频工作站;Digidesign 公司的 Pro Tools 音频工作站;苹果公司的 Logic 音频工作站;除此之外,还有 Sampliude 等。另外,音频处理、剪辑软件就更多了,这里就不一一列举了。

上面所说的几种用户比较多的系统中,前面两种是建立在 PC 电脑主机上的,后面的 Pro Tools 既可以在苹果系统上使用也可以在 PC 平台上使用,但是,它在开发之初就是基于苹果电脑的;而 Logic 系统是后起之秀,它是苹果公司在近两年内推出的音频工作站系统,它只能在苹果机的平台上使用。

VST 技术的迅速发展,引起音频界的变革,很多 VST 效果插件的出现,给基于 PC 机的音频工作站带来了春天。以 Sonar、Cubase 为代表的软件迅速的发展,使得其原本在音乐 MIDI 方面较强的基础上,其音频处理又上了一个台阶,从而成为综合处理能力强的音频工作站系统。在这些系统中,只要有一台主机、专业声卡以及专业软件就可以完成整个系统的工作了,但是,它们的缺点是,工作时,需要占用系统 CPU 的资源。

而 Pro Tools 的高端专业的 HD 系列则自带了 DSP 处理芯片,整个音频数据的处理就放到了它自带的强大的芯片中,几乎不占用主机的什么资源,所以在稳定性等方面要明显胜出一筹。

有关详细的说明,我们将举例在下面的内容中讲述,这里只作大概的介绍。

11-3 Pro Tools 音频工作站工作流程

目前主流的音频工作站系统在音乐、录音、音频处理方面都做得非常出色,虽然开发的公司不同,但是设计思路和使用上都有着很多相同的地方,我们这里不能一一介绍其使用特点,只以应用范围最广的 Digidesign 公司的 Pro Tools 音频工作站系统为例,让大家了解音频工作站的工作思路和流程。

1. Pro Tools 音频工作站系统的软硬件构成

由美国 Digidesign 公司出品的 Pro Tools 系统是当今世界上应用范围最为广泛的计算机音频工作站。从好莱坞的顶级录音棚到小型个人工作室,到处都可以看到它的身影。它之所以可以在众多音频工作站系统中独占鳌头,除了具有强大的功能,操作便捷外,最重要的是它工作时出色的稳定性,尤其是它在以苹果电脑作为平台时的 Pro Tools 系统,它的稳定性是其他音频工作站难以匹敌的,而稳定性对于影视工作者、对于顶级工作站系统是至关重要的。

Pro Tools 系统目前分为高端和低端两个系列。高端系列为 Pro Tools HD,主要针对专业音乐录音、影视音视频合成及多媒体制作领域;低端系列称为 Pro Tools LE,主要针对小型的音乐工作室。

Pro Tools LE 系统由计算机平台、硬件接口和配套软件构成。目前,Pro Tools LE 可用的硬件接口共有 3 种,分别是 Digi 002、Digi 002Rack、最新的 Digi 003、

Digi 003Rack和Mbox系列。其中Mbox系列是功能最简单的硬件接口,便携性也是最好的。它带有两通道的模拟输入(Mini MBOX只有1个通道的模拟输入)、输出接口以及立体声的S/PDIF数字接口,内置Focusrite话筒前置放大器和48 V幻象供电装置,可以使用高性能的电容话筒进行录音。Mbox采用USB接口或者火线接口与计算机进行连接,加上它的体积非常小,使得它非常适合与笔记本电脑进行连接,共同组成一个微型的Pro Tools音频工作站系统,随时随地展开工作,如图11-3所示。

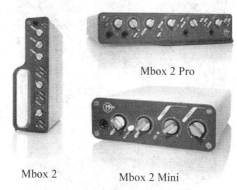

图11-3　Mbox 2音频接口

相对于Mbox简洁灵活的设计,Digi 002(003)和Digi 002(003)Rack是Digidesign公司开发的更适合小型的音乐工作室使用的专业音频声卡。Digi 002(003)是集音频接口和软件控制台于一身的Pro Tools LE硬件设备,它采用高速的火线接口与计算机进行连接,声卡本身带有自动混音控制器,可以通过手动控制软件系统的操作。Digi 002(003)的硬件控制部分可以操作Pro Tools LE软件的大部分功能。除此以外,它还可以作为一台独立的数字调音台使用,能够提供EQ、动态控制、延时和混响效果等数字调音台功能。Digi 002(003) Rack则是Digi 002(003)的简化版,它采用标准的2U机架型设计,提供了与Digi 002(003)完全相同的硬件接口,简化掉了硬件自动控制器,除了不能进行硬件对软件控制和调音台操作外,两者的功能基本相同,如图11-4所示。

Pro Tools LE系统使用的音频工作站配套软件也称为Pro Tools LE,目前它的最新版本是7.4。相对于某些只能在一种计算机平台下工作的软件来说,Pro Tools LE的优势在于它同时提供了Mac与PC两个软件版本,而且随着技术不断发展,两个版本都可以非常好的胜任各项工作,对于大量的PC用户来说,大大地方便了工作而且也方便了节目的交换,同时在一定程度上提高了Digidesign产品在低端用户中的使用率。

我们这里主要介绍目前使用广泛的Pro Tools 7.3版本。Pro Tools 7.3功能特性着重于音乐创作方面,并且大幅度提高了运行速度。Pro Tools 7.3除了具备全新的音乐创作工具外,强大的用户自定义功能,改良的后期制作流程,都给予用户在进行

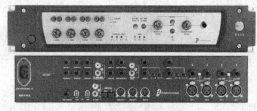

Digi 002 音频接口　　　　　　　　　　　Digi 002 Rack音频接口

图 11 - 4　Digi 002 以及 Digi 002 Rack

音乐和音频的录音和混音时所需要的创作工具及更快更好地进行音乐创作,帮助用户
在最大限度上释放出进行音乐创作的灵感。

　　Pro Tools 7.3 软件适用于 Digidesign 所有基于 Windows XP 和 Mac OS X 的
Pro Tools 系统,和 Pro Tools 的产品(Pro Tools HD、Pro Tools LE 和 Pro Tools M -
Powered)。

图 11 - 5　Pro Tools 7.3

和其他许多音频工作站相比，Pro Tools LE 版本在一些性能使用上有所限制，比如，它最多只能同时运行 32 个音频轨和 128 个 MIDI 轨，最高支持的采样率为 96 kHz，不支持环绕声混音，而且 Pro Tools LE 系统的硬件接口并不提供音频加速功能，也就是说，所有的效果处理全都要依靠计算机的 CPU 进行计算，所以如果音轨和插件数量太多，恐怕计算机也难以承受，最终导致死机。Pro Tools LE 真正吸引人的地方在于它优秀的音质和便捷的操作性能、软件界面和操作方法与高端的 Pro Tools HD 基本上相同，这使得那些熟悉 Pro Tools HD 的人可以毫不费力地在 LE 系统上展开工作。

Pro Tools 系统总体上的可交换性也是低端用户选择 Pro Tools LE 的保证。由 Pro Tools LE 制作的系统 Session 文件可以拿到 Pro Tools HD 系统下打开并进行混音，反过来，由 Pro Tools HD 系统制作的文件也可以在 Pro Tools LE 当中打开，原有的各种设置除了 TDM 功能外全都会保持不变，这种性能使得音乐作品可以方便地在低端录音棚和高端录音棚之间进行交流。

Pro Tools 系统的高端产品 Pro Tools HD 系统采用模块化的设计思路，除了 Mac 计算机（或者 PC 机）以外，这套系统还包括了置于计算机内部的专用音频卡、外置的音频接口和同步接口、可选配的各种硬件控制设备以及 Pro Tools TDM 软件。

按照硬件组成的方式，Pro Tools HD 可以有三种基本的配置方案，分别称为 HD 1、HD 2 和 HD 3。每种配置方案最基本的组成部分包括：一块 HD Core Card（HD 核心处理卡）、一台外置音频接口以及一套 Pro Tools TDM 软件。

Pro Tools HD 1 系统的核心设备是位于主机箱内的一块 HD Core 核心处理卡。该系统最高支持 32 通道的物理输入、输出，软件中可同时使用的音轨数为 96 个。Pro Tools HD 2 系统是 HD 1 系统的升级，除了 HD Core 核心处理卡外，还具备一块 HD Accel 加速卡。HD 2 系统的混音处理能力是 HD 1 系统的两倍，同时可用的音轨数为 192 个，最多支持 64 通道的物理输入、输出。Pro Tools HD 3 系统是整个 Pro Tools HD 系列当中级别最高的产品，它的核心硬件为一块 HD Core 核心处理卡和两块 HD Accel 加速卡，软件中同时可用的音轨数也为 192 个，最多支持的物理输入、输出通道达到 96 个，如图 11-6 所示。Pro Tools HD 系统之所以具有如此强大的信号处理能力，主要原因就在于 HD Core 核心处理卡和 HD Accel 加速卡所提供的音频加速能力。依靠这两种板卡上数量繁多的 DSP 芯片，Pro Tools HD 系统能够在几乎不占用任何系统资源的情况下完成所有音频信号的处理任务。不过 Pro Tools HD 也具有利用计算机 CPU 处理音频数据的工作模式，这使得它的处理能力更强，操作也更为灵

图 11-6　Pro Tools HD 3 系列的 HD Core
核心处理卡和 HD Accel 加速卡

活。这也是 Pro Tools 音频工作站具有超强稳定性的原因所在。

除了内置的音频卡外，外置的音频接口也是 Pro Tools HD 系统必不可少的组成部分。Pro Tools HD 的音频卡和接口盒有多种可以选择的搭配模式，目前，Pro Tools HD 能够使用的外置音频接口有 192 I/O，192 Digital I/O 和 96 I/O。

192 I/O 是 Digidesign 非常优秀的一款音频接口，如图 11-7 所示，最高支持的采样率为 192 kHz。它的接口种类非常丰富，其中模拟输入、输出接口为 8 个通道，而数字输入、输出接口则包括 8 通道的 AES/EBU，8 通道的 TDIF，16 通道的 ADAT 以及 2 通道的 AES/EBU 和 S/PDIF。另外，它还具有一个扩展卡插槽，可以选配 192 A/D，192 D/A 或者 192 Digital 三种扩展卡来提高输入或输出能力，如图 11-8 所示。192 A/D 扩展卡能够提供 8 通道的模拟输入端口，192 D/A 扩展卡能够提供 8 通道的模拟输出端口，而 192 Digital 扩展卡则可以扩展 8 通道的 AES/EBU，TDIF 和 ADAT 数字输入、输出端口。

图 11-7　192 I/O 音频接口

192 A/D　　　　　　192 D/A　　　　　　192 Digital

图 11-8　三种扩展卡

如果你已经将模拟信号通过调音台或其他的 A/D 转换器转换成了数字信号,并希望将数字信号输入 Pro Tools HD 系统,那么可以选择 192 Digital I/O 作为系统的音频接口。它包括最多 16 通道的 AES/EBU、TDIF 或者 ADAT 输入、输出以及 S/PDIF 输入、输出,具备非常灵活的数字连接能力。除此以外,192 Digital I/O 还拥有 World Clock 数字时钟输入、输出接口,以及用来连接其他 192 或 96 I/O 的扩展端口,如图 11 - 9 所示。

图 11 - 9　Digital I/O 音频接口

相对于 192 I/O 来说,96 I/O 最高支持的采样率要低一些,不过它的性价比更高一些。96 I/O 也具备丰富的输入、输出接口,包括 8 通道的模拟输入、输出,8 通道的 ADAT,2 通道的 AES/EBU 与 S/PDIF I/O,以及 World Clock 数字时钟接口,如图 11 - 10 所示。

图 11 - 10　96 I/O 音频接口

除了在这几种必备的音频接口当中进行选择以外,你还可以根据需要选择其他硬件设备扩展系统的功能,比如同步器——SYNC、8 通道可遥控的话筒放大器——PRE 以及多通道专业 MIDI 接口——MIDI 等。正是由于这种模块化的设计,使得 Pro Tools HD 系统的升级变得非常容易。

Pro Tools HD 系统使用的配套软件称为 Pro Tools TDM。之所以称为 TDM (Time Division Multiplexing),就在于它可以和硬件音频卡完美结合,利用音频卡的 DSP 芯片进行信号处理,而其使用的效果插件大部分也都是 TDM 格式。Pro Tools TDM 是目前专业音频领域当中整体性能最为出色的音频工作站软件,它具有高效的录音操作模式,完善的 MIDI 音序功能,强大的混音功能和杰出的文件组织管理能力。同时,它还可以使用各种第三方公司提供的 Audio Suite/RTAS/TDM/HTDM 格式的效果插件和乐器插件。

以 Pro Tools HD 系统的软硬件作为核心,搭配一些其他设备,如调音台、合成器、监听设备以及话筒,就可以组成一套完善的数字音频制作系统。

Digidesign 公司为 Pro Tools 系统设计了几种专用的控制台,用户可以利用控制台的硬件界面对 Pro Tools 软件当中的各种操作进行控制,有些控制台还可以直接遥控 Pro Tools 的音频接口。这些控制台包括小型的 Command 8,中型的 C24,可扩展的模块化控制台 Pro Control、D-control 以及大型一体化调音台式的 Icon。

Command 8 是 Pro Tools 系统的小型控制台,可以为 Pro Tools 软件提供一些最基本的硬件操作。Command 8 的外形与 Digi 002(003)非常接近,不过它并不具有音频接口(只提供一进两出的 MIDI 接口),也不能脱离 Pro Tools 作为调音台单独使用。不过,Command 8 比 Digi 002(003)优越的地方在于,它除了可以使用在 Pro Tools LE 系统当中外,也可以使用在 Pro Tools HD 系统当中(使用 USB 2.0 接口)。

C24 是 Pro Tools HD 和 LE 系统的中型控制界面,具有 24 个通道推子,几乎可以控制 Pro Tools TDM 软件界面中的各种操作。Control 24 的优越性在于:它集成了 16 通道的 Focusrite A 级话筒放大器,这就意味着配有 Control 24 的录音棚基本上不需要再另外配置调音台或者话放单元了。

Pro Control 是专门为 Pro Tools 系统设计的模块化控制台,可按照需求自行配置模块数量。Pro Control 的模块包括 Pro Control 主控台和 Fader Pack、Edit Pack 两种扩展控制台。Pro Control 主控台包括 8 路推子、插件控制、显示控制、走带控制、监听控制和编辑窗口切换功能。Fader Pack 扩展控制台的控制部分与主控台推子部分功能相同,每一个 Pro Control 控制台最多可以拥有 5 个 Fader Pack 模块,从而形成 48 个音频通道。而 Edit Pack 是 Pro Control 的可选组件,提供二十多个编辑按钮以及用于环绕声混音的各种操作控制。

图 11-11　Digidesign Icon 控制台

Icon 是 Digidesign 最新推出的 Pro Tools 大型一体化调音台控制界面,如图11-11所示。它能够对 Pro Tools TDM 软件的所有操作进行硬件控制,还能够对所有的音频接口或者扩展模块进行遥控。可以说,除了主软件依然是基于计算机平台运行以外,以 Icon 为核心的 Pro Tools 音频工作站系统和以大型数字调音台为核心的录音系统的外观和操作方式已经极为相近了。Icon 目前已成为多家好莱坞电影公司录音棚的主要核心设备。

2. Pro Tools 软件功能简介

如图 11 - 12 所示，与其他音频工作站软件类似，在 Pro Tools 中开始工作之前首先要建立一个工作文件——Session 文件。当一个 Session 建立的时候，Pro Tools 会自动建立一个以该 Session 命名的文件夹，并在该文件夹中保存 Session 文件和另两个文件夹：一个是 Audio 文件夹，另一个是 Fade 文件夹。Audio 文件夹中包含 Session 中录制的所有音频文件；Fade 文件夹中包含 Session 中进行淡入、淡出等操作生成的文件。新建的 Session 当中没有音轨，需要用户自己添加。

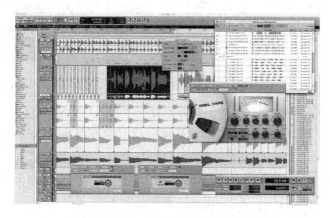

图 11 - 12　Pro Tools LE 7.3(Mac 界面)

Pro Tools 当中一共有四种音轨：Audio(音频)轨、Aux(辅助)轨、Master(总输出)轨和 MIDI 轨。Aux 轨用于使用辅助送出的方法添加效果插件。

Pro Tools 的基本工作界面有两个，分别称为 Edit Window(编辑窗口)和 Mix Window(混合窗口)，分别相当于 Nuendo 当中的 Project 窗口和 Mixer 窗口。在编辑窗口中添加完音轨以后，就可以为它们分配输入、输出端口了。Pro Tools 的输入、输出端口分为两种，一种是物理端口(interface)，另一种是"虚拟总线"(bus)。软件中，Pro Tools 用字母和数字表示某一个物理端口，至于该端口具体与硬件音频接口中的哪一个端口相对应，以及它是否被激活，还需要用户自己在 I/O 设置对话框中进行选择。

除了物理端口，Pro Tools 的音轨还可以选择"虚拟总线"(bus)作为输入、输出端口。在其他工作站软件里，Bus 大多是以音轨的方式出现在 Project 或者调音台界面当中，其作用基本上是作为辅助总线、编组总线或者混合总线。而 Pro Tools 中的 bus

的概念与上述这些总线有很大的不同：Pro Tools 里的 bus 的数量是固定的，而且也不能在界面当中任意添加，只有在使用到它的时候，它的界面才可以被打开。

Pro Tools"虚拟总线"的功能是各个音轨之间的桥梁，可以在各个音轨之间传递音频信号。Pro Tools 的 bus 既可以是单声道的，也可以是立体声的，它的使用方法相当于硬件接口，每一个音轨都可以选择一条 bus 作为它的输出端口或者辅助输出端口，也可以选择其他的 bus 作为它的输入端口。这也就意味着在 Pro Tools 当中，不但 Aux 轨可以接收来自音频轨的信号，音频轨本身也可以接收其他音频轨的信号，并进行"子混合"，这是其他音频工作站软件仅通过软件本身无法实现的。当然 bus 最常见的用法还是进行辅助输出。如果需要在 Pro Tools 当中按照辅助送出的方法添加效果插件，用户需要先建立一条 Aux 轨，并在它的效果器插入区域依次插入所需要的效果插件。然后，在音频轨的辅助发送区选择某一条 bus，并将 Aux 轨的输入端口也选为该 bus，这样，我们就通过 bus 将音频轨的信号发送到了 Aux 轨，调整 bus 界面的音量推子，就可以增加或者减小信号的发送量。当然，我们还可以将 Aux 轨的信号再通过其他的 bus 发送给其他的 Aux 轨，对信号添加二次效果处理。

在 Pro Tools LE 的 Mix 界面中，用户可以使用 RTAS 格式的效果插件进行实时效果处理，而在 Pro Tools HD 当中，用户还可以使用功能更强、效果更好、种类更加丰富的 TDM 插件。无论是 Pro Tools LE 还是 Pro Tools HD，任何时候都可以随意复制效果插件的设置情况或者拷贝插件的参数值。

Pro Tools 软件的自动控制功能非常强大，软件中的一切内容都可以在缩混状态下进行自动记录。在全部混音数据显示的时候，还能够将音频波形或者 MIDI 音符作为背景进行对照，以便快速找到需要进行移动或者编辑的时间点。Pro Tools 有 Off、Read、Touch、Latch、Write 五种自动控制状态，其分类方式和各自的作用与 Logic 的自动控制状态基本上相同。当然，我们也可以使用参数包络线进行自动控制。

Pro Tools 软件的音频编辑能力是非常出色的。其多样化的鼠标操作模式、多种不同的播放方式以及多种文件类型的导入，导出能力可以大大加快编辑的效率。另外，它还提供给用户许多便捷的编辑工具，比如具有多种预制曲线交叉淡入、淡出功能，不但能够针对某一条音频轨中相邻的音频块（Pro Tools 称之为 Region）进行交叉淡入、淡出，还可以在多条音频轨之间进行交叉淡入、淡出。

Pro Tools 拥有所有音频工作站中较为完善的文件组织和管理系统。所有经过命名的音频块都会在信息栏中显示出来，而且可以直接被拖拉到音轨中。在 Pro Tools

的界面下,无论是预览、预听、搜索和导入文件都相当方便,用户还可以按照文件存储的位置创建自定义文件分类索引,并在不中断前台操作的同时在后台执行拷贝、粘贴等文件管理任务。作为顶级的音频工作站系统,Pro Tools TDM 拥有非常强大的环绕声制作能力,能够支持目前流行的各种环绕声方案,包括 5.1、6.1 和 7.1 等等。在制作环绕声节目的时候,你需要先创建一个环绕声的 Session,然后按照该环绕声格式进行 I/O 设置,这样就可以建立环绕声音轨进行混音了。

在拥有强大音频处理能力的同时,Pro Tools 也拥有非常完善的 MIDI 音序功能。它可以在 MIDI 轨上显示钢琴卷帘模式,不必打开新的窗口;而像量化、时间调整等最常用的 MIDI 功能操作起来也很方便。另外,通过 RTAS、TDM 或者 HTDM 格式的乐器插件,还可以使 Pro Tools 获得几乎无限的音色扩展能力。目前国内使用 Pro Tools 系统的大多是一些专业录音棚,它们的工作主要以音频录制和编辑为主,还很少有人使用 Pro Tools 作为软件音序器来创作 MIDI 乐曲,音乐方面,Cubase 的使用者相当多,所以在 7.3 版本发布时,7.3 主要在音乐编曲方面加强了很多功能,这样看来,Pro Tools 要下力气在这个领域拓展,构成真正的全面工作站。

3. 全新的音乐创作工具

新出的 Create Click Track 命令可以使用已嵌入的 Click 插件快速创建一个辅助的 click 轨迹,以确保合上节拍。当你想新建一个 session 的时候,也可以设置一个选项来创建 click 轨迹。新增的发送 Sibelius 命令可以建立 Pro Tools 与 Sibelius Notation Software(另外的单独出售的软件)的连接,可以将 Pro Tools MIDI 和 Instrument Tracks(包括音调变化)导入到 Sibelius。新增的调号尺选项可以简单地增加、编辑、移动和删除各个 session 的音调信号。添加一个音调信号以界定曲子的音调;进行再次编辑则可以生成一个新的音调。还可以设定模式(主要模式或者辅助模式)进行全音阶或半音阶的 MIDI 音调转换,甚至直接将各个音调压缩为一个音调。

4. 改良的 MIDI 录音功能

Pro Tools 7.3 新增的功能和特性大大增强了 MIDI 录音处理能力。为了方便进行音频循环和排列,目前 MIDI Regions 一直是创建在小节边界。因此可以在 MIDI 和乐器轨迹的键盘上快速选择您演奏中所有同样音高的音符。而且,在新增的 RTAS Engine 错误抑制选项功能,即使在您的系统达到处理任务的最大极限的情况下,也可以确保 Pro Tools 能跟随制作人的想法进行音乐创作。

5. 音乐创作

（1）动态传送模式支持回放功能，以便进行当前选项的独立操作；

（2）自动循环回放选项，无需手动停止和开始传送；

（3）Loop Trim 工具可将音频或者 MIDI 简单地转为循环模式；

（4）新建节拍器轨的命令和选项；

（5）新增 Tracks Default to Tick Timebase 选项，大幅度加快循环工作流程；

（6）Key Signature Ruler 选项可以改变和传送调号；

（7）发送到 Sibelius 命令提供 Pro Tools 和 Sibelius Notation 软件之间的改良后的全新工作流程；

（8）循环预览和自动预览选项；

（9）新增 RTAS Engine 抑制错误选项；

（10）新增的 MIDI 录音、编辑和导出功能。

另外，Pro Tools LE 7.3 新增的工具和改良后的性能可以大大加快您的工作流程，比如说，动态混音技术、全新 Time Shift 插件可以使编辑工作和时间帧达到精确的时间一致以及多种格式与视频兼容的解决等等非常实用的新功能。

总之，音频工作站系统随着计算机技术的发展而不断飞速发展，做音频工作也从动辄几百万的大手笔中平民化起来，这给我们学习录音工作的人员提供了非常好的发展空间，让我们有更多的机会参与、制作，从而提高节目的品质。

常用传声器品牌型号及其技术参数

一、Neumann(纽曼)传声器

型 号	参 数		特 点
BCM104	频响范围	20 Hz~20 kHz	大振膜广播专业话筒,无变压器电路,瞬态反应及原声效果极佳
	话筒类型	电容话筒	
	指向类型	心形指向	
	灵敏度	22 mV/Pa	
	最大声压级	152 dB	
	信噪比	87 dB	
	动态范围	131 dB	
	适用范围	人声	
BCM705	频响范围	20 Hz~20 kHz	纽曼公司第一只专为广播直播使用的动圈近讲话筒,具有防震、防喷功能,声音圆滑和自然
	话筒类型	动圈话筒	
	指向类型	超心形指向	
	灵敏度	$1.7 \text{ mV/Pa} = (-55.4 \pm 1)\text{dB}$	
	信噪比	76 dB	
	适用范围	人声	
D-01 (Solution D)	频响范围	20 Hz~20 kHz	录音话筒的动态范围及高保真度特性移植到了数码领域,为数码录音带来了极大的方便。它提供了整合的数字信号处理,最新设计的模拟/数字转换器能使 gain 的调节数码化,配有 EA2 防震架
	话筒类型	电容话筒	
	指向类型	心形指向	
	灵敏度	$12 \text{ mV/Pa} = -43 \text{ dBFS}$	
	最大声压级	134 dB	
	信噪比	87 dB	
	动态范围	140 dB	
	内部精度	28 Bit	
	采样率	48 kHz/96 kHz/ 44.1 kHz/88.2 kHz	
	适用范围	各种乐器及人声	

型　号	参　　数		特　点
KK104/105S	频响范围 话筒类型 指向类型 灵敏度 最大声压级 动态范围 噪声抑制 适用范围	80 Hz～20 kHz 电容话筒 心形/超心形指向 1.7/1.3 mV/Pa±1 dB 153/155 dB ＞117 dB‐A Sennheiser "HiDyn plusTM" 人声	KMS 系列电容话筒头结合 Sennheiser SKM 5000/5200 无线系统,使在舞台现场演出中也能够使用 Neumann 的传声器
KM120	频响范围 话筒类型 指向类型 灵敏度 最大声压级 信噪比 动态范围 适用范围	20 Hz～20 kHz 电容话筒 8 字形指向 12 mV/Pa 150 dB 76.5 dB 122.5 dB 人声、现场演出、环境声等	有多达 7 种不同指向的传声器头可供选择,小震膜设计,使用话筒架可以轻松组成 XY、AB、MS、PRTF 等各种录音制式,使用方便,用途广泛,大量运用于人声以及现场乐器拾音、环境声拾取
KM130/131	频响范围 话筒类型 指向类型 灵敏度 最大声压级 信噪比 动态范围 适用范围	20 Hz～20 kHz 电容话筒 全指向/全指向(全 EQ) 12 mV/Pa 150 dB 78 dB 124 dB 人声、现场演出等	
KM140/143	频响范围 话筒类型 指向类型 灵敏度 最大声压级 信噪比 动态范围 适用范围	20 Hz～20 kHz 电容话筒 心形指向/广角心形指向 15 mV/Pa 148 dB 78 dB 122 dB 人声、现场演出、环境声等	
KM145	频响范围 话筒类型 指向类型 灵敏度 最大声压级 信噪比 动态范围 适用范围	20 Hz～20 kHz 电容话筒 心形指向(低切) 14 mV/Pa 148 dB 77 dB 121 dB 人声、现场演出、环境声等	

型　号	参　　数		特　点
KM150	频响范围	20 Hz～20 kHz	有多达 7 种不同指向的传声器头可供选择，小震膜设计，使用话筒架可以轻松组成 XY、AB、MS、PRTF 等各种录音制式，使用方便，用途广泛，大量运用于人声以及现场乐器拾音、环境声拾取
	话筒类型	电容话筒	
	指向类型	超心形指向	
	灵敏度	10 mV/Pa	
	最大声压级	152 dB	
	信噪比	76 dB	
	动态范围	124 dB	
	适用范围	人声、现场演出、环境声等	
KM183/KM184/KM185	频响范围	20 Hz～20 kHz	KM 180 系列小型话筒，包括了 KM 183（全指向）、KM184（心形）和 KM185（超心形）；话筒使用灵活，两只可以组合为立体声录音话筒；多用于乐器的定点近距离录音
	话筒类型	电容话筒	
	指向类型	全指向/心形指向/超心形指向	
	灵敏度	12/15/10 mV/Pa	
	最大声压级	140/138/142 dB	
	信噪比	81/81/79 dB	
	适用范围	乐器近距录音、定点录音、弦乐、风琴、打击乐、钢琴、现场演讲、电吉他	
KM183D/KM184D/KM185D	频响范围	20 Hz～20 kHz	KM 系列的数码版本，使 KM 系列话筒成为数字话筒，使用专业的 AES/EBU 数字音频标准，配合 DMI - 2 数字接口可使采样率高达 176.4 kHz、192 kHz，使用方便，运用范围广泛
	话筒类型	电容话筒	
	指向类型	全指向/心形指向/超心形指向	
	灵敏度	12/15/10 mV/Pa	
	最大声压级	140/138/142 dB	
	信噪比	81/81/79 dB	
	采样率	44.1 kHz/48 kHz/96 kHz	
	适用范围	乐器近距录音、定点录音、弦乐、风琴、打击乐、钢琴、现场演讲、电吉他	
KMR81i	频响范围	20 Hz～20 kHz	配备 200 Hz 高通和 10 dB 的预衰减功能，传统枪式的缩短版本，广播以及电影视频制作中，嘈杂环境时中等距离枪式话筒，不论是手提或是用钓鱼竿的方法均有舒适的配重
	话筒类型	电容话筒	
	指向类型	超心形指向	
	灵敏度	18 mV/Pa	
	最大声压级	138 dB	
	信噪比	82 dB	
	动态范围	116 dB	
	适用范围	广播、电影等嘈杂环境拾音	

型　号	参　　数		特　　点
KMR82i	频响范围	20 Hz～20 kHz	传统的枪形传声器,不仅配备了 200 Hz 高通,为了控制在近距离的拾音中过分拾取过多齿音,还配备了一个 5 kHz 衰减 3 dB 的高切开关;广泛用于广播、电影、舞台等现场拾音
	话筒类型	电容话筒	
	指向类型	超心形指向	
	灵敏度	21 mV/Pa	
	最大声压级	128 dB	
	信噪比	82 dB	
	动态范围	116 dB	
	适用范围	广播、电影、舞台等环境拾音	
KMS104/105	频响范围	20 Hz～20 kHz	舞台演唱及人声话筒,特别为抑制耳机监听及返听啸叫作了特殊设计以及防串音设计,此款话筒还常用于广播的人声及配音使用
	话筒类型	电容话筒	
	指向类型	心形指向/超心形指向	
	灵敏度	4.5 mV/Pa	
	最大声压级	150 dB	
	信噪比	76 dB	
	动态范围	132 dB	
	适用范围	人声、舞台现场等	
M147	频响范围	20 Hz～20 kHz	具有很强的抗内在噪声功能;使用长电缆信号,衰减极小,工作范围极广,金属头罩能有效保护传感器免受爆破音与风声的干扰;极低的自身杂音,声音温暖透明
	话筒类型	电容话筒	
	指向类型	心形指向	
	灵敏度	20 mV/Pa	
	最大声压级	134 dB	
	信噪比	82 dB	
	动态范围	122 dB	
	适用范围	人声、弦乐、风琴、钢琴等	
M149	频响范围	20 Hz～20 kHz	双大振膜结构,高效率而采用无变压器输出的设计,确保低自身噪音的特性,话筒能进行远距离连接而不受磁场、电声的影响,保证高保真度的、温暖的声音效果。多指向性设计并添加了 20/40/80/160 kHz 的高通滤波切换,适合近距离录取乐器和人声
	话筒类型	电容话筒	
	指向类型	全指向/心形指向/8 字形指向(心形中包括广角心形、心形、超心形)	
	灵敏度	34/47/62 mV/Pa	
	信噪比	78/81/83 dB	
	动态范围	121 dB	
	适用范围	独唱、弦乐、风琴、钢琴等	

续 表

型 号	参 数		特 点
M150	频响范围 话筒类型 指向类型 灵敏度 最大声压级 信噪比 动态范围 适用范围	20 Hz～20 kHz 电容话筒 全指向 20 mV/Pa 134 dB 79 dB 119 dB 管乐器、弦乐器、现场合唱	具备－10 dB 衰减开关和 40 dB 高通开关,声音温暖、清晰、准确,瞬态反应好,自身杂音低,动态范围广,能再现原声而不受自身杂音的干扰,适合管弦乐和小合唱的录音现场使用
RMS191	频响范围 话筒类型 指向类型 灵敏度 最大声压级 信噪比 适用范围	20 Hz～20 kHz 电容话筒 心形,8 字形 23 mV/Pa 144 dB M/S 78/72 dB 立体声环境下的人声或人声配合乐器声、电影电视	RMS191 是一款立体声话筒,在短枪形话筒中包含心形和 8 字形,配合 MTX191 矩阵,调整增益,可形成 MS 和 XY 制式,具有录音角度的调整和较远的录音距离,能够对多数立体声环境应付自如
TLM103	频响范围 话筒类型 指向类型 灵敏度 最大声压级 信噪比 动态范围 适用范围	20 Hz～20 kHz 电容话筒 心形指向 23 mV/Pa 138 dB 87 dB 131 dB 风琴、弦乐、打击乐、吉他等	平衡无变压器电路设计,自身低杂音和高声压电平传送,不仅适合家庭录音和专业电台广播,而且满足商业录音室的要求
TLM127	频响范围 话筒类型 指向类型 灵敏度 最大声压级 信噪比 动态范围 适用范围	20 Hz～20 kHz 电容话筒 全指向/心形指向/8 字形指向 (心形中包括广角心形、心形、超心形) 12 mV/Pa 154 dB 86 dB 132 dB 风琴、弦乐、打击乐、吉他等	平衡无变压器电路设计,多种指向性调节,自身低杂音和高声压电平传送,－14 dB 的衰减开关和 100 Hz 左右的高通,不仅适合家庭录音和专业电台广播,而且满足商业录音室的要求

型 号	参 数		特 点
TML170R	频响范围	20 Hz～20 kHz	多指向性,可遥控操作,使用便捷,利用 fet100 技术,使话筒拾取声音穿透力极强,配合100 Hz高通和－10 dB后方衰减开关,自身极低杂音,高分辨的特点,使录制声音清晰准确,适用范围广泛,满足专业用户需要
	话筒类型	电容话筒	
	指向类型	全指向/心形指向/8 字形指向（心形中包括广角心形、心形、超心形）	
	灵敏度	8 mV/Pa	
	最大声压级	154 dB	
	信噪比	80 dB	
	动态范围	130 dB	
	适用范围	广播、萨克斯、喇叭、弦乐、打击乐、吉他、鼓等现场及专业录音棚中	
TML193	频响范围	20 Hz～20 kHz	只有一种心形指向,声音温暖,质量高,对现场的细微声音变化作出准确捕捉,自身低噪声,可用于专业广播及各种现场演出
	话筒类型	电容话筒	
	指向类型	心形指向	
	灵敏度	18 mV/Pa	
	最大声压级	140 dB	
	信噪比	84 dB	
	动态范围	130 dB	
	适用范围	风琴、弦乐、打击乐、吉他、鼓等现场及专业录音棚中	
TML49	频响范围	20 Hz～20 kHz	无变压器心形话筒,低自身噪声,高增益水平,使语音更加温暖,特别适合专业工作室和家庭录音
	话筒类型	电容话筒	
	指向类型	心形指向	
	灵敏度	13 mV/Pa	
	最大声压级	129 dB	
	信噪比	82 dB	
	动态范围	117 dB	
	适用范围	人声、演讲	
TML50S	频响范围	20 Hz～20 kHz	无变压器心形话筒,自身低噪声,高增益水平,独特的声学特性,不仅拾取直达声,而且拾取平衡二次反射声场,特别适合古典音乐中独奏乐器声的拾取
	话筒类型	电容话筒	
	指向类型	心形指向	
	灵敏度	20 mV/Pa	
	最大声压级	146 dB	
	信噪比	81 dB	
	动态范围	123 dB	
	适用范围	古典音乐独奏	

续 表

型 号	参 数		特 点
U87Ai	频响范围 话筒类型 指向类型 灵敏度 最大声压级 信噪比 动态范围 适用范围	20 Hz～20 kHz 电容话筒 全指向/心形指向/8 字形指向 20/28/22 mV/Pa 127 dB 79/82/80 dB 105 dB 人声、现场管乐器、弦乐器、钢琴、打击乐器等各种乐器	带双振膜的压力梯度传感器；录音话筒中的经典；三个指向性：全向，心形，8 字形；频率响应平坦，可开关的低频滚切有效减少次声和低频干扰，可开关的 10 dB 衰减装置；在近距离拾取语音时无刺耳感觉，可与任何产品媲美，并能支持各种不同条件下的录音
U89i	频响范围 话筒类型 指向类型 灵敏度 最大声压级 信噪比 动态范围 适用范围	20 Hz～20 kIIz 电容话筒 全指向/心形指向/8 字形指向（心形中包括广角心形、心形、超心形） 8 mV/Pa 140 dB 77 dB 117 dB 人声、风琴、弦乐器、钢琴	带双振膜的压力梯度传感器的多指向性话筒，拥有－6 dB 衰减开关，以及从 80 Hz 到 160 Hz 的低切开关，比 U87i 延展频率广，可轻松应对大声源，传播范围大，远距离的声源，可轻松适应各种设备
USM69i	频响范围 话筒类型 指向类型 灵敏度 最大声压级 信噪比 动态范围 适用范围	20 Hz～20 kHz 电容话筒 全指向/心形指向/8 字形指向（心形中包括广角心形、心形、超心形） 13 mV/Pa 132 dB 81 dB 119 dB 各种立体声场合	很特别的立体声话筒，上下两个话筒头拥有全部的 6 种指向，并且可以构成 0～270°的角度，形成各种不同的 XY 和 MS 制式，轻松应变各种立体声录音，使用方便

二、Schoeps 传声器

型　号	参　　数		特　　点
MK2、CCM2	频响范围 话筒类型 指向类型 灵敏度 最大声压级 信噪比	20 Hz～20 kHz 电容话筒 全指向 15 mV/Pa 130 dB(0.5%THD) 83 dB	拾取稍近的声源,频率相应平坦
MK2H、CCM2H	频响范围 话筒类型 指向类型 灵敏度 最大声压级 信噪比	20 Hz～20 kHz 电容话筒 全指向 15 mV/Pa 130 dB(0.5%THD) 82 dB	拾取中等距离声源,高频稍有提升,补偿中等距离高频损失
MK2S、CCM2S	频响范围 话筒类型 指向类型 灵敏度 最大声压级 信噪比	20 Hz～20 kHz 电容话筒 全指向 12 mV/Pa 132 dB(0.5%THD) 82 dB	高频稍有提升,以补偿在混响半径距离声源的高频损失,通用话筒
MK3、CCM3	频响范围 话筒类型 指向类型 灵敏度 最大声压级 信噪比	20 Hz～20 kHz 电容话筒 全指向 10 mV/Pa 134 dB(0.5%THD) 80 dB	远距离话筒,拾取远距离声源
BLM3g、BLM03Cg	频响范围 话筒类型 指向类型 灵敏度 最大声压级 信噪比	20 Hz～20 kHz 电容话筒 全指向(半球) 19 mV/Pa 128 dB(0.5%THD) 82 dB	放置在声学平面上的传声器,各个频率指向性曲线不变,出色的低频拾取
MK21、CCM21	频响范围 话筒类型 指向类型 灵敏度 最大声压级 信噪比	30 Hz～20 kHz 电容话筒 宽心形指向 13 mV/Pa 132 dB(0.5%THD) 79 dB	指向性介于全指向和心形之间,声音温暖,在频率范围内表现出色

续 表

型　号	参　　　数		特　点
MK21H、 CCM21H	频响范围 话筒类型 指向类型 灵敏度 最大声压级 信噪比	30 Hz～20 kHz 电容话筒 宽心形指向 10 mV/Pa 134 dB(0.5％THD) 78 dB	指向性介于全指向和心形之间,声音明亮,在频率范围内表现出色
MK4、 CCM4	频响范围 话筒类型 指向类型 灵敏度 最大声压级 信噪比	40 Hz～20 kHz 电容话筒 心形指向 13 mV/Pa 132 dB(0.5％THD) 79 dB	频响平直,通用话筒
MK4V、 CCM4V	频响范围 话筒类型 指向类型 灵敏度 最大声压级 信噪比	40 Hz～20 kHz 电容话筒 心形指向 13 mV/Pa 132 dB(0.5％THD) 80 dB	通用的测边拾音话筒,10 kHz处频响灵敏,提高演讲可听度
MK41、 CCM41	频响范围 话筒类型 指向类型 灵敏度 最大声压级 信噪比	40 Hz～20 kHz 电容话筒 超心形指向 13 mV/Pa 132 dB(0.5％THD) 78 dB	强指向性,适合拾取音乐和演讲,在中等频率范围上可以媲美短枪式话筒
MK41V、 CCM41V	频响范围 话筒类型 指向类型 灵敏度 最大声压级 信噪比	40 Hz～20 kHz 电容话筒 超心形指向 13 mV/Pa 132 dB(0.5％THD) 79 dB	通用测边拾音话筒,在中等频率范围上可以媲美短枪式话筒
MK8、 CCM8	频响范围 话筒类型 指向类型 灵敏度 最大声压级 信噪比	40 Hz～16 kHz 电容话筒 8 字形指向 10 mV/Pa 134 dB(0.5％THD) 76 dB	纯压力梯度转换器话筒,在各个频率上指向性曲线不变

续　表

型　号	参　　数		特　　点
MK5、CCM5	频响范围 话筒类型 指向类型 灵敏度 最大声压级 信噪比	20 Hz～20 kHz 电容话筒 全指向 11 mV/Pa 133 dB(0.5%THD) 80 dB	全指向和心形话筒,高频稍稍提升,用途广泛
	频响范围 话筒类型 指向类型 灵敏度 最大声压级 信噪比	40 Hz～20 kHz 电容话筒 心形指向 13 mV/Pa 132 dB(0.5%THD) 78 dB	
MK6	频响范围 话筒类型 指向类型 灵敏度 最大声压级 信噪比	20 Hz～16 kHz 电容话筒 全指向 9 mV/Pa 135 dB(0.5%THD) 79 dB	全指向、心形和 8 字形话筒,用途广泛
	频响范围 话筒类型 指向类型 灵敏度 最大声压级 信噪比	40 Hz～16 kHz 电容话筒 心形指向 10 mV/Pa 134 dB(0.5%THD) 77 dB	
	频响范围 话筒类型 指向类型 灵敏度 最大声压级 信噪比	40 Hz～16 kHz 电容话筒 8 字形指向 10 mV/Pa 134 dB(0.5%THD) 75 dB	
MK4S、CCM4S	频响范围 话筒类型 指向类型 灵敏度 最大声压级 信噪比	80 Hz～20 kHz 电容话筒 心形指向 13 mV/Pa 132 dB(0.5%THD) 79 dB	近讲话筒,拾取演讲或者乐器,小于 50 cm 距离使用,否则声音单薄,低频有相当衰减

型　号	参　　数		特　　点
MK40、 CCM40	频响范围 话筒类型 指向类型 灵敏度 最大声压级 信噪比	80 Hz～20 kHz 电容话筒 心形指向 18 mV/Pa 129 dB(0.5%THD) 81 dB	近讲话筒,拾取演讲或者乐器,小于 50 cm 距离使用,否则声音单薄,低频有相当衰减,同时稍稍强调高频,使用于声学条件良好的环境
MK4A、 CCM4A	频响范围 话筒类型 指向类型 灵敏度 最大声压级 信噪比	近讲 电容话筒 心形指向 3 mV/Pa 144 dB(0.5%THD) 76 dB	近讲话筒,低灵敏度设计,拾取演讲或者乐器,小于 10 cm 距离使用,否则声音单薄,低频有相当衰减
MK4VXS、 CCM4VXS	频响范围 话筒类型 指向类型 灵敏度 最大声压级 信噪比	近讲 电容话筒 心形指向 10 mV/Pa 134 dB(0.5%THD) 80 dB	近讲测边拾音话筒,低灵敏度设计,拾取演讲或者乐器,小于 10 cm 距离使用,否则声音单薄,低频有相当衰减,同时稍稍强调高频
MK41S、 CCM41S	频响范围 话筒类型 指向类型 灵敏度 最大声压级 信噪比	80 Hz～20 kHz 电容话筒 超心形指向 13 mV/Pa 132 dB(0.5%THD) 79 dB	近讲话筒,拾取演讲或者乐器,小于 50 cm 距离使用,否则声音单薄,低频有相当衰减,在各个频率指向性曲线基本不变,有极好的抑制环境噪声的功能

三、Shure(舒尔)传声器

型　号	参　　数		特　　点
Beta 57A	频响范围 话筒类型 指向类型 灵敏度	50 Hz～16 kHz 动圈话筒 超心形指向 −51 dBV/Pa	Beta 57A 动圈话筒非常适合非电声及电声乐器和人声,它可以带来温暖的体验和最佳的演出;其典型应用包括鼓、吉他扩音器、铜管乐器、木管乐器和人声

续 表

型 号	参 数		特 点
Beta 58A	频响范围 话筒类型 指向类型 灵敏度	50 Hz～16 kHz 动圈话筒 超心形指向 －51.5 dBV/Pa	Beta 58A 是一款高输出的超心形动圈人声话筒,它可以在其整个频率范围内保持真正的超心形模式;特别适用于近距离人声。典型应用包括领唱、伴唱和演讲
PG 57	频响范围 话筒类型 指向类型 灵敏度	50 Hz～15 kHz 动圈话筒 心形指向 －56 dBV/Pa	PG 57 是一款用于扩音乐器或普通乐器的多功能话筒。具有针对性的频率响应十分平滑且范围宽广;专门针对乐器应用进行了调校;处理极高的音量电平而无失真;含有钕磁铁的话筒头适用于高输出电平;内部减震架可以降低拿握噪声
PG 58	频响范围 话筒类型 指向类型 灵敏度	60 Hz～15 kHz 动圈话筒 心形指向 －53 dBV/Pa	PG 58 是一款专为突出领唱和伴唱清晰的声音而优化的坚固耐用的话筒。具有针对性的频率响应十分平滑且范围宽广;专门针对人声应用进行了调校;处理极高的音量电平而无失真;含有钕磁铁的话筒头适用于高输出电平;内部减震架可以降低拿握噪声
KSM 9	频响范围 话筒类型 指向类型 灵敏度 最大声压级 动态范围 信噪比	50 Hz～20 kHz 电容话筒 心形/超心形指向 －51 dBV/Pa 152 dB 130 dB 72 dB	KSM 9 话筒可以在现场表演中清晰、灵活而精确地再现人声;在所有频段内均具有非凡的一致性;可以提供更多的反馈前增益;并将邻近效应降到最低;舒尔 UHF‑R 无线系统将 KSM 9 作为手持式人声话筒的首选话筒;可切换式拾音模式(超心形和心形),先进的悬挂式减震架
SM 57	频响范围 话筒类型 指向类型 灵敏度	40 Hz～15 kHz 动圈话筒 心形指向 －56 dBV/Pa	SM 57 其准确的频率响应曲线可以实现清晰的乐器声再现以及饱满的人声拾取;可对鼓、打击乐器和乐器扩音器的拾音实现专业品质的再现;均衡的心形拾音模式可在降低背景噪声的同时隔离主要音源;气动减震系统可以降低拿握噪声

续 表

型 号	参 数		特 点
SM 58	频响范围 话筒类型 指向类型 灵敏度	50 Hz～15 kHz 动圈话筒 心形指向 －54.5 dBV/Pa	SM 58 专为人声设计的频率响应,具有明亮的中频区音质和低音衰减,均衡的心形拾音模式可在尽可能降低背景噪声的同时隔离主要音源,气动减震系统可以降低拿握噪声,内置效果显著的球形风噪声和"砰砰"声过滤器
515BSLG	频响范围 话筒类型 指向类型 灵敏度	80 Hz～15 kHz 动圈话筒 心形指向 －57 dBV/Pa	515X 系列是 515 系列的新版本,其性能得到了全面改善,且输出高出 6 dB,特别适用于各种扩音用途。降低的低频响应与平滑的高频提高相结合,可提供清晰的语音拾取,对称的心形拾音模式最大限度地降低了反馈,钕磁铁可提供很高的信噪比,高含锌量、铸件、锁定、金属网罩可以保护话筒头和降低磨损,可实现安静使用和低功耗/拿握噪声的减震话筒头;515BSLG 内置的滑动式开关可控制话筒电路和继电器或控制电路;515SDX 可锁定的 On/Off 开关,可通过内部插座选择双阻抗,供固定支架使用的插入式旋转转接器,三针专业音频接头;515SBGX 内置的按下即通话按钮可控制话筒电路和继电器或控制电路,附带有 4.75 cm(18 英寸)鹅颈和固定法兰(只限 515SBG - 18X 和 515SBG - 18XF);515BSM 内置的按下即通话按钮可控制话筒电路和继电器或控制内置电路;515SBLX 内置的滑动式开关可控制话筒电路和继电器或控制电路
515BSLX	频响范围 话筒类型 指向类型 灵敏度	80 Hz～15 kHz 动圈话筒 心形指向 －57 dBV/Pa	
515BSM	频响范围 话筒类型 指向类型 灵敏度	80 Hz～15 kHz 动圈话筒 心形指向 －57 dBV/Pa	
515SBGX	频响范围 话筒类型 指向类型 灵敏度	80 Hz～15 kHz 动圈话筒 心形指向 －57 dBV/Pa	
515SDX	频响范围 话筒类型 指向类型 灵敏度	80 Hz～15 kHz 动圈话筒 心形指向 －57.5 dBV/Pa	
520DX "Green Bullet"	频响范围 话筒类型 指向类型 灵敏度	100 Hz～0.5 kHz 动圈话筒 全指向 38 dBV/Pa	520DX"Green Bullet"型话筒可产生独具特色的声音,被口琴演奏者们当作一种传奇性的话筒。在 520DX 话筒的底部安装有一个音量控制旋钮,乐手在现场表演时可以调节此旋钮以满足需要。附带的电缆具有标准的 1/4 英寸耳机插头,可将话筒与高阻抗设备相连接

型　号	参　　　　　数		特　　点
545SD	频响范围 话筒类型 指向类型 灵敏度	50 Hz～15 kHz 动圈话筒 心形指向 －58 dBV/Pa	UNIDYNE Ⅲ型 545SD 为双阻抗、单向动圈话筒。UNIDYNE Ⅲ是乐器拾音和录音的首选话筒,并可用于公共广播系统的讲台,例如,政治会议和立法机构、会议大厅、酒店、公共会堂、体育场、学校及教堂
55SH Ⅱ	频响范围 话筒类型 指向类型 灵敏度	50 Hz～15 kHz 动圈话筒 心形指向 －58 dBV/Pa	55SH Ⅱ型系列话筒采用了舒尔传统的 UNIDYNE Ⅱ设计,配有现代声学组件,可满足当今的表演需要;这款话筒具有舒尔独特的峰值展现能力,在人声的拾取方面表现非常出色;这款话筒特别适合于播音或剧场舞台声音系统,也可用于广播、录音及其他声音应用中,这些领域都需要使用经典外观的台式话筒
561	频响范围 话筒类型 指向类型 灵敏度	40 Hz～10 kHz 动圈话筒 全指向 －57.5 dBV/Pa	舒尔 561 型是一款全向的低阻抗动圈话筒,可在支撑架或活动鹅颈上使用。其平滑的频率响应专门为获得最佳的语音清晰度而定制,特别适合于语言实验室、无线寻呼应用和基站式通讯;561 还可用作电视、电影和录音棚中的对讲或提示话筒
565SD	频响范围 话筒类型 指向类型 灵敏度	50 Hz～15 kHz 动圈话筒 心形指向 －56 dBV/Pa	UNISPHERE Ⅰ 565SD 话筒是一款双阻抗的单向动圈话筒,带有结实的球形丝网前网罩,网罩具有高效的风声和"砰砰"声过滤器;565SD 话筒在出厂时连接为低阻抗使用,可以在讲台和舞台上高质量地再现语音,是公共会堂、教堂、会议大厅和学校的时尚之选
588SDX	频响范围 话筒类型 指向类型 灵敏度	80 Hz～15 kHz 动圈话筒 心形指向 －55.5 dBV/Pa	588SDX 型为球型、双阻抗、心形(单向)动圈话筒,提供了极佳的语音再现能力;其球型网罩是一个非常有效的风声及"砰砰"声过滤器,尤其是在近距离使用时效果更佳;此话筒非常适合于学校、教堂及会议室的语音或音乐拾音;其单向拾音模式极大地减少了反馈问题,允许更接近扬声器使用而不会产生反馈所引起的恼人的啸叫声

型　号	参　　数		特　　点
8900W	频响范围 话筒类型 指向类型 灵敏度	50 Hz～15 kHz 动圈话筒 心形指向 −52 dBV/Pa	8900W 话筒可用于卡拉 OK、扩音和多媒体应用(兼容大多数主流声卡)。它的频率响应较宽，采用单向拾音模式，并且输出较高，使声音听起来更加清晰且悦耳；它还适合于乐器拾音
Beta 52A	频响范围 话筒类型 指向类型 灵敏度 最大声压级	20 Hz～10 kHz 动圈话筒 超心形指向 −64 dBV/Pa 174 dB	Beta 52A 是一款高输出的动圈话筒，其频率响应是专门为底鼓和其他低音乐器而设计的；它可以提供完美的音头和"冲击力"，即使在极高的声压级下也能输出录音棚质量的音质
Beta 56A	频响范围 话筒类型 指向类型 灵敏度	50 Hz～16 kHz 动圈话筒 超心形指向 −51 dBV/Pa	紧凑型的舒尔 BETA 56A 是一款高输出的超心形动圈话筒，专门为专业的扩音和企业录音棚录音而设计，其极为均衡的超心形拾音模式可提供较高的反馈前增益，并有效地抑制不需要的噪音；典型应用包括近距离拾取鼓及鼓类乐器，其他打击乐器，以及吉他扩音器、铜管乐器和木管乐器的声音
Beta 87A	频响范围 话筒类型 指向类型 灵敏度 最大声压级 动态范围 信噪比	50 Hz～20 kHz 电容话筒 超心形指向 −52.5 dBV/Pa 140.5 dB 117 dB 70.5 dB	Beta 87A 型是一款质量一流的超心形手持式电介质电容人声话筒，具有平滑的频率响应和高声压级(SPL)处理能力；用于专业的扩音、广播和录音棚录音应用，具有可控制的低频衰减，可以补偿邻近效应，并可防止近距离拾音时经常会出现的"砰砰"声。特有的舒尔性能提升让中频区高段的音质更加明亮
Beta 87C	频响范围 话筒类型 指向类型 灵敏度 最大声压级 动态范围 信噪比	50 Hz～20 kHz 电容话筒 心形指向 −51 dBV/Pa 139 dB 117 dB 72 dB	Beta 87C 人声话筒是针对舒尔 PSM 系列等个人监听设备的相关专业需求而开发的，具有录音棚级的性能，并以其心形电容设计提供平滑的、扩展的高端频率响应；Beta 87C 这种均衡的心形拾音模式让用户可以有效地排除到达话筒尾部的环境噪声

型　号	参　数		特　点
Beta 91	频响范围 话筒类型 指向类型 灵敏度 最大声压级 动态范围 信噪比	20 Hz～20 kHz 电容话筒 心形指向 −59 dBV/Pa 156 dB 125 dB 59 dB	对于底鼓和其他低音乐器而言,舒尔Beta 91TM是最佳的选择,Beta 91 电容话筒头可同时为"打击"和"冲击"提供优异的录音棚音质,即便是在底鼓内极高的声压级下也不会受影响;其边界效应设计可以获得强大而可靠的低频响应,这是为重低音应用而设计的;其心形模式提供了出众的反馈前增益,并能有效地抑制不需要的声音,这使得 Beta 91 成为现场音乐会应用的理想选择
Beta 98/S	频响范围 话筒类型 指向类型 灵敏度 最大声压级 动态范围 信噪比	20 Hz～20 kHz 电容话筒 超心形指向 −59 dBV/Pa 156 dB 125 dB 59 dB	舒尔 Beta 98/S 是一款结构紧凑的高输出超心形电容话筒,适用于专业扩音和录音棚录音;其极为均衡的超心形拾音模式可提供较高的反馈前增益,并且有效地抑制不需要的噪声;它具有很高的最大声压级(SPL),可用于各种非电声乐器,包括鼓、打击乐器、钢琴、簧乐器、管乐器和弦乐器;Beta 98/S 也可用于扩音吉他
Beta 98D/S	频响范围 话筒类型 指向类型 灵敏度 最大声压级 动态范围 信噪比	20 Hz～20 kHz 电容话筒 超心形指向 −59 dBV/Pa 156 dB 125 dB 59 dB	对于通鼓、小军鼓和打击乐器而言,新型的舒尔 Beta 98D/S 的性能和通用性是其他所有话筒所无法比拟的,Beta 98D/S 是一款高性能的小形电容话筒,其设计目标是要在专业扩音和录音领域展示优异的性能;其极为均衡的超心形拾音模式可提供较高的反馈前增益,并有效地抑制不需要的噪音;此外,还可以选择一个心形话筒头,它可以帮您将话筒用于不同的应用中
Beta 98H/C	频响范围 话筒类型 指向类型 灵敏度 最大声压级 动态范围 信噪比	20 Hz～20 kHz 电容话筒 心形指向 −56 dBV/Pa 155 dB 132 dB 63 dB	Beta 98H/C 和无线版本的 WB98H/C 是优质的心形电容乐器话筒,可以夹在管乐器的喇叭口上,或者打击乐器的边缘上;通过所配的鹅颈和齿合式旋转接头,将话筒方便地固定和定位在适当的位置,绝缘减震架可以降低乐器的"按键噪声"和其他机械噪声的传递;包含的鹅颈角撑,可以在更加活跃的表演现场让话筒保持在原来位置

续　表

型　号	参　　　　数		特　　点
WB98H/C	频响范围 话筒类型 指向类型 灵敏度 最大声压级 动态范围 信噪比	20 Hz～20 kHz 电容话筒 心形指向 −56.5 dBV/Pa 143.5 dB 112.5 dB 63 dB	Beta 98H/C 和 WB98H/C 的前置放大器电路不带变压器,有利于提高整个频率范围内的线性;拾音模式可提供较高的反馈前增益,并能有效地抑制不需要的噪声;它的最大声压级(SPL)很高,可以满足铜管乐器、木管乐器和打击乐器极高的处理需求
C606W	频响范围 话筒类型 指向类型 灵敏度	50 Hz～15 kHz 动圈话筒 心形指向 −52 dBV/Pa	C606W 话筒可用于卡拉 OK、扩音和多媒体应用(兼容大多数主流声卡);它的频率响应较宽,采用单向拾音模式,并且输出较高,使声音听起来更加清晰且悦耳;它还适合于乐器拾音
KSM109	频响范围 话筒类型 指向类型 灵敏度 最大声压级 动态范围 信噪比	20 Hz～20 kHz 电容话筒 心形指向 −41 dBV/Pa 154 dB 125 dB 75 dB	舒尔 KSM109 具有超高的性价比。该产品具有超宽的频率响应,通过平滑的高频和紧凑有度的低频能再现自然真实的声音;它能满足您进行录音棚乐器录音时的所有需求
KSM137	频响范围 话筒类型 指向类型 灵敏度 最大声压级 动态范围 信噪比	20 Hz～20 kHz 电容话筒 心形指向 −37 dBV/Pa 159 dB 120 dB 80 dB	舒尔 KSM137 是一款采用心形拾音模式的效果理想的电容话筒。专门为录音棚使用而设计,坚固的设计同样适合现场演出使用,KSM137 可以承受极高的声压级(SPL);低自身噪声和超宽的频率响应使其非常适合用于乐器的录音
KSM141	频响范围 话筒类型 指向类型 灵敏度 最大声压级 动态范围 信噪比	20 Hz～20 kHz 电容话筒 心形/全指向 −37 dBV/Pa 159 dB 120 dB 80 dB	舒尔 KSM141 是一款效果理想的电容话筒,可通过机械开关实现两种拾音模式(心形和全向)间的切换;专门为录音棚使用而设计,坚固的设计同样适合现场演出使用,KSM141 可以承受极高的声压级(SPL);低自身噪声和超宽的频率响应使其非常适合用于乐器的录音

型 号	参 数		特 点
KSM27	频响范围 话筒类型 指向类型 灵敏度 最大声压级 动态范围 信噪比	20 Hz～20 kHz 电容话筒 心形指向 −37 dBV/Pa 147 dB 118 dB 80 dB	舒尔 KSM27 是一款具有心形拾音模式的边侧录音电容话筒;专为录音棚使用而设计,坚固的结构同样适合现场使用,具有外偏置 1 英寸振膜、极低的自身噪声以及超宽的频率响应范围等特点,这些均为人声记录和乐器录音而精心设计
KSM32	频响范围 话筒类型 指向类型 灵敏度 最大声压级 动态范围 信噪比	20 Hz～20 kHz 电容话筒 心形指向 −36 dBV/Pa 154 dB 119 dB 81 dB	舒尔 KSM32 是一款具有心形拾音模式的边侧录音电容话筒,适用于高质量的录音棚录音和现场声音制作;它具有超宽的频率响应,可以自然逼真地再现原始音源
KSM44	频响范围 话筒类型 指向类型 灵敏度 最大声压级 动态范围 信噪比 频响范围 话筒类型 指向类型 灵敏度 最大声压级 动态范围 信噪比 频响范围 话筒类型 指向类型 灵敏度 最大声压级 动态范围 信噪比	20 Hz～20 kHz 电容话筒 心形指向 −31 dBV/Pa 144 dB 120 dB 87 dB 20 Hz～20 kHz 电容话筒 全指向 −37 dBV/Pa 145 dB 122 dB 84 dB 20 Hz～20 kHz 电容话筒 8 字形指向 −36 dBV/Pa 144 dB 121 dB 84 dB	KSM44/SL 是一款具有多种模式(心形、全向、双向)的外偏置大型双振膜电容话筒,具有极低的自身噪声(7 dB);专门用于满足需要在录音棚录音的音乐人的各种需求,KSM44 温和而饱满的声音具有出色的性能,是一款专为在高质量录音时逼真再现原音而精心打造的产品;KSM44 在各种录音应用中同样具有极大的灵活性,由于它能调整声压级来适应大音量音源(如鼓和吉他扩音器),因此非常适合用于普通乐器或扩音乐器

续 表

型 号	参 数		特 点
WL50	频响范围 话筒类型 指向类型 灵敏度 最大声压级 动态范围 信噪比	20 Hz～20 kHz 电容话筒 全指向 －45 dBV/Pa 133 dB 103 dB 64 dB	
WL50 LO	频响范围 话筒类型 指向类型 灵敏度 最大声压级 动态范围 信噪比	20 Hz～20 kHz 电容话筒 全指向 －54 dBV/Pa 142 dB 103 dB 55 dB	舒尔 MC50B 型（全向）和 MC51B 型（单向）均为微型电介质电容领夹式话筒。它们以其小巧的外形在扩音领域（如电视播音和舞台表演）中提供了极高的音质和可靠性；尽管其尺寸较小，但话筒的电容元件却可完整、清晰及自然地再现语音；每个话筒均配有两个泡沫防风罩来降低风噪声；提供的固定附件有一个衣领夹、一个领带夹、一个扣式支架和一个磁性支架，让用户在固定时拥有多种选择；MC50 全向型号配有两种类型的均衡盖，可用于高频率响应的修整；中音增强均衡盖可以削减话筒固有的高频峰值；高音增强均衡不会削减高频峰值
MC50	频响范围 话筒类型 指向类型 灵敏度 最大声压级 动态范围 信噪比	20 Hz～20 kHz 电容话筒 全指向 －41 dBV/Pa 138 dB 108 dB 64 dB	
WL51	频响范围 话筒类型 指向类型 灵敏度 最大声压级 动态范围 信噪比	20 Hz～20 kHz 电容话筒 心形指向 －50 dBV/Pa 138 dB 103 dB 59 dB	
MC51	频响范围 话筒类型 指向类型 灵敏度 最大声压级 动态范围 信噪比	20 Hz～20 kHz 电容话筒 心形指向 －46 dBV/Pa 143 dB 96.2 dB 59 dB	

型　号	参　　数		特　　点
PG48	频响范围 话筒类型 指向类型 灵敏度	70 Hz～15 kHz 动圈话筒 心形指向 −52 dBV/Pa	一款非常适用于语音应用的高性能话筒。具有针对性的频率响应十分平滑且范围宽广；专门针对人声应用进行了调校；心形拾音模式可以从话筒前方拾取大部分声音，还可从侧面拾取部分声音；在高音量设置下受反馈的影响较小；动圈话筒头中具有一个基本的、坚固耐用的线圈；处理极高的音量电平而无失真；含有钕磁铁的话筒头适用于高输出电平
PG52	频响范围 话筒类型 指向类型 灵敏度	30 Hz～13 kHz 动圈话筒 心形指向 −55 dBV/Pa	一款专为拾取低频打击乐而优化的高性能话筒。具有针对性的频率响应十分平滑且范围宽广；专门针对底鼓应用进行了调校；心形拾音模式可以从话筒前方拾取大部分声音，还可从侧面拾取部分声音；在高音量设置下受反馈的影响较小；动圈话筒头中具有一个基本的、坚固耐用的线圈；处理极高的音量电平而无失真；含有钕磁铁的话筒头适用于高输出电平；内部减震架可以降低拿握噪声
PG56	频响范围 话筒类型 指向类型 灵敏度	50 Hz～15 kHz 动圈话筒 心形指向 −56 dBV/Pa	一款用于近距离拾音的紧凑型鼓话筒。具有针对性的频率响应十分平滑且范围宽广；专门针对鼓应用进行了调校；心形拾音模式可以从话筒前方拾取大部分声音，还可从侧面拾取部分声音；在高音量设置下受反馈的影响较小；动圈话筒头中具有一个基本的、坚固耐用的线圈；处理极高的音量电平而无失真；含有钕磁铁的话筒头适用于高输出电平；内部减震架可以降低拿握噪声
PG81	频响范围 话筒类型 指向类型 灵敏度 最大声压级 动态范围 信噪比	40 Hz～18 kHz 电容话筒 心形指向 −48 dBV/Pa 131 dB 111 dB 68 dB	一款用于普通乐器的响应平滑而灵敏的话筒。平滑的频率响应既宽广又均衡；频率范围内稳定的灵敏度；心形拾音模式可以从话筒前方拾取大部分声音，还可从侧面拾取部分声音；在高音量设置下受反馈的影响较小；电容话筒头具有灵敏的轻型振膜；准确而流畅地捕获声音细节；通过 AA 电池或幻象电源供电；内部减震架可以降低拿握噪声

续 表

型 号	参 数		特 点
SM11	频响范围 话筒类型 指向类型 灵敏度	50 Hz～15 kHz 动圈话筒 全指向 －64 dBV/Pa	舒尔 SM11 型是一款专为在电视报道(置于摄像机上)中使用而设计的微型动圈领夹式话筒,适用于扩音、某些播音和动画领域,也可用于需要具有专业品质的小型话筒的场合;SM11 具有全向拾音模式,而且其频率响应已经过优化,非常适合领夹式应用
SM48	频响范围 话筒类型 指向类型 灵敏度	55 Hz～14 kHz 动圈话筒 心形指向 －57.5 dBV/Pa	舒尔 SM48 型和 SM48S 型单向动圈话筒专为专业级的扩音、录音棚录音以及广播应用而设计。它们能在整个频率范围内保持精确的心形模式,经过优化的频率响应非常适用于人声;临场提升可以突出中音的表现力,同时低频衰减可以抑制邻近效应;两种型号都包括减震话筒头、钢网罩和集成的"砰砰"声过滤器;心形拾音模式可以抑制离轴干扰并提供出色的反馈前增益,专为人声设计的频率响应,中频区音质明亮并带低音频率衰减,可充分控制邻近效应,可降低拿握噪声的极为耐用的减震话筒头,可降低呼吸爆音和风噪声的内置"砰砰"声过滤器
SM63	频响范围 话筒类型 指向类型 灵敏度	80 Hz～20 kHz 动圈话筒 全指向 －56.5 dBV/Pa	高输出的 SM63 系列动圈全向话筒品质一流且坚固耐用,专为对性能和外观都有极高要求的专业应用而设计;它们平滑且范围宽广的频率响应专为最佳语音清晰度而设计,并且包括可控制的低频衰减功能,用于减少对支架噪声和风噪声的拾音;内置的 humbucking 线圈可以使话筒真正不受强烈交流声场(如录音棚照明设备产生的交流声)的影响

续　表

型　号	参　　　数		特　　点
SM7B	频响范围 话筒类型 指向类型 灵敏度	50 Hz～20 kHz 动圈话筒 全指向 －59 dBV/Pa	SM7B 型动圈话筒适用于音乐和语音的专业音频应用；平滑且范围极宽的频率响应适合再现极其清晰自然的音乐和语音，带响应设置图形显示的低音衰减和中音增强（临场提升）控制，改善了抗电磁交流声能力，能够有效地屏蔽计算机监视器产生的宽频带干扰，内置的"空气悬浮"震动隔离真正地消除了机械噪声的传递，效果显著的"砰砰"声过滤器无需安装其他保护装置即可消除呼吸爆音，甚至是在近距离谈话或叙述时
SM81	频响范围 话筒类型 指向类型 灵敏度 最大声压级 信噪比	20 Hz～20 kHz 电容话筒 心形指向 －45 dBV/Pa 146 dB 78 dB	舒尔 SM81 型是一款专为录音棚录音、广播和扩音而设计的高品质单向电容话筒；宽频率响应和低噪声特性以及较低的射频敏感性使其成为普通乐器（尤其是吉他、钢琴和铙钹）
SM86	频响范围 话筒类型 指向类型 灵敏度 最大声压级 动态范围 信噪比	50 Hz～18 kHz 电容话筒 心形指向 －50 dBV/Pa 147 dB 124 dB 71 dB	舒尔 SM86 是一款单向（心形）电容人声话筒，适用于现场演出中的专业应用场合；心形拾音模式可在尽可能降低不需要的背景噪声的同时隔离主要音源；内置的三支点式减震架可以尽可能降低拿握噪声，二级"砰砰"声过滤器可以降低风噪声和呼吸产生的"砰砰"噪声；SM86 是一款适用于舞台监听器和个人耳机式监听器的极为理想的话筒
SM87A	频响范围 话筒类型 指向类型 灵敏度 最大声压级 动态范围 信噪比	50 Hz～20 kHz 电容话筒 超心形指向 －52.5 dBV/Pa 140.5 dB 116.5 dB 70 dB	舒尔 SM87A 型是一款具有专业品质的手持式电容话筒，适合在扩音、广播和录音棚录音设备中使用；其超心形拾音模式可以更有效地排除不需要的音源，从而使其非常适合在多个话筒设置中对单个乐器进行拾音，或在混响或嘈杂环境中对单个音源进行拾音；SM87A 具有可控制的低频衰减功能，可在对音源进行近距离拾音时获得最佳性能；集成的三级风噪声和"砰砰"声过滤器可以防止风噪声和呼吸爆音；其内置的减震架可以降低支架噪声和拿握噪声；SM87A 采用幻象电源供电

型　号	参　　　　数		特　　点
SM89	频响范围 话筒类型 指向类型 灵敏度 最大声压级 动态范围 信噪比	60 Hz～20 kHz 电容话筒 超心形指向 －33 dBV/Pa 127 dB 111 dB 79 dB	SM89 型是一款具有高度指向性的电容枪式话筒,其远程拾音特性适用于现场电影和电视制作;SM89 还可用于剧场扩音、现场新闻报道或野生动物录音;SM89 可以远距离识别出所需的对话或声音效果并排除环境噪声;SM89 的轴上频率响应十分平滑和宽广;为了获得清晰度和语音的可识别度,轻微的临场提升可以优化高频响应以补偿高频丢失;低频衰减功能可以降低对风噪声、机械振动、环境噪声和低频声的拾音,同时不影响语音频率;SM89 的离轴响应真正地消除了梳状滤波效应
SM93	频响范围 话筒类型 指向类型 灵敏度 最大声压级 动态范围 信噪比	80 Hz～20 kHz 电容话筒 全指向 －43 dBV/Pa 120 dB 98 dB 72 dB	微型领夹式设计;适合剧场、电视广播、录像、电影和扩音的理想尺寸,小巧的隐藏式固定部件,饱满而清晰的声音可与更大的话筒相媲美,具备现场提升功能的平滑而扩展的频率响应特别适用于胸前佩戴式话筒操作,可控制的低频衰减可以降低低频的衣物噪音和房间噪音,失真低,动态范围宽,多功能的固定附件适合各种隐藏式应用,前置放大器组件可放入口袋、系在身上或夹在皮带或腰带上
WL93	频响范围 话筒类型 指向类型 灵敏度 最大声压级 动态范围 信噪比	50 Hz～20 kHz 电容话筒 全指向 －38 dBV/Pa 120 dB 102 dB 76 dB	
SM94	频响范围 话筒类型 指向类型 灵敏度 最大声压级 动态范围 信噪比	40 Hz～16 kHz 电容话筒 心形指向 －49 dBV/Pa 141 dB 119 dB 72 dB	平滑而均匀的频率响应消除了"临场峰值"或低频衰减,使其成为各类乐器的最佳选择;SM94 在家庭扩音系统或录音棚和电影/电视比赛舞台中的表现都十分出色;配合可选的防风罩使用时,SM94 可以满足需要极小音染和宽广而平滑的响应的演唱者和发言者的各种需求

型　号	参　　　数		特　　点
VP64A VP64AL	频响范围 话筒类型 指向类型 灵敏度	50 Hz～12 kHz 动圈话筒 全指向 －51.5 dBV/Pa	VP64A 和 VP64AL 均为高输出手持式动圈全向话筒,专为专业的音频和视频再现而设计;精心设计的对中频区高段的临场提升性能,能够使语音更加清晰自然;内置式橡胶绝缘支架可以保护话筒头并尽可能地降低拿握噪声;配备的防风罩可以进一步降低"砰砰"声和风噪声;钕磁铁可以增大输出功率并具有很高的信噪比
VP88	频响范围 话筒类型 指向类型 灵敏度 最大声压级 动态范围 信噪比	40 Hz～20 kHz 电容话筒 心形和8字指向 －66 dBV/Pa 129 dB 105 dB 70 dB	舒尔 VP88 型是一款单点式立体声电容话筒,适用于专业录音棚录音、现场制作、电子新闻采集(ENG)和录音棚播音等场合;该产品将两个电容话筒头置于一个外壳内,可以创造出声源的立体声镜像;它的独特之处还在于能真实地捕获现场事件,并能经受苛刻的现场制作环境的考验

四、DPA 传声器

型　号	参　　　数		特　　点
4041‑S	频响范围 话筒类型 指向类型 灵敏度 最大声压级 动态范围 信噪比	10 Hz～20 kHz 电容话筒 全指向 90 mV/Pa 144 dB 119 dB 87 dB	由于 Type 4041‑S 话筒拾音效果非常出色,再加上标准的 HMA 4000 话筒放大器,实在是堪称完美的组合,它们将带给您最为通透清晰的音频通道,其背景噪声低得难以想象,最大不超过 7 dB(A),能够处理的最大声压级可高达 144 dB
4006	频响范围 话筒类型 指向类型 灵敏度 最大声压级 动态范围 信噪比	20 Hz～20 kHz 电容话筒 全指向 10 mV/Pa 143 dB 120 dB 79 dB	这款全向形录音麦克风具有线性的频响范围,灵敏度高,自身噪音低的特点;自身先进的无变压器设计及保护栅使 4006 具有相当可观的解析度;4006 可以产生七种不同的听觉效果;4006 以其在低音和高音领域音质纯净清晰而享有盛名;它是任何一个专业录音室的必备品

型　号	参　　　数		特　　点
4011	频响范围 话筒类型 指向类型 灵敏度 最大声压级 动态范围 信噪比	40 Hz～20 kHz 电容话筒 心形指向 10 mV/Pa 158 dB 97 dB 75 dB	Type 4011 是一款优秀的心形电容麦克风,其线性频率响应从 40 Hz 到 20 kHz(±2 dB),具有完全平坦的离轴品质,不过按照心形拾音模式的特点,按照先后顺序性有一定程度的衰减;先进的无变压器设计,具有在限幅发生前,能够处理 158 dB 极高峰值声压级的能力
4061 - BM	频响范围 话筒类型 指向类型 灵敏度 最大声压级 动态范围 信噪比	20 Hz～20 kHz 电容话筒 全指向 6 mV/Pa 144 dB 97 dB 68 dB	一款灵敏度很高的迷你话筒,该款麦克风是一款预极化的全方位微型电容麦克风,另外配置了一个直径为 5.4 mm 的垂直振动膜;在人手直接握着麦克风时,往往会出现一些艰难的状况,而该振动膜就是为了在这种状况下最优化麦克风性能而特别设计的
4012	频响范围 话筒类型 指向类型 灵敏度 最大声压级 动态范围 信噪比	40 Hz～20 kHz 电容话筒 心形指向 9 mV/Pa 168 dB 97 dB 75 dB	在多轨录音和现场环境下,4012 可以很好地将音源加以分离,另外可以承受很高的声压级,也可以胜任各种近距离录音
4016	频响范围 话筒类型 指向类型 灵敏度 最大声压级 动态范围 信噪比	40 Hz～20 kHz 电容话筒 宽心形指向 9 mV/Pa 168 dB 97 dB 75 dB	这款宽心形麦克风的离轴特色完全呈线性化,专业水准绝对毋庸置疑,任何从离轴音源产生的任何泄漏,都仍然是原声的忠实再造,只是略微地有一些小的衰减
4015	频响范围 话筒类型 指向类型 灵敏度 最大声压级 动态范围 信噪比	40 Hz～20 kHz 电容话筒 宽心形指向 10 mV/Pa 158 dB 97 dB 75 dB	这款 4015 电容话筒,其指向模式为宽心形;与传统的心形麦克风相比,4015 在侧面以及背部的衰减要轻微多了,在 60 cm 处为 40 Hz(±2 dB)到 20 kHz(1 dB),并带有 10 到 15 kHz(最大 3 dB)的柔和高频上升;它将为管弦乐演奏、会场拾音、打击乐表演以及大钢琴演奏等等提供强有力的支持,效果好

型　号	参　　数		特　点
4003	频响范围 话筒类型 指向类型 灵敏度 最大声压级 动态范围 信噪比	10 Hz～20 kHz 电容话筒 全指向 40 mV/Pa 154 dB 120 dB 76 dB	低噪音全向形高电压电容麦克风；4003 宽广的动力范围及舒适的听觉效果和保护格都使其成为了录音工作室的首选；4003 是一款全向形高电压 (130 V) 电容麦克风，具有线性的频率响应和低频处理容量（−2 dB at 10 Hz）；4003 具有灵敏度高，自身杂音极低的特点，因此是专业录音的最佳选择
4028	频响范围 话筒类型 指向类型 灵敏度 最大声压级	40 Hz～20 kHz 电容话筒 宽心形指向 7 mV/Pa 145 dB	DPA4028 杰出的线性轴上频率响应以及流畅的离轴频率响应尤为适合现场音效收音，无论是专业人士还是非专业人员都可以得到理想的演唱效果；您只需要少量 DPA 4028 话筒即可完成大范围内的收音和放大任务

五、Sennheiser（森海塞尔）无线传声系列

SKM 3072 - U	SKM 3072 - U 是一款装配有超心形、电容式麦克风头的发射机，适合于演唱和演讲声音的传送；在 UHF 频段中，提供多达 32 种可切换的发射频率；提供 ME3005 e/ME3005 麦克风头（电容式，超心形）用于演讲和近距离收音
SKM 5200	SKM 5200 是演播室直播或演唱会现场等高需求应用的专业选择；它具备的切换频宽和可调频率使它在日渐拥挤的 UHF 频段依旧能灵活使用；在保持其令人满意的外观设计的同时，也使它的结构达到坚固
EW 135 G2	Sennheiser EW 135 G2 话筒是一款专业级别的手持话筒，该话筒能够捕捉极其细微的音源，送出的高亢有力的声音，着实是一款优秀的声乐话筒；采用 SKM 135 G2 手持发送器和 EM 100 G2 柜式接收器，接收器提供了 9 个频段，每一个都有 4 个直接可得的预置用于即刻使用
EW 165 G2	Sennheiser EW 165 G2 为声乐家提供了一款高品质话筒，该产品拥有扩展了的发射频段和 1440 可调频率的灵活性，可使其免受干扰；EW 165 G2 采用了 Sennheiser E 865 拾音头和超心形的拾音方式，40 Hz～20 kHz 的频率范围和 144 dB 最大 SPL，此外话筒还设计了一个特殊的气流保护板，在声压电平过大时用于保护振膜

EW 335 G2	Sennheiser EW 335 G2 无线系统包括 EM 300 G2 柜式接收器和 GA 2 机架套装;MD835 动圈心形话筒和手持式发射器;ME2 领夹话筒(全向形);8 个可转换的预置;1 440 个可得的频率;峰值控制电平和电池电量指示器;可变电平的均衡 XLR 和非均衡 TS1/4 英寸连接器
EW 365 G2	Sennheiser EW 365 G2 无线系统包括 EM 300 G2 柜式接收器和 GA 2 机架套装;手持式发射器;ME2 领夹话筒(全向形);8 个可转换的预置;1 440 个可得的频率;峰值控制电平和电池电量指示器;可变电平的均衡 XLR 和非均衡 TS1/4 英寸连接器

六、AKG 传声器

AKG Solidtube	累积超过半世纪的顶级换能器的经验,AKG 推出 Solidtube[实管]电子管话筒;坚固外壳、高(最大声压电平)容量及极低自身噪声正是它的特点,更重要的是,它既拥有电子管的"温暖"音质,亦具备高水平电路所带来的可靠性;其外壳为整个拾音单元提供足够空间,正是大震膜制造土特产音质所需的理想环境;20 dB 预衰减按钮可使话筒能承受高达 145 dB 的声压值;经 AKG 精心微调的大震膜电容式换能器与真空管预放器理想的配合而来的"温暖感";选用 ECC83 真空管,作为话筒的心脏;话筒正面有一小窗口,让你看到真空管发热丝发出的"温暖红光",并监察话筒是否接妥及进入人工状态;内置式防风罩把拾音单元紧紧围住,有效削减过量"噗"声(另备一外置式防风罩随话筒附上);只要把电源供应器正面"Low-cut"按钮开启,便可将 100 Hz 以下的低频噪声消除
AKG C 414 B‑XL Ⅱ	AKG 的 C 414 B‑XL Ⅱ 新增了许多功能,增加了一些实用的附件,仍然保留了 AKG 话筒的高质量;适用于对独唱或乐器独奏进行录制或现场制作;它拥有以下 3 个特点:高灵敏度、低底噪、高准确性;C 414 B‑XL Ⅱ 的高灵敏度可达到 23 mV/Pa[−33 dBV]±0.5 dB;它的低底噪使之成为专门的音源录制和高质量的现场处理的理想工具可调整的指向性;C 414 B‑XL Ⅱ 可以在 5 种指向性中快速转换:全指向性、宽心形、心形、超心形和 8 字形;上面有两个指示灯可以显示当前的指向性;此外,还带有一个输出过载指示灯,在发生话筒剪切时会立刻提醒您弹性振膜将传输噪声减到最低;由于有了弹性振膜,AKG 几乎完全消除了由机械振动引起的对声音的干涉和着色
AKG C 414 B‑XLS	AKG C 414 B‑XLS 适用于各种原声乐器的拾取;它是经典的 C 414 的升级版本,保持了原有的音色质量,适用于对独唱或乐器独奏进行录制或现场制作;高灵敏度和极低的底噪,C 414 B‑XLS 的高灵敏度可达到 23 mV/Pa[−33 dBV]±0.5 dB;它的低底噪使之成为专门的音源录制和高质量的现场处理的理想工具;可改变的指向性,C 414 B‑XLS 可以在 5 种指向性中快速转换:全指向性、宽心形、心形、超心形和 8 字形;弹性振膜将传输噪声减到最低,由于有了弹性振膜,AKG 几乎完全消除了由机械振动引起的对声音的干涉和着色;适用于多种乐器,作为一款指示话筒,C 414 B‑XLS 可以拾取频率范围广、动态范围宽广的合唱、低音提琴、大提琴和小提琴、大号、圆号(以及所有低音乐器),还有萨克斯管、单簧管和长笛

AKG C 414 B‑ULS	C 414 B‑ULS 有完美的特性和不寻常的柔韧性,适合大多工作室和音乐会的需要,为此它赢得了大众的赞誉;因为 C 414 B‑ULS 传出的声音清脆圆润,所以适合要求极高的对演唱、钢琴、打击乐器等精致的瞬变信号的录制,并且可以增强它们声音的强度;四种可选择的指向性使其成为一款难得的多功能麦克风,两种低通滤波器还可滤掉杂波,超低的自身噪音和超级负载高能力相结合确保了其 126 dB 宽的动态范围,并具有超数字多媒体功能;可在 10 dB 或 20 dB 之间转换的内部预衰减器可以用于拾取高于 150 dB 声压电平的乐器演奏声音,总谐波失真低于 0.5%
AKG C 414 LTD	AKG C 414 LTD 是一款限量版电容话筒,配有五个可转换极模式,自身噪音极低;为纪念传奇的 C 414 面世 60 周年,AKG 推出了 C 414 LTD;和 C 414 B‑XLS 无变压电容话筒相似,C 414 LTD 采用了特殊的适合其身份的包装,还包括限量版的黑色音频工具箱、防风罩、三脚架等;每个 C 414 LTD 都是手工装配的,并经过了单独的测试,符合严格的性能标准;C 414 LTD 是 1 英寸大振膜电容话筒,有五个极模式、三个低音滤波和三个预衰减设置,并配有双色 LED;C 414 LTD 还包括无变压输出,低失真、低频再现和宽动态范围
AKG C 1000 S	C 1000 S 可以让你倾听古典的 AKG 的电子管声音,外观呈缎光银色,外包装柔韧结实;即时震膜转换器可增强现场效果;可用于舞台表演,也可用于录音工作室;9 V 电池就可支持它的运作,这样即使没有幻象电源它也可以正常工作;两种指向性使它可以录制各种演唱声音和乐器声音;耐用的心形电子管话筒,可用 9V 电池也可接幻像电源;其特点是:高灵敏度,高质量输出,指向性转换器可方便地执行心形指向和过心形指向之间的转换,建议用于声乐演唱、吹管乐器、木管乐器和打击乐器(如踩钹、钗钹、小军鼓和手鼓)
AKG C 2000 B	C 2000 B 是一款适用于个人录音室的专业级电容话筒。C 2000 B 上没有采用录音棚级电容话筒常用的大震膜,而是使用了直径较小的震膜,这样可以避免大震膜话筒带来的灵敏度过高,将环境噪声全部录入的问题;使 C 2000 B 在拾音上保留大震膜电容话筒的优点,采用了独特的炭精盒设计。在典型的电容话筒中,振膜悬挂在靠近后电容板的位置,但不会接触到后板;而在 C 2000 B 中,一个橡胶突起顶在振膜的中心,靠在后板上一个不带电的位置上;这种设计使 C 2000 B 的振膜比其他话筒更靠近后电容板,可以提供增强的低频表现、更好的声音响应和更低的本底噪声
AKG C 3000 B	AKG 研制出了革命性的新膜片,把大震膜和微型换能器技术有机地结合起来,因此能够向你提供世界流行的 AKG 话筒的声音。C 3000 B 的镀金膜片采用了大震膜技术,因此可以克服声音发闷的缺点,你得到的是具有完美清晰的、突出个性的、有温暖感的、演播室级别的声音;C 3000 B 的内部采用了弹性悬挂技术,能有效地减少对于外部减震装置的依赖;它还采用了内层防风罩的设计,使得它可以适用于管乐器和户外的录音;另外 C 3000 B 使用了欧式造型的外壳,特别结实耐用,无论是工作室内还是在舞台上,它都可以长期使用;现在,C 3000 B 已经成了一款经典的产品,在世界各地的录音棚和工作室中被广泛使用,同时也广受好评

续　表

AKG C 4000 B	C 4000 B 为双振膜、振膜大小达 1 英寸的电容话筒;指向性可在心形、超心形及全指向这三种模式之间进行切换;可为你提供专业水准的声音;在拾取人声、铜管、传统及电声吉他、打击乐等声音的时候,C 4000 B 都表现得十分完美;它使得声音具有充分的动态余量,并且其自身的噪音非常低;所有这些都使得 C 4000 B 被广泛地使用,无论在录音棚还是在舞台上,C 4000 B 都表现得非常出色;C 4000 B 配有一个—10 dB 衰减按钮,可以近距离地拾取乐器的声音并产生非常大的声压级(如吉他放大器等);另外还有一个带开关的低切滤波器,可消除拾进来的低频噪声
AKG C 4500 B	C 4500 B 一直保持艺术级别地位,大震膜演讲麦克风曾是特别为广播和无线电的播音设计的,播音员和 DJ 非常高兴你能把 C 4500 B 放在他们面前,这样不会挡住他们的视线;同时制片人和工程师也很高兴因为没有外部信号干扰的声音非常专业;制作十分精致,可连续使用
AKG Perception 100	坚固耐用的心形指向性电容麦克风 AKG 质量保证,具有极高的性价比;Perception 100 麦克风可以在所有录音领域具有工作室品质的表现;无论是 Project 录音室,还是现场表演,抑或是广播播音;由于其非凡的音质和高 SPL 功能,Perception 100 麦克风还适用于现场和巡回表演
AKG Perception 200	Perception 话筒是由奥地利 AKG 的音响工程师所设计,经过 AKG 严格的控制品质检验,于国内生产。所以,这些话筒亦符合一贯 AKG 产品严格品质的标准以及如此高质产品亦能提供前所未有的价格;坚硬及压铸的金属外壳、高品位颜色的话筒身,镀金 XLR 连接头,坚硬的金属连接插头;Perception 200 为真正的心形大震膜电容话筒;它只需要 48 V 的幻象电源,便可传送典型而透彻的声音;Perception 话筒将 AKG 录音质素带到所有录音地方,由录音棚以至应用于现场录音,甚至用于广播中;这些话筒拥有高效能的声压级,所以非常适合用于现场或巡回演出
AKG Perception 400	多用途电容麦克风;双震膜、1 英寸大震膜设计;可选择心形、全方向收音方式;可选择低音滚降开关;可选择—10 dB 衰减器;高达 28 mV 灵敏性以及 145 dB 最大声压电平;坚固的金属结构以及不锈钢防风罩;蛛形防震架
AKG C 426 B	AKG 专业录音室用话筒 C 426 B,由专业工程师手工制造,保证每一个环节都尽善尽美,独特的衰减开关设计,操作方便外形美观大方;电容式设计,提供较高的灵敏度和还原度;AKG 特有的超宽范围幻象电源 9 V～52 V,适合所有的调音台;在中国,各个专业录音棚中,深深留下了 C 426 B 的身影
AKG C12 VR	在所有话筒的设计中,真空管一直被认为是最具有个性声响之一的东西;无论如何,这种有特色的声响是任何固态元件一直没能达到的;AKG 研制的新一代真空管话筒,对电噪声和哼声感应有着固有的高灵敏度,并具有非线性传输特性和精巧的构造;其他性能包括:小型化、便利的电源、最低的噪声、高过载能力和超低失真特性

七、Audio Technica(铁三角)传声器

AT2020	频响范围 话筒类型 指向类型 灵敏度 最大声压级 动态范围 信噪比	20 Hz~20 kHz 电容话筒 心形指向 14.1 mV/Pa 144 dB 124 dB 74 dB	AT2020采用固定的心形指向极头,能够对所需声源进行隔离扩音;该款话筒的频率响应范围为20~20 000 Hz,最大声压级144 dB,动态范围为124 dB;其总体声音效果平滑流畅、自然真实而又不失精密;AT2020产品的标准配置为一只转轴式站立支架,可以用来精确安全地摆放话筒
AT3035	频响范围 话筒类型 指向类型 灵敏度 最大声压级 动态范围 信噪比	20 Hz~20 kHz 电容话筒 心形指向 25.1 mV/Pa 158 dB 136 dB 82 dB	专为特殊场合及低噪音所设计的大型振动膜(26 mm);极高的最大承受音压能力,宽广的动态范围及优化的输出等级提供了无可比拟的清晰音质;高水准的低杂音和高承受音压的特色,完全能够胜任今天大多数数码录音室的严格要求;专为高频所设计的扩展低频响应,音质清晰而且鲜明;配备配套的防震架可提供出众的稳定性能;装备有-10 dB的Pad感度衰减开关,及可以有效减低噪音干涉的80 Hz,12 dB/oct低频衰减电路
AT3060	频响范围 话筒类型 指向类型 灵敏度 最大声压级 动态范围 信噪比	50 Hz~16 kHz 电容话筒 心形指向 25.1 mV/Pa 134 dB 117 dB 77 dB	以经典的真空管暖音色作话筒前置放大工作;只需DC 48 V的幻象供电工作,无需专用的供电设备或音频线;具备大型收音振膜的心形指向电容收音元件,能提供低噪声、高灵敏度及平滑流畅的音色;所使用的真空管都经精心挑选及作个别测试,在寿命及工作表现上均保证达到最高状态;特别设计的防震架组合,能有效减低对真空管的机械性震动。精密的机械加工,表层镀镍的铜制外壳,以及原声的隔音元件提供了增强收音振膜的稳定性和最佳的灵敏度;大型耦合变压器,能提供出色的低频线性响应
AT4033/CL	频响范围 话筒类型 指向类型 灵敏度 最大声压级 动态范围 信噪比	30 Hz~20 kHz 电容话筒 心形指向 25.1 mV/Pa 145 dB 128 dB 77 dB	频率响应宽广,极佳的单一指向性,为适用于广播、专业录音、现场演出等的录音室级麦克风;符合数字时代的宽频、高线性、平直的响应等,具备高分解能力的清晰音质;附有能减低空调噪音干扰的低频衰减电路,同时也具备-10 dB的Pad感度衰减开关;DC 48 V的幻象电源专用、高感度、高讯噪比;容易维护保养的坚固外壳结构设计,可确保最高的信赖性

AT4040	频响范围 话筒类型 指向类型 灵敏度 最大声压级 动态范围 信噪比	20 Hz～20 kHz 电容话筒 心形指向 25.1 mV/Pa 145 dB 133 dB 82 dB	频率响应宽广,极佳的单一指向性,为适用于广播、专业录音、现场演出等的录音室级麦克风;符合数字时代的宽频、高线性、平直的响应等,具备高分解能力的清晰音质;附有能减低空调噪音干扰的低频衰减电路,同时也具备－10 dB的Pad感度衰减开关;DC48V的幻象电源专用,高感度、高信噪比;容易维护保养的坚固外壳结构设计,可确保最高的信赖性
AT4047/SV	频响范围 话筒类型 指向类型 灵敏度 最大声压级 动态范围 信噪比	20 Hz～20 kHz 电容话筒 心形指向 17.7 mV/Pa 149 dB 140 dB 85 dB	频率响应宽广、极佳的单一指向性特性,为适用于广播、专业录音、现场演出等的录音室级麦克风;采用大型镀金双振动膜及特选FET组件,具有高信噪比、高承受音压及宽广的动态范围;符合数字时代的宽频、高线性、平直的响应等,具备高分解能力的清晰音质;附有能减低空调噪音干扰的低频衰减电路,同时也具备－10 dB的Pad感度衰减开关;DC 48 V的幻象电源专用;容易维护保养的坚固外壳结构设计,可确保最高的信赖性
AT4050	频响范围 话筒类型 指向类型 灵敏度 最大声压级 动态范围 信噪比	20 Hz～18 kHz 电容话筒 心形指向 15.8 mV/Pa 149 dB 132 dB 77 dB	纯DC偏压设计的录音室用电容型传声器;DC48V的幻象电源专用,具高感度、及高承受入力高等特性;采用大口径双镀金振动膜的可变型指向性;无指向性、单一指向性与双指向性等三种指向性可由开关简单地切换;高信噪比且具有宽广动态范围。加上可变化的指向性,提升了高品质收音的可能性;装有－10 dB的Pad感度衰减开关,及可以有效减低噪音干涉的80 Hz、12 dB/oct低频衰减电路
AT4060	频响范围 话筒类型 指向类型 灵敏度 最大声压级 动态范围 信噪比	20 Hz～20 kHz 电容话筒 心形指向 19.9 mV/Pa 150 dB 131 dB 75 dB	日本和美国的研发团队共同开发,为40系列中最顶级的录音室麦克风;对于阻抗的变化,采用高gm的双三级Vacuum Tube(真空管),可表现出最高水准的低杂音和高承受音压的特色;以DC偏压型的大口径双镀金振动膜为首,到毫不妥协的规格,可获得范围宽广、高感度的理想频率特性;音质清晰而且鲜明,感觉不到任何夸张的自然音色为其特征;比一般真空管来得短的预热时间,使用上更加容易;整组包含专用电源供应器及防震架、连接线等

八、Beyerdynamic(拜亚动力)传声器

型　号	参　　数		特　　点
MC 740	频响范围 话筒类型 指向类型 最大声压级 信噪比	20 Hz～20 kHz 电容话筒 全指向、宽心形、 心形、锐心形、8 字型指向 134 dB 70 dB	MC 740 带 5 种指向性选择开关,是一只适用范围很广的录音室话筒;绝不妥协地捕捉各类声音的细节,并具有绝对的清晰度与纯净度;MC 740 在录制管弦乐队时可以用作主拾音话筒,拾取的音色晶莹剔透,美轮美奂;由于带有一个 2 档可调的低切滤波器和一个预衰减开关,MC 740 也适宜于许多乐器的近距离拾音
MC 833	频响范围 话筒类型 指向类型 最大声压级 信噪比	20 Hz～20 kHz 电容话筒 心形指向 132 dB 70 dB	MC 833 是多用途立体声电容话筒;无需外部矩阵便可实现真正的 MS 录音以及 XY 制立体声录音,自然舒展的频率响应,频带响应极宽,极高的信噪比和灵敏度,独特的机械结构可对 3 片膜片的位置进行灵活调节,应用场所为录音室、人声合唱录音、现场录音
MC 834	频响范围 话筒类型 指向类型 最大声压级 信噪比	20 Hz～20 kHz 电容话筒 心形指向 150 dB 69 dB	MC 834 电容话筒在 20～20 000 Hz 范围内有着非常平直的频响曲线;具有 10 dB 和 20 dB 预衰减开关 MC 834 是一款适合录音室数码录音的通用话筒,在人声领唱、伴唱、语言配音、钢琴、弦乐器和铜管乐器等各个方面均有出色表现;对于高端的个人工作室或者家庭录音室,该话筒同样适用
MC 836	频响范围 话筒类型 指向类型 最大声压级	20 Hz～20 kHz 电容话筒 超心形指向 130 dB	MC 836,适用于 ENG 和 EFP 的电容长短枪话筒;可以满足电影制作中拾音的需要;带一个低切开关,来衰减低于 90 Hz 的低频噪声,至于 40 Hz 以下的脚步声之类噪声更是完全被消除干净;当在室外使用话筒时,一定要加上一个防风罩,以达到更为干净的拾音效果
MC 837	频响范围 话筒类型 指向类型 最大声压级	40 Hz～20 kHz 电容话筒 超心形/心形 指向 130 dB	MC 837,适用于 ENG 和 EFP 的电容长短枪话筒;可以满足电影制作中拾音的需要;带一个低切开关,来衰减低于 90 Hz 的低频噪声,至于 40 Hz 以下的脚步声之类噪声更是完全被消除干净;当在室外使用话筒时,一定要加上一个防风罩,以达到更为干净的拾音效果

型　号	参　　数		特　　点
MC 930	频响范围 话筒类型 指向类型 最大声压级 信噪比	40 Hz～20 kHz 电容话筒 心形指向 140 dB 71 dB	MC 930 适宜于录制人声合唱,管弦乐器和独奏乐器;带有 15 dB 预衰减开关,使它面对高声压级声响时,也有优异的性能表现
Opus 81	频响范围 话筒类型 指向类型 最大声压级	50 Hz～18 kHz 电容话筒 心形指向 138 dB	通过新技术的运用,产生了新一代的电容话筒极头,从而达到更为线性的频响特性;可用于舞台或录音室的人声或乐器拾音;面对高达 138 dB 的声压级仍有可值信赖的动态响应
Opus 69	频响范围 话筒类型 指向类型	35 Hz～16 kHz 电容话筒 超心形指向	专业的 Opus 69 动圈话筒是实况演出歌手的梦寐以求的伙伴;频率响应宽广,无声染色,对声音的塑造能力独一无二;其卓越的指向性可抑制反馈,并可回避其他的声音串扰
Opus 59	频响范围 话筒类型 指向类型	45 Hz～16 kHz 电容话筒 超心形指向	动圈话筒 Opus 59 非常适合于舞台上的人声领唱和伴唱使用;其平坦、宽广的频率响应给我们带来温暖、纯净的人声还原效果;Opus 59 高增益下的无反馈表现还可以很好隔离我们不需要的声音
Opus 39	频响范围 话筒类型 指向类型	15 Hz～16 kHz 动圈话筒 超心形指向	Opus 39 是高性价比动圈人声话筒,适于歌唱者手持或支架使用;其坚固的金属外壳抗震性强;Opus 39 s 带有安静、可锁定的开关
Opus 29	频响范围 话筒类型 指向类型	50 Hz～16 kHz 动圈话筒 超心形指向	Opus 29 S 是优秀的入门级动圈话筒,超心形的指向性可以很好地抑制声反馈现象;适合用作舞台上的演唱话筒或者会议扩声中的拾音,也可以供家庭录音或者在卡拉 OK 包房中使用

附录二
常用录音专业术语中英对照

A

AB AB 制立体声录音法

A. DUB audio dubbing 配音，音频复制，后期录音

AES audio engineering society 美国声频工程协会

AF audio fidelity 音频保真度

AFC automatic frequency control 声场控制

Affricate 塞擦音

AFL aside fade listen 衰减后（推子后）监听

A-fader 音频衰减

AFS acoustic feedback speaker 声反馈扬声器

AGC automatic gain control 自动增益控制

AI amplifier input 放大器输入

AI azimuth indicator 方位指示器

ALC automatic level control 自动电平控制

Aliasing 量化噪声，频谱混叠

Aliasing distortion 折叠失真

Allegretto 小快板，稍快地

Allegro 快板，迅速地

All rating 全（音）域

ALM audio level meter 音频电平表

Ambience 临场感，环绕感

Ambient 环境的

Ambiophonic system 环绕声系统

Ambiophony 现场混响，环境立体声

AMP amplifier 放大器

AMP amplitude 幅度，距离

ABX acoustic bass extension 低音扩展

AC - 3 杜比数码环绕声系统

AC - 3 RF 杜比数码环绕声数据流（接口）

Accel 渐快，加速

Accent 重音,声调

Accompaniment 伴奏,合奏,伴随

Accordion 手风琴

A-Channel A(左)声道

Acoustic coloring 声染色

Acoustic image 声像

Active loudspeaker 有源音箱

Architectural acoustics 建筑声学

ASP audio signal processing 音频信号处理

B

Background noise 背景噪声,本底噪声

Baffle box 音箱

BAL balance 平衡,立体声左右声道音量比例,平衡连接

Balun 平衡＝不平衡转换器

Band pass 带通滤波器

Bandwidth 频带宽,误差,范围

Bar 小节,拉杆

Bass 低音,贝司(低音提琴)

Bass tube 低音号,大号

Bassy 低音加重

BB base band 基带

Bender 滑音器

BF back feed 反馈

BF Band filter 带通滤波器

Bidirectional 双向性的,8字型指向的

Bifess Bi-feedback sound system 双反馈系统

Big bottom 低音扩展,加重低音

Binaural effect 双耳效应,立体声

Bi-AMP 双(通道)功放系统

Bongo 双鼓

Boom 混响,轰鸣声

Boost 提升(一般指低音),放大,增强

BPF band pass filter 带通滤波器

Breathing 喘息效应

Brightness 明亮度,指中高音听音感觉

BTB bass tuba 低音大喇叭

Bus 母线,总线

Busbar 母线

Buss 母线

BUT button 按钮,旋钮

BW band width 频带宽度,带宽

BZ buzzer 蜂音器

C

C cathode 阴极,负极

C Cold 冷(端)

CA cable 电缆

Cannon 卡侬接口

Capacitance Mic 电容话筒

CAR carrier 载波,支座,鸡心夹头

Cardioid 心形的

Cartridge 软件卡,拾音头

Carrkioid 心形话筒

Cassette 卡式的,盒式的

CD compact disc 激光唱片

CD-E compact disc erasable 可抹式激光唱片

CDG compact-disc plus graphic 带有静止图像的 CD 唱盘

CDV compact disc with video 密纹声像唱片

Cello 大提琴

Cent 音分

CF center frequency 中心频率

CH channel 声道,通道

CHAN channel 通道

Characteristic curve 特性曲线

CLS 控制室监听

Cluster 音箱阵效果

Color 染色效果

COM comb 梳状(滤波)

COMB combination 组合音色

Compander 压缩扩展器

Compressor 压缩器

COMP-EXP 压扩器

Compromise (频率)平衡

CON console 操纵台

CON controller 控制器

Concert 音乐厅效果

Condenser Microphone 电容话筒

Cone type 锥形(扬声器)

CRM control room 控制室

Cross talk 声道串扰,串音

CTM close talking microphone 近讲话筒

D

D drum 鼓,磁鼓

D/A digital/analog 数字/模拟

Damp 阻尼

DAT digital audio tape 数字音频磁带,数字录音机

DB(dB) decibel 分贝

DBA decibel asolute 绝对分贝

DBA decibel adjusted 调整分贝

DCP data central processor 数据中心处理器

DD dolby digital 数字杜比

DEC decay 衰减,渐弱,余音效果

Deemphasis 释放

Deep reverb 纵深混响

De-esser 去咝声器

Detune 音高微调,去谐

DepFin 纵深微调

Denoiser 降噪器

Destroyer 抑制器

Deutlichkeit 清晰度

DEX dynamic exciter 动态激励器

DFL dynamic filter 动态滤波

Diffraction 衍射,绕射

Diffuse 传播

Diffusion 扩散

Digital 数字的,数字式,计数的

DIM diminished 衰减,减半音

Din 五芯插口(德国工业标准)

Direct sound 直达声

Dispersion 频散特性,声音分布

Distortion 失真,畸变

Dim 变弱,变暗,衰减

DIV divergence 发散

Divider 分配器

DNL dynamic noise limiter 动态噪声抑制器

DOL dynamic optimum loudness 动态最佳响度

Dolby Surround 杜比环绕

Dome loudspeaker 球顶扬声器

Dome type 球顶(扬声器)

DPL dolby pro logic 杜比定向逻辑

DPLR doppler 多普勒(系统)

D. Poher effect 德·波埃效应

DR drum 磁鼓

Drum 鼓

Dry 干,无效果声,直达声

DS distortion 失真

DSL dynamic super loudness 低音动态超响度,重低音恢复

DSP digital sound processor 数字声音处理器

DSP digital sound field processor 数字声场处理器

DSP dynamic speaker 电动式扬声器

Dubbing mixer 混录调音台

Duration 持续时间,宽度

Duty 负载,作用范围,功率

Duty cycle 占空系数,频宽比

DYN dynamic 电动式的,动态范围,动圈式的

Dynamic filter 动态滤波(特殊效果处理)器

Dynamic Microphone 动圈话筒

Dynamic range 动态范围

E

E earth 接地

EAR early 早期(反射声)

Earphone 耳机

Earth terminal 接地端

Echo 回声,回声效果,混响

ECM electret condenser microphone 驻极体话筒

EFF effect efficiency 效果,作用

EFX effect 效果

ELEC electret 驻极体

Electret condenser microphone 驻极体话筒

ELF extremely low frequency 极低频

Electroacoustics 电声学

Encoding 编码

Enhance 增强,提高,提升

ENS ensemble 合奏

ENS envelope sensation 群感

Ensemble 合奏

Envelopment 环绕感

EQ equalizer 均衡器,均衡

Equal-loudness contour 等响曲线

Equitonic 全音

EREQ erect equalizer 均衡器（频点）位置（点频补偿电路的中点频率）调整

ERF early reflection 早期反射（声）

Ernumber 早期反射声量

Event 事件

EXB expanded bass 低音增强

Exponential horn tweeter 指数型高音号角扬声器

Expression pedal 表达踏板（用于控制乐器或效果器的脚踏装置）

F

F feedback 反馈

F frequency 频率

Fade 衰减（音量控制单元）

Fade in-out 淡入淡出，慢转换

Fader 衰减器

Fade up 平滑上升

Fat 浑厚（音争调整钮）

Fader 衰减器，调音台推拉电位器（推子）

Fading in 渐显

Fading out 渐显

Far field 远场

FatEr 丰满的早期反射

FB feedback 反馈，声反馈

FBO feedback outrigger 反馈延伸

FD fade depth 衰减深度

FI fade in 渐进

Field 声场

FILT filter 滤波器

Flat noise 白噪声

FLTR filter 滤波器

FM fade margin 衰落设备

Foldback 返送，监听

Fomant 共振峰

FPR full power response 全功率响应

FR frequency 频率

FR frequency response 频率响应

Frequency divider 分频器

Frequency shifter 移频器，变频器

Full effect recording 全效果录音

G

G ground 接地

Gain 增益

Gate 噪声门，门，选通

GEN generator （信号）发生器

Generator 信号发生器

GEQ graphie equalizier 图示均衡器

Girth 激励器的低音强度调节

Glide strip 滑奏条（演奏装置）

GM general MIDI 通用乐器数字接器

Gramophone 留声机，唱机

Group 编组（调音台），组

H

HQAD high quality audio disc 高品位音频光盘

HS head set 头戴式耳机

Hum 交流哼声,交流低频(50 Hz)噪声

Hum and Noise 哼杂声,交流噪声

HVDS Hi-visual dramatic sound 高保真
现场感音响系统

H hot 热(平衡信号端口的"热端")

Hall 厅堂效果

HAR harmonic 谐波

Hard knee 硬拐点(压限器)

Harmonic 谐波

Harmonic distortion 谐波失真

Harmonic Generator 谐波发生器

Hass effect 哈斯效应

Headset 头带式耳机

Heavy metel 重金属

HF high frequency 高频,高音

Hi hign 高频,高音

HI band 高频带

High pass 高通

Hi-Fi high fidelity 高保真,高保真音响

Hiss 嘶声

HL hall reverb 大厅混响

Hoghorn 抛物面喇叭

Horn 高音号角,号筒,圆号

Hot 热端,高电位端

Howling 啸叫声

Howlround 啸叫

H. P headphone 头戴式耳机

HPA haas pan allochthonous 哈斯声像
漂移

HPF high pass filter 高通滤波器

Hyper Condenser 超心形的

HZ hertz 赫兹

I

IF intermediate frequency 中频的

IN inverter 反演器,倒相器

In phase 同相

Initial Delay 早期延时,初次延时

INP input 输入(端口)

INV invertor 倒相器,翻转器,反相器,
变换器

Inverse 倒相

Inverse Rev 颠倒式混响效果

I/O in/out 输入/输出(接口),信号插入
接口 I/O

INS insert 插入(信号),插入接口

INSEL input select 输入选择

INST instrument 仪器,乐器

Integrated amplifier 前置功率放大器,综
合功率放大器

Intelligate 智能化噪声门

Intelligibility 可懂度

Interference 干扰,干涉,串扰

Intermodulation distortion 交越失真

Intimacy 亲切感

Intonation 声调

J

Jack 插孔,插座,传动装置

Jack socket 插孔

Jaff 复干扰

Jam 抑制,干扰

Jamproof 抗干扰的

Jazz 爵士

JB junction box 接线盒

JIS 日本工业标准

Job 事件,作业指令,成品

Jog 旋盘缓进,慢进,突然转向

Joker 暗藏的不利因素,含混不清

Joystick 控制手柄,操纵杆,摇杆

Jumper 跳线,条形接片

Justify 调整

K

Key 键,按键,声调

Keyboard 键盘,按钮

Key control 键控,变调控制

Keyed 键控

L

Lesion 故障,损害

LEV level 电平

LEVCON level control 电平控制

Level 电平,水平,级

LF low frequency 低频,低音

LFE lowfrequency response 低频响应

LGD long delay 长延时

LH low high 低噪声高输出

L. hall large hall 大厅效果

Lag 延迟,滞后

Large hall 大厅混响

M

MADI musical audio digital interface 音频数字接口

Master 总音量控制,调音台,主盘,标准的,主的,总路

MAR Matrix 矩阵,调音台矩阵(M),编组

Matrix quad system 矩阵四声道立体声系统

MCR multiple channel amplification reverberation 多路混响增强

MD moving coil 动圈式

MDL modulation delay 调制延时

Measure 乐曲的,小节

Mega bass 超重低音

MEQ mono equalizer 单声道均衡器

Megaphone 喇叭筒

Metal 金属(效果声)

Metronome 节拍器

MF middle frequency 中频,中音

MFL multiple flange 多层法兰(镶边)效果

MIC microphone 话筒,麦克风,传声器

Micecho level 话筒混响电平

Micro monitor amp 微音监听放大器

MIDI music instrument digital interface 电子乐器数字接口

Mode 状态,(乐曲的)调式

Mush 噪声干扰,分谐波

MUT mute 静音,哑音,噪声控制

MXR mixer 混频器

Moderato 中速

Modulator 调制器

Module 模块,组件,因数,程序片

MOL maximum output level 最大输出电平

MONI 监听,调音师

Monkey chatter 串音,邻频干扰,交叉失真

Mono 单声道,单一

Monopit 单声变调

MPO maximum power output 最大输出功率

MPO music power output 音乐输出功率

MPR master pre return 主控前返回

MPS main power switch 主电源开关

MPS microphone power supply 话筒电源

MT multi track 多轨

MTD multiple delay 多次延时

MUPO maximum undistorted power output 最大不失真输出功率

N

Near field 近场

NEG negative 负,阴(极)

NEP noise equivalent power 噪声等效功率

NF NFB negative feedback 负反馈

NG noise generator 噪声发生器

Noise gate 噪声门,选通器

Noise suppressor 噪声抑制器

Non-direction 全向的,无指向性的

Normal frequency 简正(共振)频率

Note 符号,注释,音调,音律,记录

NR noise ratio 噪声比

NR noise reduction 降噪,噪声消除

O

ohm 欧姆(电阻的单位)

Oboe 双簧管

OCT octave 倍频程,八度音

OD over drive 过激励

Offset (移相)补偿,修饰,偏置

OL over load 过载

Omnidirectional 无方向性的

Orchestra 管弦乐器

Out phase 反相

Over drive 过激励

Overhearing 串音

OVLD over load 过载,超负荷

Over sampling 过取样

Overtone 泛音

OVWR overwrite 覆盖式录音

P

Proximity effect 近距离效果

PST preset 预置

Psychological acoustics 心理声学

PTN pattern 模式,样式

PU pickup 拾音

Pure tone 纯音

PWR power 电源,功率

PZM pressure zone microphone 压力区话筒

P. P. Panoramic potentiometer 全景电位器

P-P peak-peak 峰-峰值

PPL peak program level 峰值音量电平

PPM peak program meter 峰值节目表,峰值音量表

Pr power rate 功率比

Pre 前置,预备,之前

Pre-delay 预延迟

Pre echoes 预回声

Pre emphasis 预加重

PREAMP preamplifier 前置放大器

Preselection 预选

Presence 临场效果,现场感

Preset 预置,预调

Power 电源,功率

Power amplifier 功率放大器

Power out 功率输出

PP peak power 峰值功率

PP personal preference 个人预置

P plug 插头

P positive 正极

PA preamplifier 前置放大器

PA public address 扩声

PAD 定值衰减,衰减器,(打击乐大按键的)鼓垫

Pan panorama 声像调节,定位,全景

Part 声部数,部分

Partial tone 分音,泛音

PAS public address system 扩声系统

PAT pattern 模仿,型号,图谱特性曲线

Patch board 插线板

Pattern 样式,方式,样板

Pause 暂停,间歇,停顿

PB playback 播放,重放

PBASS proper bass active supply system 最佳低音重放系统

PBC play back control 重放控制,回放控制

PCC phase correlation cardioid microphone 相位相关心形话筒

PD power divider 功率分配器

PD power doubler 功率倍增器

PD pro-digital 专业数字接口

PD protective device 保护装置

PE phase encoding 相位编码

Peak 峰值,削波(灯)

Pedal 踏板

Pentatonic 五声调式

PEQ parameter equalizer 参量均衡器

PERCUS 打击乐器

Perspective 立体感

Period 周期

PFL per fader louder speaker 衰减前监听,预监听

PH phase 相位

PH phasemeter 相位仪

PHA phase 相位

Phantom 幻象电源,幻象供电

Phase 相位,状态

Phase REV 倒相(电路)

Phaser 移相器

Phasing 相位校正,移相效果

Phon 方(响度单位)

Phone 耳机,耳机插口

Physiological acoustics 生理声学

Pick-up 拾音器,唱头,传感器

Pilot jack 监听插孔

Pin 针型插口,不平衡音频插口

PIN positive-intrinsic-negative 正-本-负

Pink noise 粉红噪声

Pitch 音高,音调

Pitch shifter 变调器,移频器

PK peak 削波(灯),峰值

PL pre listen 预监听,衰减前监听

Play 播放,重放,弹奏

PMPO peak music power output 音乐峰值功率输出

Point soure 点声源

Polarity 极性

Pop 突然,爆破音,(话筒近讲时的)气息噗噗声

Pop filter 噗声滤除器

Portamento 滑音

Positve positive 阳极

Q

Q quality factor 品质因数,Q 值,频带宽度

Quack 嘈杂声

QUAD quadriphonic 四声道立体声

Quadrature 正交,90°相位差,精调

Quality 音质,声音

QUANT quantize 量化,数字化

Quantizing 量化

Quiver 颤动声

R

Ribbon microphone 铝带话筒,压力带话筒

Richness 丰满度

Rhythm 节奏

Ring 环,大三芯环端,冷端接点,振铃

Ring mode 声反馈临界振铃振荡现象

Rit 渐慢

RMR room reverb 房间混响

RND random 随机的

RNG ring 振铃

Rock 摇滚乐、摇滚乐音响效果

RT60 Reverberation time 混响时间

Routing 混合母线选择

RT recovery time 恢复时间

Rubber corrugated rimloudspeaker 橡皮

边扬声器

Rumble（低频）隆隆声

Reverse 回复，翻转，反混响

REW rewind 快速倒带

Revcolor 混响染色声

R right 右声道

Rate 比率，速率，变化率，频率

Ratio 压缩比，扩展比，比，系数

RCA jack 莲花接口

RE reset 复位

REC recording 录音，记录，录制

Reecho 回声

REF Reflection 反射

Refraction 折射

REGEN regeneration 再生（混响声阵形成方式），正反馈

Reinforcement 扩声

Release 恢复时间，释放，断路器

REQ room equalizer 房间均衡器

Reset 复位，恢复，归零，重复，重新安装

Resolution 分辨率，分析

Resonance 共振，回声

RESP response 响应，特性曲线，回答

Resistance 阻抗

Resister 电阻

Resonance 共鸣，谐振

Rest 休止符，静止，停止

REV reverse 颠倒，反转

REV reverberation 混响，残响

Reverb depth control 混响深度控制

S

SAF Safety 安全装置，保险装置，保护装置

Sample 声音信号样品，采样，取样，抽样

Sampling 抽样，脉冲调制

SAT saturate 饱和效果处理

Scale 音阶，刻度尺标

Scattering 散射

SCH stereochrous 立体声合唱

SCR signal to clutter ratio 信噪比

S-DAT stationary head DAT 固定磁头 DAT 机

SDDS sony dynamic digital sound 索尼动态数字环绕声系统

SE sound effect 音响效果

SEA sound effect amplifier 音响效果放大器

SEA special effects amplifier 特殊效果放大器

Section 单元，环节

Sectoral horn 扇形号筒

Select 选择

Semi- 半-

Semibreve 全音符

Semit 半音

Send 送出，发送，发射

SENS Sensitivity 灵敏度

Sense 分辨率

Sensor 传感器

Sentinel 发射器，传送器

SEQ sequencer 音序器,定序器

SEQ Stereo equalizer 立体声均衡器

SES spatial effect system 立体声空间效果系统

SFC sound field composer 声场合成装置

SFL stereo flange 立体声法兰镶边

SFS sound field synthesis 声场合成

SGL signal 信号

S-hall small hall 小型厅堂效果

Shape 波形,轮廓

Share drum 小军鼓

Sharpness 清晰度,鲜明度,锐度

Short gate 短时选通门(混响效果)

Sibilance 齿音,咝音

SICS sound image control system 声像控制系统

SIG signal 声音信号

Signature 特征,音乐的调号

SIF 伴音中频

Silencer 静噪器

Silent 静噪调谐

Simple tone 纯音

SINAD signal to noise and distortion ratio 信号对噪声和失真比

Sine wave 正弦波

SIP solo in place 独奏入位

Size 尺寸

SL signal level 信号电平

Slap 拍打效果

Slap back 山谷回声

Sleeve(SLE) 接地点,袖端,套

Sliding tone 滑音

SLP super long play 超长(三倍)时间播放

Sliding tone 滑音

SLS studio listen 演播室监听

S/M speech/music 语言/音乐

S/N signal-to-noise radio 信噪比

Small club 小俱乐部效果

SMP sampler 取样器

S/N signal/noise 信号/噪声,信噪比

SND sound 声音,音响,伴音

Soft knee 软拐点(压限器)

Solo 独唱,独奏

Sone 宋(响度单位)

Song 乐曲

Sound colum 声柱

Sound field 声场

Sound image 声像

Sound intensity 声强

Sound shadow region 声影区

Sound console desk 调音台

Source 声源

SP speaker 扬声器

SPA stereo pan allochthonous 立体声声像漂移

Spaciousness 空间感

ST stereo 立体声,立体

Strike note 击弦音,撞击声

String instrument 弦乐器

STU Studio 演播室效果

SUB 副,辅助,附加,低音

Subgroup 副,(调音台的通道集中控制网络)编组

Subsonic 次声,超低音

Subwoofer 超低音

SUP Supply 电源

Super bass 超低音

Support programs 支援程序

SUR Surround 环绕声,环绕,包围

Sweep 扫描,曲线

SXE stereo exciter 立体声激励器

Symphobass 调谐低音系统

Symphonic 交响,谐音

SYS Ex system expanding 系统扩展

Spatializer 声场定位技术

SPE speaker 扬声器,音箱

Specification 性能

Spectrum 音域,频谱

SPH single phase 单相

SPL sound pressure level 声压级

Spring 弹簧效果,弹簧混响器

SPS stereo pitch shift 立体声变调

SQ squelch 静噪,噪声抑制(电路)

Squawker 中音扬声器

Squeal 啸叫

SRS sound retrieval system 声音归真(恢复)系统,是一种利用双声道产生环绕声场的虚拟环绕声方式

SSG synchronizing signal generator 同步信号发生器,同步机

ST stereo 立体声

Standing wave 驻波

STD stereo delay 立体声延时

Symphony 交响乐,交响乐效果

SYN(SYNC) synchronism 同步

SYN synthesizer 合成器

SYNC synchronizer 同步器

Synth 合成

Synthesis 合成,综合

T

TRK track 音轨

TRK trunk 总线,母线,干线

Tune 调谐,和谐,调音

Tweeter 高音扬声器

Twin channel 双通道

Talkback 对讲,联络

Tap 电流输出,节拍

TB talkback 对讲回送

TBC time base corrector 时基校正器

TBK talkback 对讲

TC time code 时间码

Temp 节奏

TEMOP temporary 中间(工作)单元

Tempo 节奏,连接,速度

THD total harmonic distortion 总谐波失真

Thermal noise 热噪声

THR THRESH threshold 阈值，阈，门限

Three dimension 3D 音响，三维立体声音响系统

Throat 高音号角的喉

TIM transient intermodulation 瞬态互调失真

Timber 音质，音色

Timbre 声部

Tip 头端，热端

TMS transmission mesurement set 电平表

TN tuning unit 调谐装置

Tone 音调，声调，纯音

Tone color 音色

Tone quality 音色，音品

Tracking monitor 调校监听

Trad 陷波器，带阻滤波器

Tramp 三通道功放系统

Transient 瞬态

Transient distortion 瞬态失真

Transient response 瞬态反应

Transversal equalizers 横向均衡器

Tremold tremor 颤音

Tremolo 震音

Tremor 颤音，振音装置

U

UHF ultra high requency 超高频

ULF ultra-low frequency 超低频

UNBAL Unbalance 非平衡（连接），不平衡度

Uni-directinoal microphone 单方向性话筒

Uniform quantizer 均匀量化器

Unlson 谐音，调和

Unpitched sound 噪声，无调声

UHF ultra high frequency 超高频

Unset 复位，复原，消除

UP ultra pass 高通

UPO 不失真功率输出

V

VOL volume 音量，体积，片号，响度

Vox （拉丁语）声音

VSS virtual surround system 虚拟环绕声系统

Vth threshold voltage 阈值电平

VU volume unit 音量单位表，VU 表

V value 数值，音长

VA volt ampere 伏安

VA volt ammerter 伏安表

Variation 变化，参数调节，变奏

Variable 可变量

VDF 音色亮度

VELO velocity 速度，力度

VERB reverberate 混响

VHF very high frequency 甚高频

VIB Vibrato 颤音

Vibration 振动

Village Gatage 小音乐厅效果

Violin 小提琴

VLF very low frequency 超低频

VLS virtual listening system 虚拟听音系统

VOC vocoder 声码器,语音编码器

Vocal 声音的,声乐的,发音的

Vibration 振动

VOL voltage 电压

W

W watt 瓦特,瓦 W(WR)

Waltz 华尔兹圆舞曲

WB wideband 宽频带

Wireless mic 无线话筒

WF Waveform 波形

Whispern 沙沙声

Whistle 啸叫声,哨声

White noise 白噪声

Wideband 宽带,宽频带

Wow 抖晃,低频颤动

Wow/flutter 抖晃率

Woofer 低音音箱

X

X-bass 低音扩展

XBS extra bass system 重低音系统

XLR 卡侬接口

XT XTALK cross talk 串音,串扰

参考文献

［1］ 周小东. 录音工程师手册［M］. 北京：中国广播电视出版社，2006.

［2］ 陈小平. 声音与人耳听觉［M］. 北京：中国广播电视出版社，2006.

［3］ 刘晓飞，毛羽. 录音专业英语［M］. 北京：中国广播电视出版社，2006.

［4］ 胡泽，雷伟. 计算机数字音频工作站［M］. 北京：中国广播电视出版社，2005.

［5］ 俞锫，李俊梅. 拾音技术［M］. 北京：中国广播电视出版社，2003.

［6］ 韩宪柱，刘日. 声音素材拾取与采集［M］. 北京：中国广播电视出版社，2002.

［7］ 姚国强. 影视录音——声音创作与技术制作［M］. 北京：中国传媒大学出版社，2002.

［8］ 金继才. 现代音像技术应用大全［M］. 合肥：安徽科学技术出版社，1998.

［9］ 〔英〕阿里克·尼斯毕特. 传声器的使用［M］. 北京：中国电影出版社，1979.

［10］ BORWICK J. Sound Recording Practice［M］. 4th ed. Oxford, Eng. ：Oxford University Press，1998.

［11］ CHION M. Audio-Vision：Sound on Screen［M］. New York：Columbia University Press，1994.

［12］ RUMSEY F. Spatial Audio［M］. Massachusetts：Focal Press，2001.

［13］ RUMSEY F，McCORMICK T. Sound and Recording ［M］. 4th ed. Massachusetts：Focal Press，2002.

［14］ 崔志发. 数字效果器英文术语的浅析［J］. 音响技术，2006 年 11 月.

图书在版编目(CIP)数据

录音应用基础/徐恩慧编著. —上海：复旦大学出版社，2009.10(2019.8 重印)
（现代传媒技术实验教材系列）
ISBN 978-7-309-06612-8

Ⅰ. 录… Ⅱ. 徐… Ⅲ. 录音-教材 Ⅳ. TN912.22

中国版本图书馆 CIP 数据核字(2009)第 059938 号

录音应用基础
徐恩慧 编著
责任编辑/白国信

复旦大学出版社有限公司出版发行
上海市国权路 579 号 邮编：200433
网址：fupnet@ fudanpress. com http：//www.fudanpress. com
门市零售：86-21-65642857 团体订购：86-21-65118853
外埠邮购：86-21-65109143 出版部电话：86-21-65642845
上海春秋印刷厂

开本 787 × 1092 1/16 印张 17.75 字数 307 千
2019 年 8 月第 1 版第 5 次印刷

ISBN 978-7-309-06612-8/T · 335
定价：32.00 元